Architekt für Berlin 1921–1983

Werner Düttmann

Verliebt ins Bauen

Bearbeitet von Haila Ochs

Birkhäuser Verlag
Basel Berlin Boston

Edition Archibook

Der Akademie der Künste, Berlin
danken wir für ihre hilfreiche Unterstützung
dieser Ausgabe.

CIP-Titelaufnahme der Deutschen Bibliothek

Werner Düttmann, verliebt ins Bauen: Architekt für Berlin
1921–1983 / bearb. von Haila Ochs. – Basel; Berlin; Boston:
Birkhäuser, 1990
   (Edition Archibook)
   ISBN 3-7643-2413-9
NE: Düttmann, Werner [Ill.]; Ochs, Haila [Bearb.]; Verliebt ins Bauen

Das Werk ist urheberrechtlich geschützt. Die dadurch
begründeten Rechte, insbesondere die der Übersetzung,
des Nachdruckes, der Entnahme von Abbildungen, der
Funksendung, der Wiedergabe auf photomechanischem
oder ähnlichem Wege und der Speicherung in Daten-
verarbeitungsanlagen bleiben, auch bei nur auszugs-
weiser Verwertung, vorbehalten. Die Vergütungs-
ansprüche des §54, Abs. 2 UrhG werden durch die
„Verwertungsgesellschaft Wort" München wahrgenommen.

1990 Birkhäuser Verlag Basel
© 1990 Archibook Verlag Martina Düttmann Berlin
Satz: Nagel Fototype Berlin; Druck: Ruksal-Druck,
Berlin; Buchbinder: Heinz Stein, Berlin
Printed in Germany
ISBN 3-7643-2413-9

Für Katinka, Katharina und Hans

Inhalt

Biographie in Briefen
	Uwe Johnson	Erinnerung	12
	Elisabeth Killy	»Er war keinem ähnlich als sich selbst«	24

Ausgewählte Bauten 1952–1960

Altersheim Wedding — Haila Ochs/Bernhard Kohlenbach — Der Beginn in den fünfziger Jahren — 36

Hansabücherei — Günther Kühne — Die Bücherei am U-Bahnhof Hansaplatz — 48

Akademie der Künste
- Martina Düttmann — Das Haus der Akademie der Künste — 60
- Hans Mayer — Ein Gespräch — 64
- Lore Ditzen — Ein Haus und viele Orte — 70

Senatsbaudirektor 1960–1966
- Hermann Wegner — Werner Düttmann als Senatsbaudirektor von Berlin — 88
- Werner Düttmann — Thema Berlin — 94

Ausgewählte Bauten 1964–1971

Brücke-Museum
- Werner Düttmann — Erinnerung an Planung und Bau — 104
- Eberhard Roters — Intimität und Offenheit — 110
- Ulrich Conrads — Das Brücke-Museum — 114

Haus Dr. Menne — Dietrich Worbs — Ein Haus für einen Maler — 118

Kirche St. Agnes — Martina Düttmann — Wortkarge Wände — 130

Ku'damm-Eck — Dietmar Steiner — Das Stadt gewordene Haus — 142

Kirche St. Martin
- Pfarrer Bernhard Obst — Eine Kirche im Märkischen Viertel — 156
- Werner Düttmann — Der andere Raum — 158

Präsident der Akademie der Künste in Berlin 1971–1983
- Werner Düttmann — 25 Jahre Akademie der Künste — 172
- Hans Mayer — Drei Präsidenten und eine Akademie — 174
- Marie-Luise Rinser/Samuel Beckett/Wolfgang Fortner/Günter Grass — Geburtstagsbriefe — 178

Ausgewählte Bauten 1971–1983			
Mehringplatz	Justus Burtin	Vom Rondell zum Mehringplatz	190
Wohnbauten an der Hedemannstraße	Martina Düttmann	Bewohnbare Grundrisse	202
Museum auf Samos	Helmut Kyrieleis	Der Erweiterungsbau des Antikenmuseums	212
Kunsthalle Bremen	Werner Düttmann Christel Heybrock	Kurzer Text zu langen Aufenthalten Rücksichtsvoll und gediegen bis unter die Erde	224 228
Farbgebung	Martina Düttmann	Die Farbigkeit der Häuser	242
Bildende Kunst	Haila Ochs	Malerei und Graphik	262
Katalog der Bauten 1952–1983	Haila Ochs	Bauten und Projekte	269
Biographische Daten			318
Werkverzeichnis			319
Fotonachweis			322

Biographie in Briefen

Peter Sedgley,
Werner Düttmann

Werner Düttmann, 1947

Im Büro: Peter Münzing und
Werner Düttmann, 1970

Werner Düttmann mit
Bausenator Rolf Schwedler

Werner Düttmann, 1972

Haus Düttmann,
Arbeitsplatz 1979

Werner Düttmann, 1970

Werner Düttmann und
Walter Gropius vor dem Modell
Britz-Buckow-Rudow

Hans Christian Müller, Werner
Düttmann und Georg Heinrichs
in New York, 1977

Werner Düttmann, 1947

Haus Düttmann,
Arbeitsplatz 1972

Zeichnung 1972

Bamberg

Uwe Johnson
Erinnerung

Damit Werner Düttmann einen Spaß hätte, weil es Leute gibt, die fangen unweigerlich an mit einem Zitat, tu ich ihm den Gefallen und führe einen antiken Bescheidwisser vor, Menander heißt er, und sein Schnack lautet: „Der Arzt aller notwendigen Übel ist die Zeit." Nämlich wir müssen uns verabreden, diese Redensart für Werner Düttmann zunichte zu machen.

Wenn es einen Trost gibt, wir können ihn beziehen von dem Menschen, dessen wir gedenken. Denn er war vertraut mit dem Sachverhalt, wonach zwischen seinem ersten Bewußtsein vom Leben und dem notwendigen Übel des Sterbens nur eine unbestimmte Zeit ist und das, was er in sie hineinbringen kann nach Willen, nach Kräften. Da er sich Mühe gegeben hat, ist seine Hinterlassenschaft von einer Art, die uns zur Dankbarkeit beredet, zu einer Freude geradezu an dem Glück, das er hatte und bereitete, für sich wie für uns.

Die Schwester Katinka und Werner Düttmann

Das eine, das erste Glück: Er hatte seine Mutter behalten dürfen bis zum 18. Februar 1977, bis in ihr einundachtzigstes Jahr. Das stelle ich mir vor als ein Geschenk. Den Vater zwar hat er am 9. Juli 1952 eingebüßt, dem sind drei Jahre im Konzentrationslager Sachsenhausen, eine Folge jähzorniger Mißverständnisse, zu schlecht bekommen. Vor allem aber, bis zum letzten Tage seines Daseins hat er sich in einer Welt gewußt mit seiner Schwester, Frau Ursula Schließer, dem Menschen, den er ansah als den aller wichtigsten für sich.

Das andere Glück, das untrennbare: Werner Düttmann hat seine Heimat behalten dürfen. Geboren und aufgewachsen in Berlin, hat er sein Leben fortgeführt im Raum, der Sprache, in den Nachbarschaften dieser Stadt, sich bedankend mit Arbeit für sie. Und wäre er von auswärts, so hätten die Berliner ihn zu einem der ihren gemacht, Ehren halber: indem sie für seine Akademie gleich zwei Übernamen benutzen: „Gewächshaus" und „Kunstspinnerei"; welche Übung hierzulande gelten soll als (noch mal) ein Bürgerbrief.

Aber er ist richtig aus der Caprivistraße, vier Blocks vom Stralauer Tor, als geboren gemeldet an einem 6. März („Michelangelo und ich"), dem von 1921, Sohn der fünfundzwanzigjährigen Frieda Düttmann, des Bildhauers Hermann Düttmann. Zu dem Vornamen Werner bekam er noch die seiner Großväter: Richard, nach einem Eisenbahner, vorsorglich, wie sich erweisen wird; Otto nach einem Bildhauer, der für die öffentlichen Gebäude von Bremen Figurenschmuck verfertigte. Zwar war der Enkel in seiner letzten Woche in Bremen, einen Preis verliehen zu

Elternhaus in der Siedlung Blankenfelde

Der Vater
Hermann Düttmann, Bildhauer,
und Werner Düttmann

bekommen; gesucht hat er an den Gebäuden von Post und Polizei nach den Bären, Löwen, Heiligen des Großvaters. Aus der Caprivistraße zieht der Vater Werner Düttmanns für ein Jahr nach Brasilien, dort ein Glück zu versuchen; kam nach Berlin nur zurück, um die Familie abzuholen nach Rio. Dem widersetzte sich die Mutter, die Düttmannschen Kinder durften ihr Berlin behalten. Der Junge sollte mit einem roten Spielzeugauto geneigt gestimmt werden zur Auswanderung; der Junge wollte mit etwas anderem spielen. Unbedenklich tauschte er das kostbare Ding ein gegen ein paar Stücke Kreide, mit denen man auf dem Pflaster malen kann. Er wünschte sich auszudrücken.

Aber es fehlte in der Familie Düttmann damals das Geld für eine Ausbildung in der Kunst, etwas aufzuzeichnen. Der erste Umzug 1930, in die Genfer Straße in der Weißen Stadt, erwies sich als zu kostspielig für einen „Bildhauer ohne Fortüne", Originalton Düttmann, nach einem Jahr mußten sie zurück ins arme Kreuzberg, Großbeerenstraße, eine geteilte Wohnung, Aufgang für Dienstboten. Es ging so knapp zu, den Kindern mußte das Mitgehen bei Schulausflügen untersagt werden. Manchmal kamen am nächsten Tag Kameraden aus der Klasse, von Mitleids wegen, und brachten aufgehobenen Kuchen; das sei das Schlimmste gewesen in jener Zeit. Oft war Essen nur zu haben aus der Kirche St. Bonifatius an der Yorckstraße, oder es mußten bei Bolle Knickeier geholt werden. Schließlich war sogar da die Miete zu teuer, es ging in eine Kellerwohnung an der Lankwitzstraße, Nähe Hallesches Tor, nur zwei Fenster. Erst im Winter 1933 konnten die Düttmanns in ein eigenes Häuschen einziehen, Stadtrandsiedlung Blankenfelde, etwas Eigenes, dennoch unbehaglich.

Die Kinder wurden Fahrschüler, auf der Heidekrautbahn nach Wilhelmsruh (Reinickendorf). Ausgelassene Kinder, mit den Schaffnern auf Neckfuß; mit ihnen verhielt es sich ja so, daß der Bruder gleich eine Schwester vorgefunden hatte. Die aber nannte er, seinen Anspruch anzumelden und Gefühle zu verbergen, Katinka. Heute besteht sie darauf: Es war anders. In Wahrheit sei er das Allerwichtigste in ihrem Leben gewesen, ein unermüdlicher Erfinder von Geschenken, Hilfeleistungen, Ratschlägen. Sie waren sich einig auf der Heidekrautbahn und beraubten amtliche Vorschriften ihrer Heiligkeit, indem sie selber welche an die Wände schrieben, so die, wonach das Abpflücken von Blumen während der Fahrt untersagt sei. Katinka nannte ihren Bruder nach einer Kurzform des Namens von Winnetou, eingedenk gemeinsamer Indianerschlachten in Kreuzberg; Tüte nannte sie ihn.

1942 besannen Hitlers Leute sich darauf, daß ein Werner Düttmann volljährig geworden war. Ist ja unerhört, da studiert einer seit 1939 an der Technischen Hochschule die Baukunst! Den ziehen sie ein, pünktlich. Bei der Luftnachrichtentruppe in Ostpreußen, später in der Ukraine. In Reinickendorf hatte es das erste Mädchen gegeben, dem er Blumen brachte; in der Sowjetunion hatte er von einer zweiten Blumenfreundin Abschied zu nehmen. „Niezapominajki", das hat er sich dauerhaft gemerkt. Es folgt Dienst in Charkow. „Da war das Scheußlichste, was ich hab ansehen müssen in meinem Leben." Danach Kurierdienst zwischen Ostfront und Frankreich. 1944 bei Reims hatten die Amerikaner einen Düttmann auf der Liste, prisoner of war. Er überlebte, mit Glück, das erste Lager in Frankreich; er schaffte noch die Verbringung in ein englisches. In dem, bei der Vernehmung, wurde der junge Düttmann „pampig", Originalton und Eingeständnis; bekam Verschickung nach Comrie in Schottland. Dort schliefen die Kriegsgefangenen zu hundert in den Wellblechbaracken, und von den paar Geheilten in der Ecke mußten jeweils einer wach bleiben, einer Heimsuchung durch die unentwegten Anhänger Hitlers vorzubeugen. Düttmann hatte einen Knüppel in seiner Pritsche, den trug er auch tags als Waffe bei sich. Immerhin gab es noch an diesem Ort Offiziere, die hielten Taktikunterricht ab an einem Tablett voll Sand; wer das für überholt hielt, galt als Verräter. Matthew Sullivan, in seinem Buch „Thresholds of Peace", beschreibt Düttmann als „einen höchst unmilitärischen und ungezwungenen Mann, mit einer Decke um die Schultern", als einen der „am weitesten befreiten Menschen im Lager" und vermutet, das Aufwachsen in einer liberal gesonnenen Familie habe ihn mit einem Gegengift versehen. Als dramatisch an dieser Haftphase bezeichnete Düttmann damals, „wie jeder Standpunkt, den man einnahm, immer noch falsch ausfiel". Er war einer von denen, die im Dezember 1944 verlegt wurden in ein Hotel in Cumbria; er schien anfällig genug für Ausbildung in demokratischem Verhalten. Dort gab es Kurse in Philosophie, Geschichte, Literatur, Musikwissenschaft, Geographie und Architektur; pünktlich trafen die englischen Zeitungen ein, dazu die Schweizerische Weltwoche. Für den Gefangenen Düttmann wurde später in Wilton Park eine Ausstellung seiner Aquarelle und Linolschnitte veranstaltet; unter den Besuchern fand sich der Dichter Walter de la Mare, der Kritiker Herbert Read, der Bildhauer

Selbstportrait im Spiegel

Ex libris, Linolschnitt

Werner Düttmann, 1950

Henry Moore. Moore lud diesen jungen Deutschen in sein Atelier zu London; der durfte auch in Oxford zu Besuch gehen, da hängen noch heute zwei seiner Gemälde. Sehnsüchtiger Briefwechsel mit der Schwester („Ich bin vielleicht zu weit gegangen,/Du weißt, man hat mich weggefangen"); unterschrieben: „Dein Winnetou, der tiefbetrübte". Im zweiten Herbst nach dem Krieg entlassen die Engländer ihn, nach Berlin.

Im November 1946 fuhr kein Zug auf der Niederbarnimer Eisenbahn in Richtung Schorfheide, aber der Heimkehrer mußte aufgepaßt haben bei seinen Touren auf den Schienen als Kurier, oder jemand erkannte ihn auf dieser Strecke, da heizte ein Zugführer eine Lokomotive auf für den einzelnen Passagier, und ein Schaffner warnte die Familie mit der guten Nachricht in Blankenfelde. Desgleichen war ein Großvater bei der Reichsbahn gewesen.

Und was machte Herr Düttmann danach sich aus den Engländern? Hatte er einen Rochus auf sie? Aus England führte er bei sich eine Bekanntschaft mit Henry Moore, zum Zeugnis derer wir eine ungemein bedenkenswerte Figur vor der Akademie zu liegen haben. 1950 bietet ihm die Durham University ein Stipendium fürs Studieren in England; er nimmt es an. Von der Stadt Newcastle heißt es, er habe sie auswendig erzählen können. In London erwirbt er dereinst ein ganzes Haus, Regent's Park Road; dermaßen haben die Engländer ihm eingeleuchtet. Von ihnen hat er den spielerischen Umgang mit Maximen gelernt: „Let's compromise; do it my way". Und das Haus in Morsum, es war doch erst vollständig eingerichtet, als er dafür eine Nummerntafel aufgefunden hatte, deren Ziffern er eigens zu loben liebte als englisch gezeichnet, ganz und gar; eine britische Fahne flatterte daran viele Sommer lang. Und 1981, um seiner Frau noch einmal Auskunft zu geben über sein Herkommen und seine Bewandtnis, bittet er sie auf eine Reise nach England. Was zeigt er ihr da? Ein Hotel in Shap Wells, Cumbria. Das war einmal eine Verwahranstalt für Feinde aus Deutschland. Er gibt sich zu erkennen als ein Insasse, und er ist ein willkommener Gast bei den Engländern.

Vorläufig hungert er nach den Regeln, die 1947 galten für Berlin, ist mangelhaft bekleidet und im Grunde ohne Einkommen. Nichts da, es wird studiert 1948, und es hat ihm wahrlich genug im Wege gestanden, besteht er die Diplom-Prüfung an der Technischen Universität von Berlin. (Obwohl er, ein Muster an Zuverlässigkeit und pünktlichem Auftreten, zwei Stunden verspätet zum Mündlichen kam, wegen eines Sackes Zuckerrüben, der ihm sonst durch die Lappen gegangen wäre; Scharoun sah ihm das nach.) Unersättlich nach neuen Adressen in Berlin, zieht Düttmann abermals um, in die Gitschiner Straße, wohnt über der Eckkneipe von Herrn Jäker, der hilft ihm mit warmem Essen über die Runden. Da ist auch eine erste Anstellung, Stadtplanungsamt Kreuzberg. Für Werner Düttmann hat der Beruf in Berlin angefangen.

1949, er ist achtundzwanzig, fällt ihm eine Frau auf in der Stadtbahn. Es verbietet sich, sie augenblicklich anzusprechen; da sind die guten Sitten, die Manieren, nun auch noch englische. Er suchte sie zwei Monate lang, gibt fast täglich auf die Frage nach seiner Tätigkeit an, er fahre S-Bahn; Katinka, seine Schwester, weiß wozu. Das Wozu ist die erste Ehe, geschlossen am 6. März 1950 mit einer Frau aus Norwegen, „Tüppen-Küken" heißt sie für ihn, drei Kinder bringt sie mit: Björn, Britt, Bettina. Wohnung in der Bayernallee, später in Spandau. Am 30. September 1951 stirbt Ingeborg Düttmann bei der Geburt seines Sohnes Hans Werner. Sie ist auf dem Waldfriedhof Heerstraße beigesetzt; in ihr Grab zu kommen hat er für sich bestimmt.

Wiederum ein Umzug, der letzte innerhalb Berlins, wohl der bitterste von allen. Denn es geht auf ein Grundstück im Westend, das die Verstorbene sich gewünscht hat. Da muß er eine Ruine in Ordnung bauen, für eine Frau, die tot ist. Werner Düttmann steht auf dem rückwärtigen Balkon des fertigen Hauses, unter sich zwar Fahrgeräusche auf der Strecke nach Hamburg und Sylt, im Blick den täuschenden Baumbestand des Friedhofes Heerstraße, darin weiß er, schräg links von ihm, das Grab Tüppens. Seit dem Einzug, 1954, sagt er dabei: Da werd't ihr mich denn abliefern.

Er wartet länger als zehn Jahre, ehe er es noch einmal versucht mit dem Heiraten, das Datum ist der 13. April 1962, von Renate Düttmann hat er eine Tochter Katharina, geboren am 9. Oktober 1962. Dieser Versuch bewährt sich über vier Jahre.

Danach nimmt er sich fast dreizehn Jahre, bis zum 6. März 1979, ehe er noch einmal den Annehmlichkeiten des Ehestandes sich unterzieht, mit Martina Düttmann, der wir alle wünschten, sie und Werner Düttmann hätten einander noch des Längeren beim Leben behilflich sein dürfen.

Er ist gestorben. Aber statt in einer Fremde, ist es ihm zugefügt worden auf den Straßen seiner Stadt, vom Hanseatenweg in Richtung Charlottenburg. Er hatte da eine Arbeit zu besorgen. Er genoß es, chauffiert zu werden; er betrachtete eine Umgebung, die seit mehr als sechzig Jahren die seine war. Dabei

Einladungskarte zur Hochzeit mit Tüppen Mertens, 1950
Holzschnitt

starb er. Er atmete einmal schwer. Er neigte sich ein wenig vor. Er saß nur ein wenig stiller da.

Seit vierzig Jahren gehörten zu seinem Handgepäck, den griffbereiten Erfordernissen, die Werke eines Schriftstellers, den zu zitieren er unermüdlich war. So wird ihm auch dessen Wort vom Tod gewärtig sein. Da fragt ein Malte Laurids Brigge: „Wer gibt heute noch etwas für einen gut ausgearbeiteten Tod?" Und später heißt es: „Zu weit darf (der Tod) sein: man wächst immer noch ein bißchen. Nur wenn er nicht zugeht über der Brust und würgt, dann hat es seine Not." Für Werner Düttmann ist es abgegangen ohne Not und Würgen; da können wir einig sein: Glück hat er gehabt.

Für den Professor Düttmann eine römische II.

Zu Werner Düttmanns sechzigstem Geburtstag versuchten die Mitglieder der Akademie der Künste ihm zu zeigen, wie sie ihm verbunden sind oder zugetan; ich zählte ihm was auf in einem Brief. Daß mir das Datum unglaublich erscheine. Weil er mir niemals vorgekommen sei als jemand, der möchte anderen eine Sache voraus haben, etwa die Würde des Alters. Ich berief mich auf das Düttmannsche Nachdenken, das ihm die eigentümlichen Faltenbögen in die Stirn treibt, mehrere über jeder Braue. Auch klingt mir seine Stimme zu jugendlich. Kurz, ich beschwere mich in sanfter Form, so wie es einem Mitglied gegenüber dem Herrn Präsidenten eben gerade noch erlaubt ist.

Dann redete ich mich heraus auf die Herkunft des Wortes Gratulation, man könne sie beschreiben als „Angenehmes darbringen", und hielt dem Geburtstagskind entgegen, das habe er doch bereits angebracht und aufgestellt. Das seien seine An-Teile von Berlin, ob sie nun zu finden seien im Wedding, in Zehlendorf, „In den Zelten", im Hansa-Viertel, im Grunewald, am Wannsee und abermals im Wedding – das sind lediglich die, die er für erwähnenswert erachtete. Wenn da noch Glück zu wünschen sei, so weil ich weiß von Leuten, die wohnen dermaßen einverstanden in einem Düttmannschen Haus, die lassen den Architekten auch später noch durch die Tür, zusammen mit ausländischen Kollegen, die mal von innen sehen wollen, wie er das überhaupt anstellt. Für mein Friedenauer Teil dankte ich ihm die Wiederherstellung eines Reliefs am letzten, nordwestlichen Haus in der Hähnelstraße – sehenswert! Denn das hat er getan mit seinem Aufruf von 1964 RETTET DEN STUCK! und der Begründung: „Das sind die Jahresringe von Berlin. Die wollen wir mit Würde tragen." Aus seiner Tätigkeit als Hochschullehrer war zu erinnern an den Ausspruch: „Wer ein Haus bauen kann, der baut eine ganze Stadt." Und was er in Berlin errichtet hat, das erscheine mir, mit fälligem Respekt, als Berlin-Düttmannsdorf.

Zum Anlaß jenes Geburtstages gehörte der Versuch, Werner Düttmann zu danken für die Geduld, mit der er unserer Akademie vorsteht, so oft auch ein Plenum ihn verblüfft, wenn es sich benimmt wie eine heillos verkrachte Schulklasse. Bei all seiner Begabung und Bereitschaft, das Gegenüber anzuhören und zu verstehen, seine Arbeit in der Akademie bedeutete ein Opfer, und er möge noch lange darauf sich einlassen.

Auf eine Antwort war ich kaum vorbereitet. Ein Architekt hat zu arbeiten. Ein Akademiepräsident bekommt viele Briefe. Die Antwort kam nach zwanzig Tagen. Er habe, so schrieb Werner Düttmann, seinen „Nachruf zu Lebzeiten" gelesen. Das war die Zensur; er hatte dergleichen Übungen angeregt, wenngleich für andere Gelegenheiten. Er habe schmunzelnd gelesen, dies war die Beanstandung: denn so schön sei er wirklich nicht. Dabei hatte ich bloß geschrieben, was ich wußte.

Eine Sache immerhin hat er mir bestätigt. Das ist die Sache mit der Zuneigung, mit der Freundschaft, die hat er mir unterschrieben. Daraus mache ich mir was.

Denn seine Begabung für die Kunst, anderen Menschen Freund zu sein, sie ist mir aufgegangen, seit ich ihn kenne, 1960. Anfangs mit Verwunderung. Denn er hatte mit Bauherrn zu tun, er war Senatsbaudirektor, Professor, Leiter der Abteilung Baukunst in der Akademie – da fällt reichlicher Umgang an, da kann es Ärger setzen, Feindschaft sogar. Und dennoch habe ich weder in Berlin noch auswärts einen Menschen getroffen, der über Werner Düttmann ein ungutes Wort gesagt hätte oder ein böses. Offenbar haben alle an ihm etwas gefunden, das leuchtete ein, das war achtbar, das gefiel ihnen, das liebten sie, das war ihnen recht.

Da hat ein jeder seines; Düttmanns Angebot ist vielseitig. Wir erinnern uns der Gastfreundschaft in seinem Haus; worin nur befremdlich war, daß er alljährlich darin drei Wände versetzte oder verschwinden ließ. Als er seinen Studenten durch einen Neubau den Blick auf die Uhr am Rathaus von Charlottenburg verstellen mußte, verschaffte er ihnen eine andere Uhr; es wird wenige Hochschullehrer geben, die so begrüßt werden: Glückwunsch, Tüte! Viele von

Selbstportrait 1957
Öl auf Leinwand

uns gedenken seiner Geschenke; denn von zehn Stücken, die er anbrachte von den Flohmärkten in Paris, London oder Berlin, waren immer sieben ausgesucht zum Vergnügen seiner Freunde, auch zu ihrer Belehrung. Wenn die Kritik ihn hart anließ wegen seiner Bauten im Märkischen Viertel, er stand zu seiner Arbeit; und sollte er da Birken anpflanzen mit eigener Hand, am Bahndamm entlang; wiederholte voller Zuversicht auf die Leute, die in seinen Häusern wohnen: Geht doch hin und klingelt und fragt nach mir! Lehrstuhlbesprechungen hielt er mit Vorliebe in der Paris-Bar an der Kantstraße. Wer mit ihm arbeitete, der lobte die universitäre Art, auf die ein Werner Düttmann hält. Mit der Einladung zu seiner dritten Hochzeit gab er das Versprechen, er und seine Frau würden „gute Freunde, liebe Verwandte und weitere Wohlwollende" am Abend zu trösten versuchen. Einmal sollte die Akademie unter seiner Aufsicht einen Ratschlag erarbeiten, den nannte dann der Auftraggeber recht aufwendig; halblaut, in eine exakt abgewartete Pause hinein, sprach Düttmann: Guter Rat ist teuer. Er dachte nach über ein Kind, das sich schwer tut mit den Radiergummifusseln auf seiner Zeichnung; endlich hat er es und bringt und stiftet einen feinhaarigen Pinsel. Wir kennen ihn als einen Künstler beim Erzählen von Geschichten; betrübt haben wir ihn still werden sehen und wegtreten in heimliche Abschiede. Und wie wehrte er sich, wenn einer ihm zu nahe kam mit der Erkundigung, wie es ihm denn ergehe mit dem ärztlichen Verbot zu rauchen? Er versuche dagegen anzurauchen. Er war keinem ähnlich als sich selbst; das kann einem gefallen.

Von meinem Exemplum mit ihm möchte ich auswählen: die Freude zu sehen, wie er einen Raum betrat und die Anwesenden begrüßte. Die Disziplin, die er sich auferlegte; wenn er aussah nach dem Stoßseufzer Fontanes: „Es muß auch *so* gehen." Zuverlässiges Vertrauen. Und einmal bin ich von mir fremden Leuten aufgenommen worden als ein willkommener und verläßlicher Gast, weil Werner Düttmann mich angekündigt hatte.

Wie ein Mensch kaum wegen seiner Tugenden geliebt wird, sondern wegen des Gebrauchs, den er von ihnen macht, so kommt auch Zuneigung aus ohne auch nur annähernde Kenntnis des anderen, ja, es scheint fast, als zöge einen der an, der seine Geheimnisse zu bewahren weiß. Werner Düttmann hatte eines. Es ist, vielleicht, verborgen in einem Gedicht von Rilke, das er rezitieren konnte, als sei es auf ihn geschrieben (Paris, Frühsommer 1908). Es ist eine Absage an das Bleiben, das Besitzen, an die Beständigkeit. Es trägt die, für uns schlimme, Überschrift „Der Fremde" und beginnt so:

Ohne Sorgfalt, was die Nächsten dächten,
die er müde nicht mehr fragen hieß,
ging er wieder fort; verlor, verließ –.

Es endet:

Und dies alles immer unbegehrend
hinzulassen, schien ihm mehr als seines
Lebens Lust, Besitz und Ruhm.
Doch auf fremden Plätzen war ihm eines
täglich ausgetretnen Brunnensteines
Mulde manchmal wie ein Eigentum.

Werner Düttmann und ich, wir hatten es mit den Zitaten. Denn daß man einander gern hat, das mag angehen, aber es zeigen, unter Norddeutschen! Kommt nicht in die Tüte! Also mußte in meinem Brief zum Geburtstag eine Vorlage her als Behältnis und Versteck; gedruckt ist sie im Jahre 1817 zu Berlin bei Carl Friedrich Amelang, und sie möge mit ihren Abwandlungen uns passen auf diesen Vormittag:
„Wie man bei dem Abschiede eines abgestatteten Besuches noch einmal der Person, welcher unser Besuch galt, etwas Verbindliches zu sagen pflegt, so auch in der Rede am Schlusse desselben. Man empfiehlt bescheidentlich sich der Person, für welche unsere Rede bestimmt ist, zum fortdauernden Wohlwollen, Andenken oder zur Geneigtheit und Liebe, sagt derselben sein Lebewohl, und schließt dann mit der Endversicherung der unveränderlichen Gesinnung, welche man gegen ihn hegt."

Düttmann schickte seit 1959 seinen Freunden jedes Jahr eine selbstgemalte Weihnachtskarte: Weihnachtskarte 1980

Vor einem Fest

3. März, 1981

Lieber Werner Düttmann:

Es fällt mir schwer zu begreifen, dass Sie in drei Tagen sechzig Jahre alt werden. Gewiss, da die Kataloge und Handbücher es so mitteilen, glaube ich es; würde das Faktum auch weitersagen auf Befragen. Jedoch ein wenig unfasslich bleibt es.

Denn es ist für mich nur ein paar Jahre her, 1957, da zeigte die Stadt Westberlin mit einer "Internationalen Bau-Ausstellung" an, dass sie recht wohl am Leben bleiben wolle, unübersehbar dicht an der S-Bahn, und in der Gruppe F hatte ein Werner Düttmann eine Bücherei beigesteuert, eben jener, der im Jahr darauf von der Presse bezeichnet wurde als "der junge Architekt" W.D. – dies kann ich belegen. Die so schrieben, wollten vorsorglich sich verwundern über das Kunst-Stück, das jemand in so wenig vorgeschrittenen Jahren in das Grüne beim Bahnhof Bellevue zu setzen gedachte, und als ich für meinen Teil einen Anfang mit dieser Akademie versuchte, in der Klee-Ausstellung vom Januar 1961, muss ich den Erfinder und Erbauer dieses Instituts für ungefähr gleichaltrig angesehen haben, auch geleitet von den Erzählungen zu Ihrer Person, die in der Stadt umliefen. Und selbst das Zahlenpaar 1961/1981 verfehlt auf mich die Wirkung, die nach der Regel hier geliefert werden sollte von der Dame Magie. Denn seit ich mit Ihnen in Person zu tun gehabt habe, von Ihrem ersten Besuch (in Rom, 1962) bis zu meinem Gastspiel als Ihr Vizepräsident in der Akademie und der Rede, die Sie mir stifteten im vorigen Mai – all die Zeit sind Sie mir niemals erschienen als jemand, der anderen etwas voraus haben will: nehmen wir mal die Würde des Alters. Sogar der Versuch dazu müsste missslingen, solange noch das Düttmannsche Nachdenken Ihnen die ureigentümlichen Bögen in die Stirne treibt, mehrere über jeder Braue. Auch erinnere ich Ihre Stimme als zu jugendlich. Kurz, ich wehre mich. Aber mir ist so gegenwärtig, mit welcher Miene Sie einen Entschluss in Angriff nehmen, der Ihnen genauso missliebig vorkommt wie notwendig und als gar kein hübsches Spiel; ich gebe auf, ich gehorche der Pflicht: ich gratuliere Ihnen zum 60. Geburtstag.

Wenn Sie wüssten, wie leid mir dieser tut! Wenn Sie nur wüssten! Und auch das noch!

Vorsichts halber sehe ich nach und finde als Herkunft des Wortes grates und tollere, "Angenehmes darbringen"; und weiss nun wie die Sache anstellen. Denn das Angenehme, es steht ja schon da; Sie haben es aufgebaut in eigener Person. Das sind Ihre Anteile von Berlin, ob sie nun zu suchen sind im Wedding, in Zehlendorf, "In den Zelten", im Hansa-Viertel, im Westend, in Kreuzberg, in Charlottenburg, im Grunewald, am Wannsee und abermals im Wedding – das sind nur die Arbeiten, die Sie für erwähnenswert erachten, und wenn ich dazu Glück wünsche, so weniger wegen der rund 750 Millionen Mark, die Ihnen 1969 als Bauvolumen für bloss drei Jahre nachgesagt wurden, sondern weil ich weiss von Leuten, die wohnen der Maßen einverstanden in einem Ihrer Häuser, die lassen den Architekten Düttmann auch später noch durch die Tür, zusammen mit ausländischen Kollegen, die mal von innen sehen wollten, wie er das überhaupt anstellt.

Obendrein können Sie von einem anderen Glück reden. Damit meine ich jene Ausnahme in Ihrem Lebenslauf, die in diesem Zwanzigsten Jahrhundert vielen durch die Lappen geht: Sie haben Ihre Heimat behalten dürfen. Werner Düttmann, geboren und aufgewachsen in Berlin, lebt nach wie vor in Berlin, im Raum der Stadt wie in ihrer Sprache. Und wäre er von auswärts, so hätten die Berliner ihn zu einem der Ihren gemacht, Ehren halber: indem sie für die Akademie der Künste gleich zwei Übernamen benutzen: "Gewächshaus" und "Kunstspinnerei". 1963, "ich als oberster Planungsscheich", das ist Originalton Berlin und Düttmann, ohne dessen "Grundsatzprojekt" das Europa-Center erheblich falscher dastünde; nun dies nannten die selben Leute, die ihn einst "den jungen Architekten" titulierten, ihn einen "Unruhestifter", und sie zitierten ihn mit unser aller Zustimmung: "Das darf keine Bürokiste sein, wo's zieht! Erst Gegensatz bringt Leben." Auch im folgenden Jahr waren wir mit ihm einig in seinem Befund: "Eine Stadt funktioniert erst, wenn sie mal ein paar Stunden nicht funktioniert." Im selben 1964 meine ich Werner Düttmann zufällig getroffen zu haben an einem Frühstückstisch im Westdeutschen, und verschweige wo, denn von da kam er zurück mit dem aktenkundigen Begehren: "Mehrere deutsche Städte gehören eingemauert, damit sie in ihrem Innern erst mal aufräumen und nicht das Land überwuchern." So spricht ein Chef der Stadtplanung von Berlin. Berühmt wurde das Jahr 1964 durch seinen Aufruf: "Rettet den Stuck!", mit der Erläuterung: "Was einst nach Schinkel aussah, sieht jetzt aus wie Lemberg-Ost" (wobei mir seine Abneigung gegen die östlichen Bezirke jener Gemeinde im Kreise Pirmasens (3250 Einwohner) ein wenig unerfindlich ist). Für mein friedenauer Teil habe ich ihm die Wiederherstellung eines Reliefs am letzten, nordwestlichen Hause in der Bennigsen-Strasse (sehenswert!) zu danken, ausserhalb eines amtlich bezeichneten Rettungsgebietes, denn Professor Düttmanns ironischer Appell zur Erhaltung des Dekors wurde auch anderswo verstanden und beherzigt: "Das sind die Jahresringe von Berlin. Die wollen wir mit Würde tragen." So ist die Würde unserer Urgrossväter gelegentlich bewahrt, und Werner Düttmann sehe ich zwinkern. Schliesslich, aus seiner Tätigkeit als Hochschullehrer zitiere ich den Anspruch: "Wer ein Haus bauen kann, baut auch eine ganze Stadt", denn ob ich nun

11. April 1981

Lieber Uwe Johnson,

von all den Beiträgen für die Kassette, die mir die Akademie zu meinem Geburtstag bereitet hat - und es sind viele schöne darunter - hat mich Ihrer am meisten angerührt.
Sie fangen an "es fällt mir schwer zu begreifen". Ich könnte genauso anfangen, es fällt mir schwer zu begreifen, wie ein Mensch, zu dem man zwar eine tiefe Zuneigung empfindet, dem man aber dennoch eigentlich als sporadisch als häufig begegnet, soviel wissen kann von einem selbst und soviel erinnern, was man selber schon vergessen hat vor dem täglich Neuen das eintritt.

Im letzten Mitteilungsblatt habe ich gesagt, ich wünsche mir Nachrufe zu Lebzeiten und habe damit jene gemeint, die, wie Elisabeth Killy oder Herbert von Buttlar, in der Akademie gewirkt haben und weggingen, fast klang- und danklos, so daß ich erst im nachhinein empfand, man hätte ihnen etwas Schönes sagen sollen zu ihrer Arbeit, ihrer Person und ihrem Hiersein. Man hätte sollen.

Sie haben nun diesen Wunsch, den ich für andere hegte, für mich erfüllt, den Nachruf zu Lebzeiten.
Ich lese ihn immer wieder, ein wenig beschämt, ein wenig mit feuchten Augen und ein wenig glücklich. Aber auch ein wenig schmunzelnd, denn so schön bin ich wirklich nicht. Schmunzelnd auch über die am linken Rand mit dem Lineal gezogenen Pfeile, die auf die leicht verrutschten Zeilen weisen, mit der handschriftlichen Eintragung "Wenn Sie wüßten, wie leid mir dieses tut! Wenn Sie nur wüßten! Und auch das noch!"
Das verweist auf: selbst in die Maschine getippt, Akribie, Präzision und Sorgfalt. Das macht den Text glaubwürdig, und wer davon profitiert bin wiederum ich.

Also: Ich bitte Sie, wenn ich einst tot bin, dies alles noch einmal den Mitgliedern zu sagen. Genauso oder ähnlich und stelle anheim, ob Sie auch dann ausklammern, daß ich ein Säufer war, der den Mädchen nachläuft, zum dritten Mal verheiratet, immer noch nicht der Schönheit abschwört, dessen Bauten durch irreparable Wasserschäden zu Versicherungsobjekten wurden, dem in Bremen bei der Erweiterung der Kunsthalle der Prozeß gemacht wurde, weil er gegen den Willen des Landeskonservators, und anders, als im Bauschein vorgesehen, baute, ohne die Behörden zu informieren und nun auf eigene Kosten wieder abreißen muß, kurzum, den Tunichtgut gebe ich in Ihre Hände.
Allerdings wünsche ich mir, daß Sie, wenn Sie solches verkünden, schon ein sehr, sehr alter Mann sein werden.

Bis dahin umarme ich Sie, auch mit meiner Endversicherung der unveränderlichen Gesinnung, welche ich gegen Sie hege.

am Denkmal für Dag Hammarskjöld vorbeikomme oder seine Akademie betrete, denke ich an Werner Düttmann und die Stadt, die er sich erbaut hat an vielen Orten Berlins, und mit fälligem Respekt nenne ich sie Berlin-Düttmannsdorf.

Eine Gratulation will auch voran in die Zukunft, und so wünsche ich zu diesem von Werner Düttmanns Geburtstagen noch zwei Dinge.

In der einen Sache sind Sie eines Glückwunsches wohl unbedürftig, verbündet wie Sie ohnedies sind mit einer Frau, die kann Ihnen und uns auseinandersetzen, was das ist: "Farbe im Stadtbild".

In der anderen Sache wünschte ich, Sie möchten Geduld übrig haben, der Akademie und ihren Mitgliedern weiterhin vorzustehen, so oft auch ein Plenum Sie verblüffte, wenn all die Gleichen unter Gleichen sich verwandelten in eine heillos verkrachte Schulklasse. Bei all Ihrer Begabung und Bereitschaft, das Gegenüber anzuhören und zu verstehen, es bedeutet ein Opfer, und ich bitte darum. Vielleicht, hoffentlich werden Sie noch lange darauf sich einlassen, mit der Gelassenheit eines, der - einem Vernehmen nach - gerade 60 wird, wozu ich Ihnen, uns allen, gratuliere auf das schönste, und herzlich.

<u>Wie man bei dem Abschiede eines abgestatteten Besuches noch einmal den Personen, welchen unser Besuch galt, etwas Verbindliches zu sagen pflegt; so auch in dem Briefe am Schlusse des selben. Man empfiehlt bescheidentlich sich der Person, für welche unser Brief bestimmt ist, zum fortdauernden Wohlwollen, Andenken oder zur Geneigtheit und Liebe, sagt derselben sein Lebewohl, und schliesst dann mit der Endversicherung der unveränderlichen Gesinnung, welche man gegen ihn hegt.</u>

Yours, truly,
Uwe Johnson.

Morsum, Dienstag, 31. Oktober, 1972

Lieber Herr Düttmann,

das Haus macht Ihnen Mitteilungen. Dabei schiebt es den Schreiber lediglich vor. Er kann beweisen, daß er nicht mehr als Hörensagen hat. Zum Beispiel war es am dritten Tag, dem ehemaligen 23. Oktober 1972, noch lange nicht seine Gewohnheit, vor der Sonne aufzustehen.

An jenem Montagmorgen in der Nacht nämlich kam Herr Meinhard Bohn und untersuchte die Heizung. Kurz darauf wurde er unterstützt von Herrn Christiansen, der den Verlauf der Rohre zu erläutern wußte. Von dem nassen Fleck unterm Dach meinte er, der könne auch durch den Schornstein verursacht sein. – Als wir das damals gemacht haben: sagte Herr Bohn. – Nein du: sagte Herr Christiansen: die Heizung ist doch schon im Krieg angelegt! Als beide gegangen waren, klopfte ein dritter Mann und erkundigte sich bescheiden wie dringlich nach dem „Klempner". Er konnte nur erfahren, daß Herr Bohn hier irgendwo auf dem Bau sei, und das waren ihm zu viele Möglichkeiten.

Sofort haben wir uns auf der Gemeindeverwaltung angemeldet und wurden in das „Haus Düttmann" geschrieben. Die Straße trägt neuerdings den Namen Täärpstig, und leider haben wir versäumt, uns das vorsprechen zu lassen. Nun können wir nicht amtlich sagen, wo wir wohnen. Kurtaxe will die Gemeinde nicht von uns, und auf einem Ausweis hat sie nicht bestanden.

Wegen der Mülltüten mußten wir fragen, und Herr Christiansen sagte: Sie waren wohl noch nie auf der Insel?

Die Mülltüten sind nun am Donnerstag bis sieben Uhr morgens am Straßenrand aufzustellen.

Als wir bei Bov Kaiser Bier kaufen wollten, tat uns „Heinz" unverzüglich in sein Auto, das Bier oben drauf, und fuhr die Kundschaft zu Düttmanns Haus. Unterwegs vermutete er, wir seien wegen des Reizklimas hier. Er selber war erst eben von Ferien in Gran Canaria zurückgekommen.

Am Dienstagmorgen, zu jener uns inzwischen vertrauten Zeit, kamen zwei junge Männer und hatten Auftrag von der Firma Bohn. Sie setzten der Heizung im Durchgangszimmer oben ein neues Ventil ein, behoben die Verstopfung im Badezimmer und erklärten uns, daß man bei zu geringer Heizwirkung im oberen Stock Wasser nachfüllen könne. Den Druck des Wasser fanden sie erstaunlich niedrig, um so mehr, als die Pumpe sich nicht von allein eingeschaltet habe. Für solchen Fall empfahlen sie, kräftig gegen den Apparat auf dem Wasserkessel zu schlagen. Wir werden es nicht tun. Ohne der Rechnung vorgreifen zu wollen, übergaben wir ihnen Bier.

Inzwischen bezogen wir Milch und Eier von Christiansens. Sie wollen, daß man das Gelieferte selber aufschreibt. Sie haben vier neue Kälber, alle in einer Woche geboren. Herr Christiansen wird sie aber alle bis zum Alter von drei Jahren aufziehen. Anders bringe er es nicht übers Herz.

Fehler macht diese Maschine von ganz allein. Eines Tages wird man sie auf dem Hauptbahnhof Morsum stehen lassen.

Wir haben nun den ersten Ort gefunden, dessen geistige Führer eine drohende Überfremdung durch das Plattdeutsche beklagen. Wer des öfteren abends mit den Bauarbeitern von Westerland abfährt, versteht die Besorgnis. Die Leute vom Festland glauben sich von den Fremden nicht verstanden und machen ihnen freundliche Bemerkungen fast ins Gesicht. Das Bier und kleine Flaschen Bommie fest in der Hand, machen sie einander vertrauliche Mitteilungen, so daß man wünschen möchte, in dieser Gegend nie Bauherr zu sein. Es kommt aber auch vor, daß ein kleiner stiller Elektriker sich wie wild auf einen mächtigen Kerl von einem Zimmermann stürzt, ihn gewalttätig schüttelt und ruft: Na, Kleiner?! Worauf der Große sich bitter beklagt, der Kleine habe ihm alle Knöpfe abgerissen, die schon vorher nicht dran waren. Dann sagt einer versonnen: Kiek. Nu neiht de Baohnhoff ut, und so geschieht es.

Das Haus in Morsum

Dürken Christiansen kann aber noch zwei Sprachen mehr, das Friesische und das Hochdeutsche. Das Dänische weist sie von sich.

Am Donnerstag kam der Schornsteinfeger. Er schien ganz zufrieden, denn er machte in sein Buch ein Kreuz, so daß es zu sehen war.

Wenn Herr Laffrenzen noch Postbote auf dem Rade ist, so haben wir es mit einem Mann zu tun, der noch zwei Minuten vor Mittag Moin sagt.

Dürken Christiansen hat ein Zimmer für sich allein, und unsere Katharina findet es gar nicht erstaunlich: denn die seien ja auch im Besitze eines Mercedes.

Am Freitag war Dürken erst ab vier zum Spielen frei. Vorher mußte sie beim Schlachten helfen. Danach fragt ein Kind aus der Stadt nicht gerne.

Freitag, 3. November

Für ein einzelnes Kind aus der Stadt ist es hier so wohltätig anstrengend, da fällt manchmal das Einschlafen schwer. Es ist ja nicht nur, daß man bekannt wird mit den Kühen, deren Milch man trinkt. Nein, es kommt vor, daß man bei Christiansens an den Abendbrottisch gebeten wird! So erfährt man das Söl'Ring für Zucker von Dürkens Bruder, und ihr Vater richtet an einen unverhofft das Wort in jener Sprache, die er in der englischen Kriegsgefangenschaft gelernt hat! Nicht zum Einschlafen ist es.

Der Sonntag war hart. Ein Frühstück ohne die Sylter Rundschau. Hätte Westberlin doch eine Zeitung, die ihm so entspräche wie diese der Insel.

Noch vor dem Frühstück kamen der Dachdecker und sein Jung. Sie besserten eine Stelle oben im Ostgiebel aus. Mittags kamen noch zwei Fachleute, und alle berieten über den First. Den wollen sie am nächsten Sonntag mit Grassoden eindecken.

Herr Pastor Hartung predigte während dessen über das Gleichnis des Knechtes, der von seinem Herrn eine Schuld erlassen bekam und darauf einen eigenen Schuldner zum Zahlen zwang. Sieben und siebzig Mal sollst du vergeben. Herr Hartung ist vom Festland. Es macht ihm Vergnügen, Auswärtige durch die Kirche zu führen. Es kam nicht mehr zu der Frage, warum dem Abgang seines Vorgängers im Jahre 1935 nur so lakonische Notiz wird in der Tafel der Pastoren, denn im Hintergrund wartete eine Familie mit Täufling auf den kenntnisreichen Prediger.

Dürken war auch in der Kirche. Es mußte sein, denn sie soll konfirmiert werden. Jener Unterricht heißt hier Pastorstunde.

Am Montag kam heraus, wer da neulich geschlachtet wurde. Alle Hühner, nach Katharinas Meinung hundertundachtzig an der Zahl.

Am Dienstagmorgen wandte sich ein Pferd an das Kind aus der Stadt. Es stand am Melenstig und war zu einem müßigen Gespräch aufgelegt. Die Leine mit dem Pflock lag quer über die Straße, und so beteiligte sich auch noch ein Schulbus an der Veranstaltung. Das Pferd, ein Pony, und das Kind aus der Stadt zogen sich vor Düttmanns Haus zurück. Herr Christiansen erkannte den Gast sogleich und nannte ihn Carl-Otto. Die Ponies sehen oftmals aus als hießen sie Carl-Otto. Sie stehen gern vor Düttmanns Haus und spielen Zucker-Lotto. Herr Christiansen warf den Pflock ein wenig in die Luft, so daß er einen Salto rückwärts ausführte und unverhofft tief in der Erde stak, da war es fast gar nicht mehr nötig, ihn noch fester hineinzutreten. Dazu sagte Herr Christiansen: Er wisse im Moment auch nicht, was mit so einem Pferd anfangen, und er schenke es also Katharina. Da er ihr dann auch noch Regeln des Umgangs mit Pferden einprägte, bekam der Spaß einen gefährlichen Rand von Möglichkeit. Am Ende hat Herr Christiansen auch noch die Macht, Pferde zu verschenken? Wie auch immer, man muß dann vor Herrn Düttmanns Haus bleiben und sich unterhalten mit dem Pferde. Carl-Otto war von höflichem, entgegenkommendem Wesen. Er wies Brot nicht zurück, und nahm Zucker dankbar an. Wenn der Zukker etwas lange ausbleibt, ist es am besten, so ein Kind von oben bis unten zu beschnüffeln. Mittags wurde er von seinen wahren Besitzern abgeholt, und blickte nicht ohne Vorwurf zurück.

Am Mittwoch war die große Konferenz über die Maus in Düttmanns Haus. Frau Christiansen wußte auswendig, wo in der Küche sie ihr Loch hat. Dies wurde lose verstellt mit einem Propfen, den die Maus hätte mit der Nase wegstoßen können. Darauf ließ sie sich nicht ein, dazu ist sie zu klug. In der Diskussion gab es Stimmen, die sich hart gegen eine Belästigung dieser verdienstvollen Mitarbeiterin wandten, und es wurde beschlossen, von ihr in Hinkunft als Mathilda zu sprechen.

Dann wurde es Donnerstag, heute Freitag, und morgen müssen wir abreisen. Wir werden es ungern tun, und vielleicht sehen Sie an diesen Äußerungen aus Ihrem Haus, daß wir viele Gründe haben, uns bei Ihnen für die freundliche Einladung zu bedanken. Es war ja nicht nur eine Unterkunft auf der Insel Sylt, die Sie uns geliehen haben, sondern auch die gute Nachbarschaft, mit der Sie Ihr Haus ausgestattet haben.

Mit herzlichen Grüßen,
Ihr
Uwe Johnson

Auf Sylt

Martina Düttmann,
Werner Düttmann

Herta Elisabeth Killy
„Er war keinem ähnlich als sich selbst"

Als Werner Düttmann einem größeren Kreis von Mitgliedern der Akademie der Künste zu Berlin in ihrem damaligen Domizil, der Dahlemer Villa Musäusstr. 8, seine ersten Überlegungen und Entwürfe zu dem geplanten Akademieneubau vorlegte, war auch den Mitarbeitern des Hauses Gelegenheit geboten, sich diesen vielbesprochenen Menschen einmal genauer anzusehen. Gehört hatte man ihn schon öfter – wenn die Klingel durch das offene Treppenhaus schrillte, das bayrische Faktotum sich lustlos erhob, um die Entréetür zu öffnen, dann schallendes Gelächter nach oben drang, Tritte auf der Treppe, wieder Gelächter, und wie schließlich das Faktotum beschwingt, mit verklärter Miene auf seinen Platz zurückkehrte: „Dea Hea Düütmann is kimma."

Damals waren – vom Glück und Henry H. Reichhold, dem Mäzen aus USA, begünstigt – der Plan für den Akademieneubau entstanden und damit auch die ersten Pläne, die nun vorgelegt werden sollten. Die erste halbe Stunde war nicht leicht, die Zurückhaltung der Arrivierten gegenüber dem Wunschkandidaten des Stifters, diesem in Berlin zwar schon durch einige bemerkenswerte Bauten bekannten, aber doch noch recht jungen Architekten war spürbar – schließlich waren 2 Millionen Dollar, damals 8 Millionen DM, in den fünfziger Jahren sehr viel Geld und Aufträge dieser Art nicht eben häufig. Doch der junge Mann, blond, mit wachen, warmblickenden Augen in einem großzügigen Gesicht, dem man Wind und Wetter der Bauplätze ansah, einem Mund mit generöser Unterlippe und einer Nase, in deren feinem Rücken ein ganz leiser Knick an ein jugendliches Handgemenge erinnerte, von stämmiger Statur, kraftvoll und beweglich, blieb völlig unbekümmert. In blütenweißem Hemd und grauem Tweedjackett hantierte er mit gewinnender Natürlichkeit zwischen seinen Entwürfen und Modellen herum, wobei aus seinen Ärmeln ab und an Manschettenknöpfe aus grobem, ungeschliffenem Amethyst hervorschauten – unversehens ein überraschend männlicher und, wie ich später begriff, für ihn höchst bedeutsamer Stein, ἀμέθυστος; alles in allem ein Erscheinungsbild, das durch die Jahre trotz allen Wandels so bleiben sollte. Er gab seine Erläuterungen in einem plastischen, klaren Hochdeutsch, aus dem man die Fähigkeit zu einem Urberliner Zungenschlag deutlich heraushörte. Schließlich war es Mary Wigman, die an dem Vorschlag einer variablen, von entgegengesetzten Seiten einsehbaren Bühne Feuer fing, und es kam zwischen den beiden zu einem so spannenden, facettenreichen und amüsanten Dialog, daß sich keinerlei Reserve mehr halten ließ. Die erste Schlacht war gewonnen.

Damals ahnte noch niemand, was dieser junge Mann Berlin bedeuten würde, als Ingenieur und Architekt, als Senatsbaudirektor und Professor der Technischen Universität, als Erbauer und Mitglied der Akademie der Künste. Allein in der Akademie war er nicht nur aktives Mitglied im eigentlichsten Sinne des Wortes, sondern er gehörte im Laufe der Zeit ihrer Satzungs- und ihrer Grundsatzkommission an, leitete zeitweilig ihren Planungsausschuß, war Direktor ihrer Abteilung Baukunst, ihr Vizepräsident und schließlich zwölf Jahre lang bis zu seinem Tode ihr Präsident. Seine Vitalität und seine Arbeitskraft, seine Kontaktfreude und -fähigkeit, seine Bereitwilligkeit, überall einzustehen und Verantwortung zu übernehmen, seine Phantasie und sein Realitätssinn, seine Begabung, eine zähe Sitzung bewegt, eine öde Geselligkeit flottzumachen, sein Talent, auch noch das schwierigste und anspruchsvollste Gegenüber in kürzester Zeit in einen umgänglichen Menschen zu verwandeln – all das war ein Betriebskapital, von dem bis zuletzt ein vielfältiger und zuweilen unbedenklicher Gebrauch gemacht wurde.

Dazu kam, sofort bemerkbar, sein Berliner Witz, seine schnelle Replik, die als Öl auf den Wogen und im Getriebe immer wieder ihre wohltuende Wirkung taten. Ob er nun auf den alarmierten Bericht, der Bau eines allen bekannten Architekten im Stadtzentrum sei frühmorgens eingestürzt, beruhigend meinte: „Ach nee, dem fällt doch nie was ein", ob er eine erprobt Unfähige nur noch als „Gouvernante in einem kinderlosen Haushalt" empfehlen mochte, oder ob er die Planung eines ihm zu gradlinig, zu monoton, zu weitläufig scheinenden „innerstädtischen Grünbereichs" mit der Feststellung „das hält kein Dackel aus" disqualifizierte – immer war es der unmittelbare Bezug zum Leben, das Anschaulich-Plastische, das nicht nur so erheiternd wirkte, sondern auch einen Teil seiner ungewöhnlichen Überzeugungskraft ausmachte.

Diese nie versagende Fähigkeit zum Plastischen hatte wohl schon im väterlichen Bildhaueratelier ihren ersten Nährboden gefunden und war zum selbstverständlichen Lebenselement geworden; alles, was er anfaßte, bekam Kontur und Gestalt. Eine seiner charakteristischsten Bewegungen war der Griff mit der rechten Hand in die linke Brusttasche nach dem grünen Druckstift, aus dem sich dann auf der Stelle Pläne, Entwürfe, Skizzen oder auch Kari-

Elisabeth Killy, Hans Scharoun, Werner Düttmann, Walter Rossow und Alvar Aalto im Studiosaal der Akademie der Künste

katuren über alles Greifbare ergossen, auf Bierdeckel, die Manschetten seiner Hemden, die Papiertischtücher der Paris Bar. So entstand ein Garten, ein Raum, ein Fest, ein Programm, eine Bühnendekoration. Auf die Bühnenbildner blickte er zuweilen mit sehnsüchtigem Neid, war es ihnen doch vergönnt, nur für eine Spielzeit etwas hinzustellen, dann „alles zu verbrennen" und mit anderen Vorstellungen und frischen Erfahrungen neu zu beginnen.
Seine Generosität war grenzenlos – er gab mit vollen Händen. Immer war er bereit, jemandem Geld zu leihen; zurückfordern mochte er es nicht, und wenn der Betreffende ein Weilchen wartete, vergaß er es schließlich. War in seinem Büro ein Mitarbeiter, der, kaum daß er den Rücken kehrte, mit seiner in New York weilenden Freundin lange Telefongespräche führte, so gab es dagegen kaum ein Mittel. Schließlich war er nicht dazu da, Erwachsene zu belehren; der mußte selber wissen, was er tat. So lächelte er nur, zuckte die Achseln und bezahlte die Rechnung. Oder wollte ein anderer sich selbständig machen, griff er ihm erst mit einer Starthilfe unter die Arme, um ihm nach dessen Scheitern die Schulden zu begleichen und erneut einen Arbeitsplatz einzuräumen.
Wie Rolf Gutbrod bemerkte, fühlte er sich seinen Bauten, die er wie Kinder liebte, tief verbunden und für sie verantwortlich, und so war es nur natürlich, daß auch sie häufig großzügig bedacht wurden. Kurz vor der Einweihung des Akademieneubaus, als alle Beteiligten schon mehrere Nächte durchgearbeitet hatten, konnte man ihn – als eben gegen vier Uhr morgens die Sonne über dem glühend rot erstrahlenden Kupferdach des Studios aufgegangen war – beobachten, wie er draußen die Arbeiter ermunterte und mit vollen Händen Hundertmarkscheine unter sie verteilte, um sie zum Durchhalten zu ermutigen. Dabei hätten sie es für ihn auch so getan. – Und als die ernste Kirche St. Agnes an der Mauer fertig war, brachte er ihr aus Italien einen kostbaren alten Holzkruzifixus und eine thronende Madonna gleichen Stiles mit, in deren Strenge sich etwas von dem aussprach, was er mit dieser Kirche gemeint hatte. Es war dann gar nicht leicht, diese zu placieren, denn man hatte sich dort schon in der Devotionalienbranche nach etwas Ansprechendem umgetan, um die Kargheit des Kircheninneren ein wenig aufzulockern. Dann grollte er: „Gegen den lieben Gott habe ich ja gar nichts, aber sein Bodenpersonal ..."
Diese Kirche, die ihm sehr am Herzen lag, sagte wie alle seine Bauten auch etwas über ihn selber aus. Ihre Herbheit, ihre Entblößtheit, ihre Steile, das Schweigen ihrer nackten Mauern, in das nur von oben ein spärliches Licht fällt, der einsam zwischen Himmel und Erde hängende Kruzifixus, der leere, harrende Raum, wo „der Geist selbst für uns eintritt mit unaussprechlichen Seufzern" – all das spricht von einer in die Anschauung gebrachten „negativen Theologie" und zugleich von einem Aspekt eigener, kaum je in Worte gefaßten, innerer Erfahrung. Nur in einer indirekten Äußerung oder in einer Spiegelung konnte man dergleichen zuweilen wahrnehmen. „... lang muß der Wein, daß er sich im Dunkel vollende, im tiefen Keller gefangen sein ..."
Und wie von Weite und Ernst dieses sakralen Raumes eine reinigende, befreiende Kraft ausgeht, die in Zonen tieferer Sammlung nötigt, so vermitteln die Zweckbauten – Bibliotheken, Museen oder auch die Akademie mit der Vielzahl ihrer Zwecke – in den mannigfachen Varianten zwischen dem Wohlgegründeten, den menschlichen Maßen, der wunderbaren lichten Leichtigkeit unversehens ein Wohlgefühl, eine Heiterkeit, einen Einklang mit der Welt und sich selbst, die immer wieder neu ihren Zauber ausüben. War man gemartert von der verworrenen Hektik im Akademiesekretariat, konnte man einfach einmal durch das Haus gehen und den bewegten, atmenden Wechsel der architektonischen Abfolgen auf sich wirken lassen: die breite, einladende Treppe, die den Blick nach draußen vom Garten zum Himmel diagonal durchläuft, das niedrige, erwärmende Foyer, wo das Kupferdach, von oben herabkommend, die Erde erreicht, das Bühnenhaus mit seinen vielfältigen Geheimnissen, dem hohen Schnürboden und den sich überschneidenden Beleuchterbrücken, die Glasgalerie, die zwei Welten trennt, die geöffnete Bewegtheit der Clubräume mit ihrer mannigfach nutzbaren Innentreppe, dann ein Blick in den kleinen, quadratischen Sitzungsraum, der den Charakter eines von Wasser und Rosen umgebenen Gartenpavillons hat, die konzentrierte Stille der Bibliothek, in der kein Ausblick nach außen zieht, der von allen Seiten umfangene Skulpturenhof, in dessen Wasserbecken sich die hohen, windbewegten Gräser und die Wolken spiegeln, und schließlich die Ausstellungsräume mit ihrem milden Licht, ihrer beschaulichen Weiträumigkeit, die zum gemächlichen Wandeln und Verweilen einlädt, getragen von dem Behagen, das die kleinen Quader des Hirnholzpflasters den Füßen bereiten. Nach einem solchen Rundgang konnte man durchlichtet, erwärmt und mit (fast) allem versöhnt, dem Irrwitz des Kulturbetriebes wieder eine Weile standhalten.
Wo er war, wurde viel gelacht, und er lachte selber gern. Sein rollendes Lachen in der Baßlage und ein

Fasching 1973

Blick, in dem sich freundliches Verständnis und amüsierte Nachsicht mischten, konnte ebenso einem sorgfältigen Arrangement von Gartenzwergen in einem Vorgarten von Lübars gelten wie einer höheren Art von Geschmacksverirrung oder dem bemühten Gebaren eines Profilneurotikers. Er selbst war gänzlich unprätentiös, ein Mensch des Lebendigen und der Wirklichkeit. Man konnte mancherlei freche Redensarten von ihm hören, aber nie eine Phrase. Surrogate existierten für ihn nicht; er hatte eine unverwüstliche Unmittelbarkeit, seinen ganz eigenen Zugang und Zugriff, der sich über jede Konvention hinwegsetzte. Statt dessen besaß er eine innere Aufmerksamkeit, einen Sinn für den anderen und – bei aller Treffsicherheit seines Berliner Mundwerks – ein unfehlbares Zartgefühl, eine besondere Artigkeit, wo ihm daran gelegen war, und eine stete Herzenshöflichkeit.

Wohl konnte er wohltuend respektlos sein, so etwa, wenn er den feierlichen Einzug der Teilnehmer eines ihm auf einen allzu hehren Ton gestimmten Dichtertreffens mit „Einzug der Plagiatoren" bezeichnete – doch behielt er seine demontierenden Sprüche dem Aufgesetzten und Vorgetäuschten vor; ehrfurchtslos war er nie.

Man mußte ihn sehen, wenn er mit leichter Hand, so daß das Gefühl, es könne sich um Beistand oder Hilfe handeln, gar nicht aufkam, einem behinderten Kind seiner Umgebung die Malstifte zuspielte, die es eben brauchte, und in aufmerksamer Ruhe das Entstehen eines figurenreichen Gemäldes mit anregenden Erwägungen und drolligen Korrelaten zu dem, was da auf dem Papier vor sich ging, begleitete. Man sah, da sind zwei sehr beschäftigt, nicht zu stören und sehr zufrieden miteinander – die Gegenliebe war ihm sicher.

In seiner Familie herrschte ungescheut bekundete Zuneigung und lebhafte Anteilnahme aneinander durch fünf anwesende Generationen, einschließlich des Dalmatinerhundes, der ihn stets außer sich vor Begeisterung, alle vier Pfoten gleichzeitig in der Luft, zu begrüßen pflegte.

Er war ein genialer Entdecker und einzigartiger Schenker. An keinem Trödler, und mochte die Zeit noch so drängen, war er vorbeizubringen. Und während man selbst, sehr schnell müde und blind, durch so viel Bruch und Krempel hinter ihm her trottete, hatte er mit unfehlbarem Griff das einzig überraschende, zuweilen wertvolle, zuweilen erheiternde, oft einer bestimmten Person unabweisbar vorherbestimmte Stück entdeckt. Welcher Mensch außer ihm konnte wohl einer Liebhaberin solcher verzauberten Objekte ein italienisches Kaleidoskop schenken, um dessen gestrecktes Rund sich inmitten ihrer byzantinischen Hofdamen die Kaiserin Theodora – Spitzname der Beschenkten – im Kreise bewegte? Wer sonst wäre imstande gewesen, einer plötzlich ausgebrochenen Leidenschaft für die Marlitt sogleich mit einer Prachtausgabe von „Schulmeisters Marie" in seegrünem Leder mit Silberprägung und Goldschnitt zu begegnen, und wer hat je dem Schmerz um eine im Krieg verbrannte Récamiere ein Ende bereitet, indem er einen genauen Zwilling dieser unvergeßlichen Rarität vor die Haustür in den Garten stellen ließ?

Einzigartig waren auch seine Blumensträuße – mochte er sie nun mit rascher Hand und ohne Mitleid, während der Motor schon lief, noch schnell im Garten zusammenraffen oder ein verwirrtes und geschmeicheltes Blumenfräulein zu einem unwiederholbaren Meisterwerk inspirieren.

„Er hat ein Herz im Bauch", sagte die eingeheiratete Urgroßmutter der Familie, und damit hatte sie es wohl am genauesten getroffen – er gestattete sich dieses völlig veraltete und verachtete Zubehör ungeschmälert und unbekümmert, ohne daß er das mindeste davon gewußt hätte. Das altindische „Tat twam asi" war ihm in seiner ganzen Textur, in allen Fasern eingeboren, das Gefühl von Nähe und Verwandtschaft zu allem Lebendigen – mochte es nun schön oder schäbig, jung oder alt, heil oder verstümmelt, glücklich oder verzweifelt sein – war ein Teil seiner selbst und beständig in Tätigkeit. Dort lag wohl auch die Wurzel seiner Befähigung zum Plastischen, wie Hofmannsthal es verstand: „Das Plastische entsteht nicht durch Schauen, sondern durch Identifikation."

So war jeder Tag, an dem andere lediglich in den Senat, ins Büro, auf die Baustelle, in die Akademie oder in die TU gegangen wären, für ihn eine neue Herausforderung, ein brodelnder Kessel, ein Reservoir noch unbekannter Möglichkeiten. „Chaos" war denn auch ein häufig wiederkehrender Seufzer. Zwar war ihm das Chaos die dunkle Mutterhöhle aller Einfälle und Ideen, Raum von Freiheit und Bewegung, Ursprung des eben noch nicht Dagewesenen, aber es war auch Bedrängnis, Ursache von dauerndem Verschleiß und unausweichlicher Überforderung. Da litt er dann an der Unfähigkeit, die Räder anzuhalten, die tausend Fäden zu ordnen, den zahllosen Ansprüchen gerecht zu werden. In solchen Phasen grollte er dem Leben – „Life is hell". Man sah es schon, wenn er das Zimmer betrat; sein Gesicht war wie aufgerissen, die sonst unter der männlichen Wind- und Wetterfarbe verborgene Empfindsamkeit lag wie nackt obenauf. Dann hatte er gegen heftige Wogen von Überdruß und Melancholie anzukämpfen, doch blieb ihm selbst da noch seine volle Beweglichkeit, die schnelle Replik erhalten. Als ich ihm einmal, rat- und hilflos, mit einer ehrwürdigen französischen Sentenz aufhelfen wollte und eben ansetzte: „La vie est un *mystère triste,* dont ...", hatte er sie bereits unwillig knurrend geschüttelt, eingedeutscht und mir mit ein *trister Mist* den Mund gestopft. In diesen Zuständen war es schwer für ihn und für seine Umgebung. Doch wenn man darüber geängstigt schließlich eine schlaflose Nacht verbracht hatte, trat er ein wie immer, etwas windzerzaust, im schief geknöpften Dufflecoat, ein unförmiges, in Zeitungspapier gewickeltes Paket unter dem Arm – er hatte wieder einen gelungenen Fang getan –, es war vorüber, das rettende Ufer erreicht, bis zum nächsten Mal.

Dabei waren trotz seiner Intensität, seiner Lebenskraft und der Hochspannung, in der er lebte, Zornausbrüche erstaunlich selten. Mochte irgendwann auch mal ein Weihnachtsbaum aus dem Fenster geflogen sein, sein Verhalten gegen die, die ihn umgaben, blieb eigentlich immer von einem wohlwollenden Gleichmaß; das war er seinen Mitmenschen schuldig, denn er respektierte sie.

Und diese Haltung war unerschütterlich. Denn mochte ihm auch die Gunst der Menschen im Übermaß zufallen, auch er begegnete nicht nur Zustimmung, sondern er hatte zeitweilig lautstarke Kritiker und Widersacher, es gab begründete Zwistigkeiten, Mißverständnisse, zuweilen ein Problem, das ein verquerer Zeitgenosse in ihn hineinprojizierte, und manchmal schlichten Neid, wenn er in aller uneitlen Lebenslust als ein Glückskind und Liebling der Götter einen weniger Begünstigten zur Mißgunst reizte. Trotz seiner Sensibilität war er hart im Nehmen von Feindseligkeiten – wohl eine Frucht seiner im Häuslichen so geborgenen, aber in der Begegnung mit der Welt harten und entbehrungsreichen Kindheit, der er gewiß auch viel von seinem Realismus verdankte.

Auch inmitten solcher Anfeindungen behielt er sein unbeirrbares Wohlwollen. So konnte es sein, daß er, wie so oft, jemandem hilfreich war, eine verfahrene Lebenslage, eine mißliche menschliche Situation oder pure Existenzsorgen zu mildern und zu überbrücken suchte, während der Betreffende gegen ihn arbeitete und ihm auf mancherlei Weise zu schaden trachtete. Entschloß man sich dann nach langem Zögern, ihn auf diesen Zustand hinzuweisen, bemerkte man mit Staunen, daß er das alles längst wußte. Da begegnete man wieder jenem nachsichtigen Lächeln, dem die Realitäten hinnehmenden Achselzucken, und dann tat er weiter Freundliches, so wie er es für richtig hielt. Das übrige kümmerte ihn nicht; das war die Sache des anderen.

Er respektierte die Menschen nicht nur, sondern er liebte sie auch und war in hohem Maße gesellig. Da waren Kollegen und Freunde, Verwandte und gestern noch Unbekannte, es gab große Feste oder das nächtliche Hocken in den Berliner Kneipen bis die Laternen erloschen. Zahllos waren die Kontakte in der Akademie und was aus ihnen entsprang – ein heiterer Umgang mit Theodor Heuß, Pläne für die Stadt mit Henry Moore, die Freundschaft mit Uwe Johnson; nicht zu vergessen die funkensprühenden Geplänkel mit den grand old ladies der darstellenden Kunst, Tilla Durieux, Elsa Wagner, Elisabeth Bergner oder die Verehrung für die ihm so zugeneigte Frau Scharoun. Doch hatten die Begegnungen mit jenen natürlich ein besonderes Gewicht, in denen die Leidenschaft für das Bauen verbindend war – die langen Nächte mit Hans Scharoun, mit Alvar Aalto, mit Mies van der Rohe, die endlosen Gespräche, die erst zwischen drei und vier Uhr morgens ihren Kulminationspunkt erreichten, die Whiskyflasche als Symbol der Verbundenheit im Geiste immer mitten auf dem Tisch.

Doch in der Welt des Alltags, in der die künstlerischen, die spielerisch-schöpferischen Begegnungen selten waren, entsprach ihm das weibliche Element oft mehr als das männliche, konnte er seine inneren Schwierigkeiten mit den „Kerlen" haben; sie waren ihm nicht impulsiv genug, boten ihm zu wenig Überraschungen, ihre gravitätischen Allüren, ihre eingefahrenen Reaktionen konnten ihm auf die Nerven gehen, uneitel wie er selber war, langweilten ihn ihre Eitelkeiten.

Mit den Frauen war das ganz anders. „Sieh mal den Condottiere, das ist mein Schwarm", hörte ich vor Beginn einer Veranstaltung im Akademiestudio hinter mir eine weibliche Stimme sagen, während er einige Reihen vor uns auf seinen Platz zuging. Für ihn sah sich das andersherum an: „Ich habe Glück bei den Frauen, mir gefallen sie alle", sagte er zuweilen. Und nur das große Weltgedächtnis, in dem alles aufgehoben ist, mag wissen, wieviele ihm die alte Frage gestellt haben: „Liebst Du mich?", und wie oft er wohl mit zärtlicher Bosheit geantwortet haben mag: „Ja, Dich auch." So gab es in seinen im Halbstundentakt dicht zugekritzelten Terminkalendern mit all ihren roten und grünen Diagonalnotizen immer noch Platz für eine alte Freundin oder eine neue. Und immer war in der Realität ein wenig Traum (mit den dazugehörigen Verwirrungen und Kammern ohne Ausgang)

Haus Düttmann
in der Westendallee

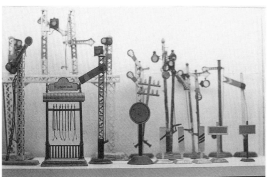

und in den Träumen immer Realität. Noch ist mir der halbe Satz, der Abschiedsblick über die Schulter gegenwärtig, den er dem „Bildnis einer jungen Frau" von Petrus Christus in der Gemäldegalerie des Kaiser-Friedrich-Museums zuwarf, voller Bedauern, daß diese nicht anzusprechen, nicht auszuführen war. Und ebenso konnte es, faszinierbar wie er war, geschehen, daß die Lektüre von Tolstois „Krieg und Frieden" ihn so ergriff, daß er auf dem Wege in einen seiner gedrängt vollen Tage eben noch in schnellem Tempo den Messedamm herabfuhr und dann doch auf den Parkstreifen einschwenkte, um für Stunden den Schicksalen von Natascha und Fürst Andrej zu folgen – mitten im Getriebe außerhalb des Getriebes –, während allenthalben die Telefone hinter ihm herklingelten und er, wie so oft, überall verzweifelt gesucht wurde.

Auf niemand konnte man so viel warten wie auf ihn – geduldig, nervös, erzürnt, verzweifelt, resigniert, wartend als warte man nicht. Er legte sich nicht gerne fest, man konnte nie wissen, mußte die Zufälle feiern wie sie fielen, und so war seine bevorzugte Zeitangabe auf die Frage, wann denn etwa … „Nächstes Jahr um drei". Dennoch war er verläßlich und treu, er kam bestimmt, zuweilen überraschend und früher als gedacht. Wenn man ihn brauchte, war er immer da, und wenn es darauf ankam, war er von preußischer Pünktlichkeit. Hingegen hat eine verschließbare, mit einer angeketteten, großen Steinkugel beschwerte Fußfessel – ein Geburtstagsgeschenk seines Büros – meines Wissens nichts geholfen.

Immer in Bewegung, war er gern auf Reisen, gern unterwegs, am liebsten mit dem Auto, mit dem er verwachsen war wie ein Kentaur mit seinem Pferdeleib, aber auch mit jeglichem anderen Vehikel. In der Fremde, in anderen Städten und Ländern war er schnell zu Haus, ein großer Improvisator, gleichzeitig neugierig und gemütlich. Schon als junger Soldat auf den endlosen Märschen ins Innere Rußlands war es ihm zur Gewohnheit geworden, bei jedem Halt zuerst ein paar Bretter zu organisieren und sich Tisch und Bank zu zimmern, die er dann auch wieder hinter sich ließ, wenn es weiterging. Jeder neue Ort bot ihm die Möglichkeit zu einer Variante seiner selbst, zu einer Entfaltung seines Wesens, zu einem Stück Befreiung – London oder New Orleans, Nigeria oder China, zuletzt noch Samos, dessen großem archaischen Kuros er eine Behausung baute, die er selber gern bewohnt hätte.

Aber immer blieb Berlin – Urberliner der er war – seine Stadt. Durch seine ganze Lebenszeit war er mit ihren Schicksalen eng verbunden, zutiefst vertraut mit ihren historischen Bauten, ihren Prachtstraßen, ihren Kleinbürgerszenerien, Hinterhöfen, verwunschenen Sackgassen, ihren mannigfachen Stadtcharakteren und ihrem vielfältigen „Jrün". Immer in ihr umherschweifend, verwandelte sich jeder Spaziergang, jeder geplante Ausflug unweigerlich in eine Begehung seiner Baustellen, die er nie aus seinem Inneren entließ, und endete schließlich an irgendeinem verzauberten Ort, den man noch nie gesehen hatte und dessen besondere Geschichte – mochte sie nun historisch oder autobiographisch sein – man dann erfuhr.

Sein eigenes Haus, ab und an zerlegt und neu zusammengesetzt, aber immer weit und licht, war angefüllt mit Kostbarkeiten, Gelegenheitsgriffen, Strandgut, Überraschungen rührender und vergnüglicher Art – ein heiteres, erwärmendes, höchst persönliches Gewirr, das den Räumen nichts von ihrer Klarheit nahm, durchzogen von den Spuren ständiger Tätigkeit, aufgeschlagenen Büchern, frisch angerührten Farben, hingeworfenen Zeichnungen, alten Fotos, und auf all das schaute durch Fenster und offenstehende Türen der wilde Garten hinein. Er liebte das, es gehörte zu ihm, und doch blieb irgendwo ein Rest, verkam es ihm zuweilen zum baren Landeplatz und Durchgangsort; unversehens wurde er fremd, unzugehörig, unbehaust – vielleicht eher noch bei Franke in der Eckkneipe zu Hause oder auch dort, wo er in Sand, Gras und Wind struppig, los und ledig ins Weite und Leere entlassen war – Sylt.

Die verläßlichste Herberge war ihm wohl seine Arbeit – weniger die, die ihn zwischen seinen verschiedenen Büros umtrieb, immer etwas atemlos, in Zeitnot und nie mit sich zufrieden, sondern jene eigentliche, die vornehmlich an den raren stillen Sonntagen zu Hause am Reißbrett vor sich ging. Da konnte er vom Morgen bis in die Nacht schweigend sitzen und Stunde um Stunde, wie außerhalb von Raum und Zeit, zeichnen, vergleichen, neu zeichnen – man hörte nur ab und an das Abreißen des Pauspapiers – ganz versunken immer wieder andere Farbkombinationen mischen und geometrische Körper in wechselnde Verhältnisse zueinander rücken, mit einem Blick, der gleichzeitig nach innen und außen schaute und dem, mit dem er über seine Baustellen ging, nicht unähnlich war.

Dieses Hin- und Herwenden und Ausloten des gegebenen Themas faszinierte ihn auch im Umgang mit seinen Studenten. Das setzte sich selbst fort, als eine Krankheit ihn für längere Zeit ins Klinikum nötigte. Da lag er lange mit einer großen Wunde unbeweglich – an aus dem Fenster steigen, wie es früher schon

Zeichnung von Jorge Castillo, Silvester 1978

vorkam, war diesmal nicht zu denken. Doch glich sein Krankenzimmer nicht dem eines Schwerkranken, sondern eher einer Assistenten- und Tutorensprechstunde. Es wimmelte meist von Studenten um sein Bett, die Ratschläge für ihre Arbeiten brauchten, sich aber auch niederließen, um zu schwatzen, ihm Seifenblasen in die Luft zu pusten, ein bißchen Musik auf der Gitarre vorzuklimpern und das Obst aufzuessen, das man ihm mitgebracht hatte.

Es war die Zeit der 68er Bewegung, und so wurde auch dort viel diskutiert. Er hatte viel Sympathie für die Studenten, denn er teilte das Unbehagen an der Verödung und Verblödung der neudeutschen Wohlstandswelt. Auch lebte in ihm selbst ein Utopist. Er war beständig von Sehnsüchten getrieben und zu unbekannten Ufern gedrängt, aber zugleich blieb er immer Realist – man sah schon an seiner Statur, wie fest er auf dem Boden stand. Dazu kam er aus Pankow, hatte eindrucksfähige frühe Jahre im Rußland Stalins zugebracht und hegte die vielen seiner Generation eingebrannte Abneigung gegen Ideologien. Wohl war er imstande, den Marxschen Scharfblick zu bewundern, aber der Marxismus war für ihn eher ein historisches Mißverständnis, konserviertes 19. Jahrhundert mit seinen verselbständigten Einzelaspekten und seinen verkürzten Dimensionen. Auch war er seiner inneren Konstitution nach kein Materialist. Drum setzte er ab und an den angebotenen Parolen andere entgegen, etwa: „Im Kapitalismus beutet der Mensch den Menschen aus, im Sozialismus ist es umgekehrt."

Als sich dann die zeitraubenden und zunehmend sterilen Diskussionen mit den Amtsträgern auf der einen und den „Relevantinern", wie er sie nannte, auf der anderen Seite über Semester hinzogen, verschliß sich schließlich die bei seinem dynamischen Temperament stets so eindrucksvolle, unverdrossene Geduld, und so ließ er dies alles eines Tages mit einem bedauernden „per aspera ad absurdum" aus der Hand fallen. Er wollte arbeiten. Ohnehin war er kein Mensch der Theorien und Systeme – er hatte ein sehr fein differenzierendes Empfinden für die unerschöpfliche Deutbarkeit der condition humaine und seine eigene unkollektive Weise, für seine Überzeugungen einzustehen. So begnügte er sich mit der von ihm höchst umfänglich verstandenen Forderung des Tages mit seinen vielfältigen Aufgaben, seinen wechselnden Konstellationen und Möglichkeiten, die es zu ergreifen und auszuschöpfen, zu durchdenken, zu bestehen und zu gestalten galt.

Mit den Jahren wurde ihm neben dem Bildnerischen – dem Bauen und dem Malen, zu dem ihm, von Kind an geliebt und gepflegt, schließlich kaum noch Zeit blieb – das Wort mehr und mehr zu einem vertrauten Mittel des Ausdrucks. Zwar hatte es ihm nie an Stoff und Prägnanz gefehlt, aber durch vielerlei Ämter immer wieder zu Einführungen, Erläuterungen und Adressen genötigt, gewannen seine Ansprachen allmählich einen ganz eigenen unverwechselbaren Ton, wurden zu Ereignissen ganz besonderer Art – auch hierin war er, wie Günter Grass es zu Recht nannte, unnachahmlich.

Es war ein ästhetisches Vergnügen, ihn bei der Leitung einer Sitzung zu beobachten. Kontroverse Themen konnte er so oft auffangen und wieder in die Luft werfen, bis sie eine ganz andere, konsensfähige Gestalt angenommen hatten. Wie er in einer solchen Auseinandersetzung jeder Stimme zur Geltung verhalf, die eine behutsam dämpfte, die andere hervorhob, nie das Gefühl für die Vielstimmigkeit des Vorgangs verlor, wie er allmählich das Dissonante zusammenbrachte, wobei immer noch Raum für ein paar Triller blieb, wie es dann irgendwann eine mit Spannung erwartete Engführung gab, eine überraschende Verbindung des Unverbundenen und eine Auflösung, in der jede Stimme sich wiederfand – das kam einem musikalischen Vergnügen gleich.

„Die Kuh ist vom Eis", sagte er dann wohl hinter den Kulissen, verlangte nach einem Bad, einem frischen Hemd, einem mehrstöckigen Whisky, und man spürte, daß es so mühelos doch nicht war, wie es immer wieder den Anschein hatte.

Und durch die Jahre hin, durch all die Tätigkeiten, Ämter und Anforderungen wurde zunehmend etwas anderes spürbar, was eigentlich schon immer dagewesen war: der Trieb, sich zu verschleißen, aufzureißen, loszureißen, das unbändige Verlangen nach Freiheit, der Drang in ganz andere Räume. Sein plötzlicher und doch so lange im Verborgenen vorbereiteter Tod wirkte in Berlin wie ein Schock. In dem schier endlosen Zug, der ihn auf den langen, hügeligen Wegen des Charlottenburger Waldfriedhofes geleitete, an dem ersten sonnigen, leicht verschneiten Tag nach langer Dunkelheit, in dem unabsehbaren Gedränge, das war, als hätte man ihm ein Fest bereitet, schien er noch ganz gegenwärtig. „Es ist lauter Liebe in der Luft", sagte jemand. Aber das letzte Wort an jenem Tage soll der Pfarrer von St. Martin im Märkischen Viertel, der ihm das Geleit gab, behalten: „Ich habe deinen Namen in meine Handflächen geschrieben, spricht der Herr. Du bist mein."

Martina und Katinka gewidmet

**Ausgewählte Bauten
1952–1960**

Kongreßhalle Berlin-Tiergarten
1956/57
Auf der Plattform
und Blick von Südwesten
auf die Eingangsseite

Jugendheim Berlin-Zehlendorf
1953/54
Treppenhaus und Blick auf
Südwestflügel und Hauptbau

Altersheim Berlin-Wedding
1952/53
Innenraumperspektive
für den Speisesaal

Kongreßhalle, Eröffnung durch
Bundespräsident Theodor
Heuss am 19. September 1957

Akademie der Künste
Berlin-Tiergarten 1958–60
Innenhof

Aquarell 1957

Altersheim Wedding,
Speisesaal und Gipsschnitt
mit Motiven von Loni Lipinski
im Haupttreppenhaus

Akademie der Künste, Treppe
zu den Ausstellungsräumen

Hansabücherei
Berlin-Tiergarten 1957
Innenhof

Altersheim Wedding
Treppenhaus
mit großem Glasfenster
(Entwurf: Werner Düttmann)
und Eingangsfassade

Ladeneingang
der Buchhandlung Wasmuth,
Berlin 1956

Hansabücherei, Haupteingang

Altersheim Wedding
1952–1953

Haila Ochs/Bernhard Kohlenbach
Der Beginn in den fünfziger Jahren

»Ich bin für die technisch mögliche Rekonstruktion dieser schönen Gedanken der fünfziger Jahre, denen dereinst ein Kapitel Kunstgeschichte gewidmet sein wird«, schrieb Werner Düttmann 1982 anläßlich der Diskussion um den Einsturz der Kongreßhalle, an deren Bau er 1956/57 als Kontaktarchitekt des Amerikaners Hugh Stubbins mitgewirkt hatte.
Dem Zeitabschnitt der fünfziger Jahre ist das folgende Kapitel über die ersten Bauten Werner Düttmanns zwischen 1952 und 1960 gewidmet: Es beginnt mit dem Bau des Altersheims in Berlin-Wedding von 1952 und endet mit der Akademie der Künste, die 1960 eröffnet wurde.
Düttmanns Einschätzung der fünfziger Jahre – »Ich bin für den Nierentisch, wo immer er auch versagte. Er war eine hoffnungsvolle, wenn auch am Ende nicht erfolgreiche Auflehnung gegen den rechten Winkel« –, die er im gleichen Text 1982 beschrieb, entspricht der Sicht, mit der wir heute diesen Zeitraum betrachten: eine Zeit voller Hoffnungen, voller Auflehnung gegen die Vergangenheit, voller gewollter Fröhlichkeit – voller Visionen von einer besseren Welt. Und voller Irrtümer.
Von heute aus betrachtet hat die Ära des Nierentisches etwas Faszinierendes, nicht nur weil der Abstand groß genug ist und weil wir für alles Poppig-Bunte empfänglich sind. Wir sehen heute klarer, welche Bedingungen damals geherrscht haben, welche Ängste und Hoffnungen die Menschen hatten – und wir stellen fest, daß sich all das in der Architektur der fünfziger Jahre widerspiegelt.
Bauen in dieser Zeit bedeutete Bauen für ein neues Lebensgefühl, selbst Tapetenentwürfe bekamen Namen wie »Lebensfreude«! Obwohl – oder vielleicht sogar gerade weil – die Realität der Nachkriegszeit nicht zu Euphorie Anlaß gab, wurden die Bauten in dem unverwechselbaren Stil dieser schwungvollen Jahre geschaffen.

In Berlin war unmittelbar nach dem Krieg die Versorgung und Unterbringung besonders der alten Menschen ein wichtiges Problem. Erste Versuche, Altersheime in ehemaligen Kasernen an der Peripherie der Stadt einzurichten, waren gescheitert, weil alte Menschen ihre vertrauten Stadtteile nicht mehr verlassen wollten. Aus diesem Grunde wurde 1952 im Berliner Bezirk Wedding ein Wettbewerb ausgeschrieben, um auf dem Gelände des zerstörten ehemaligen Altersheims einen Neubau zu errichten. Man lud acht

Altersheim Wedding
Haupttreppenhaus mit
großem Glasfenster
Entwurf: Werner Düttmann

Blick auf die Gesamtanlage

Modellfoto

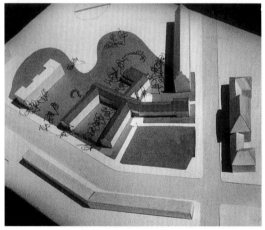

Der Innenhof zur Schulstraße
Zeichnung Werner Düttmann
1952

Berliner Architekten ein, Vorschläge auszuarbeiten. Die Jury mit den Fachpreisrichtern Max Taut und Ludwig Lemmer vergab den ersten Preis an Werner Düttmann und schlug seinen Entwurf zur Ausführung vor. Besonders gelobt wurde »die fast vorbildliche Beachtung der Bauordnung und Durcharbeitung in konstruktiver Hinsicht«. Der Wettbewerbsentwurf wurde mit kleinen Änderungen ausgeführt. Für die Bebauung stand ein Eckgrundstück an der Einmündung der Iranischen Straße in die Schulstraße zur Verfügung. Im Wettbewerbsprogramm war vorgesehen, daß ein »breiter Blick« auf die Frontseite des Jüdischen Krankenhauses, das auf der gegenüberliegenden Seite der Iranischen Straße liegt, erhalten bleiben mußte. Damit war eine Blockrandbebauung auf der Nordseite des Grundstücks ausgeschlossen. Außerdem sollte der Baumbestand nicht beeinträchtigt werden. Der Weddinger Stadtrat Nicklitz verfolgte den Plan einer Durchgrünung des Arbeiterbezirkes, dessen Gesicht von Mietskasernen und Hinterhöfen geprägt war.

Düttmann strukturierte das Gelände durch eine mehrflügelige, sternförmige Anlage. An der Schulstraße nahm er die Lage bestehender Nachbargebäude auf und setzte zwei der dreistöckigen Flügel senkrecht zur Straße. Den Nordflügel knickte er parallel zur Schulstraße ab und hielt so den Platz vor dem Krankenhaus frei. Im Westen fügte er einen einstöckigen Hallenbau des Speise- und Veranstaltungssaales an. So entstand eine Folge von teilweise umbauten Grünflächen, zu denen sich alle Zimmer direkt öffnen.

Die dreistöckigen Gebäudeflügel mit flach geneigten Dächern sind bescheiden und zurückhaltend. Sie verkörpern die Haltung des Neuanfangs, die im Kontrast stand zur Architektur der »Weltherrschaft« oder verlogener ländlicher Ideale. Von außen erscheinen die einzelnen Bauteile geschlossen, trotz der großen Fenster und der vielen Zugänge. Plastische Elemente wie die Balkonreihen oder die schräggestellten Zimmer, die sägeförmig, der besseren Belichtung wegen, die Fassade durchbrechen, werden von dem leicht überstehenden Satteldach und einer seitlichen Umfassung in die klar umgrenzten Bauten integriert. Zur Straße hin schirmen eine Pergola, Büsche und Bäume die Anlage ab. Ein Eindruck von Verschlossenheit entsteht nicht, wohl aber der von Schutz und Ruhe. Der Haupteingang ist unscheinbar, er versteckt sich in einer Nische unter vorstehenden Balkonen.

Die schwierige Situation in der Nachkriegszeit erforderte eine hohe Ausnutzung des Gebäudes. Die 363

Blick auf den zweiten Innenhof 1953

Bewohner wurden hauptsächlich in Vierbettzimmern untergebracht, es gab aber auch Räume mit einem Bett (für Kranke), mit zwei Betten (für Ehepaare) und mit drei Betten. Die Vierbettzimmer begründete Düttmann nicht nur mit der Kostenersparnis, sondern auch mit der Erfahrung, daß »der nicht intellektuelle alte Mensch dringend der Gesellschaft bedürfe«. Daran fehlte es sicher nicht, das Haus wurde bis unter das Dach und in die kleinste Ecke genutzt, kein Raum durfte verschenkt werden. Dabei faßte der Architekt die verschiedenen Funktionen zweckmäßig zusammen. Frauen, Männer und Ehepaare hatten jeweils ihre eigenen Gebäudeflügel. Eine zentrale Halle mit Treppenhaus erschließt die Gänge in den Flügeln.

Das Erdgeschoß enthielt im Norden die Dienstwohnungen des Hausmeisters und des Heimleiters, außerdem eine Altentagesstätte. Im Westen kann man über einen verglasten Gang vor der Krankenstation, der sich zu dem geschützten Garten öffnet, den Speise- und Versammlungssaal mit Küchentrakt erreichen. Der Saal war für 200 Personen eingerichtet, daher mußte in zwei Schichten gegessen werden; bei Veranstaltungen reichte der Platz für 400 Personen. Zu diesem Zweck war auch eine Bühne eingerichtet. Der Saal besitzt eine Schalenbetonkonstruktion mit kreisförmig durchbrochenen Bindern und eingespannten, flach gewölbten Stahlbetonplatten. Weitere Aufenthaltsräume sind an den Enden der Flügel zur Schulstraße den jeweiligen Wohngruppen zugeordnet. Die Zimmer im Erdgeschoß, die nach Süden liegen, haben einen direkten Zugang zum Garten.

Der Architekt hatte die schwierige Aufgabe, trotz dieses umfangreichen Raumprogramms und der fehlenden Freiflächen im Inneren eine angenehme, großzügige und freundliche Atmosphäre zu schaffen. Das ist ihm mit den Mitteln, die ihm seine Zeit zur Verfügung stellte, gelungen. Der bescheiden freundliche Außenbau läßt die Offenheit und Transparenz der inneren Struktur nicht vermuten. Man erlebt eine Überraschung, wenn man den eher unauffälligen Haupteingang durchquert hat. Düttmanns Bauten öffnen sich nach innen, und bei diesem Bau, einem seiner ersten, ist dieses Prinzip schon vollständig verwirklicht. Es gibt nur wenige dunkle Ecken, keine Massivität. Alles ist hell, leicht, gelockert, in Farb- und Lichtimpulse aufgelöst. Die große, niedrige Eingangshalle wird von dem geschwungenen Treppenhaus durchbrochen. Ein breites, sich über mehrere Stockwerke erstreckendes Glasfenster, von Düttmann entworfen, sorgt für helle, farbige Belichtung.

Die vielen Zimmertüren sind verschiedenfarbig gestrichen, sie erleichtern so die Orientierung und lokkern zusammen mit vielfältiger und unterschiedlicher Beleuchtung die langen Gänge auf. In den Zimmer wurden jeweils fünf verschiedene Farben verwendet. Die Möbel waren, typisch für die fünfziger Jahre, leicht, ihre Formen geschwungen. Stühle und Tische besaßen verchromte Stahlrohrgestelle. Massive durchgehende Wände wurden soweit wie möglich vermieden, Außenwände wurden mit Glasbausteinen durchbrochen, wenn kein Fenster vorhanden war, die Stahlbetonbinder des Saales sind durchlöchert. Den gleichen Effekt hatten Blumengitter, die an den Wänden angebracht waren, und gespannte Kordeln, die im Speisesaal den verglasten Vorraum und in den Zimmern den Wohnbereich von den Betten optisch abtrennten.

Diese moderne Auffassung, die sich in der Architektur und der Einrichtung ausdrückt, muß für die alten Menschen eine große Überraschung gewesen sein. Zeitgenössische Berichte vermitteln jedoch ein sehr positives Bild. Auch heute funktioniert das Haus noch, trotz aller Probleme, die immer mit diesen Einrichtungen verbunden sind. Die Bewohnerzahl wurde drastisch reduziert, die Zimmerbelegung verringert. Nach und nach werden private Bäder eingebaut, und die Einrichtung wird dem heutigen Geschmack angepaßt. Aber das Haus verkörpert nach wie vor die »schönen Gedanken der fünfziger Jahre«, zu denen Werner Düttmann immer gestanden hat.

Der Haupteingang
im Nordflügel

Der Westflügel mit dem
Verbindungsgang zum
Speisesaal im Erdgeschoß

Sitzecke im Flur 1953

Vorraum und Eingang zum Speisesaal 1953

Vierbettzimmer 1953

Aufenthaltsraum 1953

Speisesaal,
während der Rohbauarbeiten,
mit der Einrichtung von 1953,
Innenraumperspektive von
Werner Düttmann

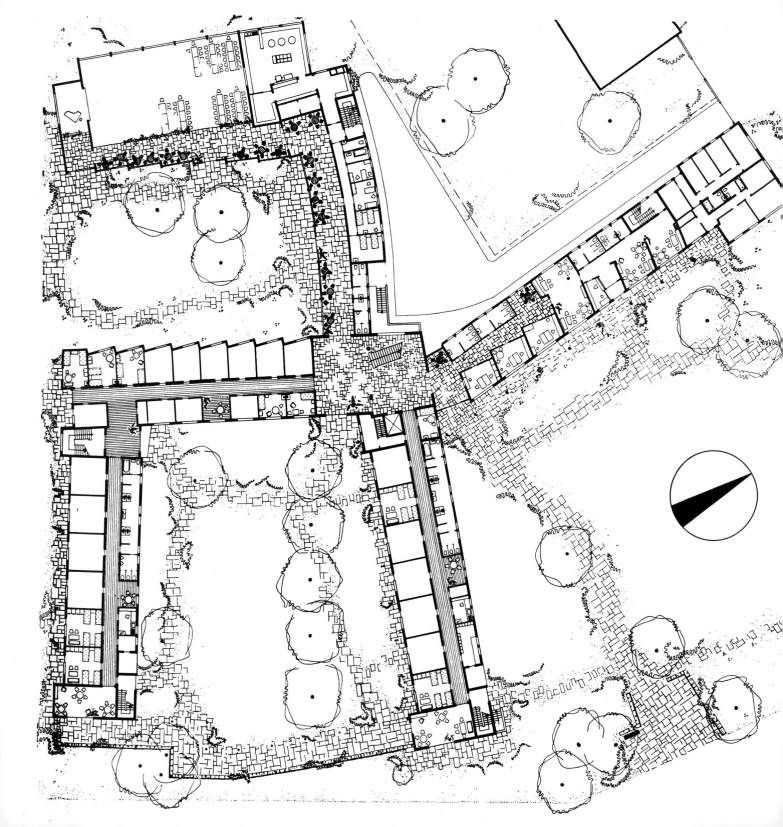

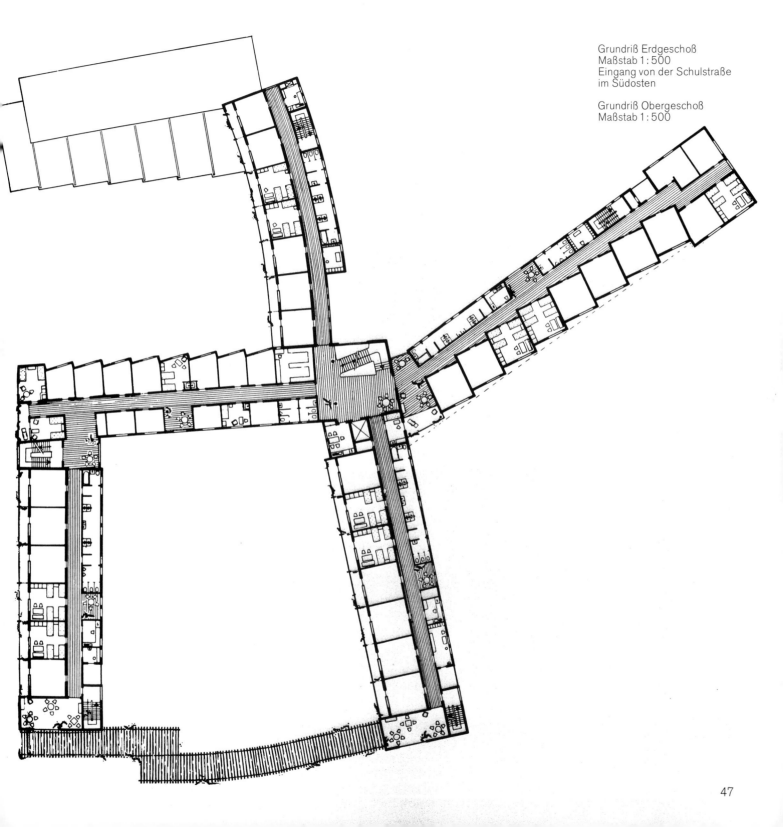

Grundriß Erdgeschoß
Maßstab 1:500
Eingang von der Schulstraße im Südosten

Grundriß Obergeschoß
Maßstab 1:500

**Hansabücherei
1956–1957**

Günther Kühne
Die Bücherei am U-Bahnhof Hansaplatz

Die erste Kraftanstrengung größeren Ausmaßes in Berlin nach dem Zweiten Weltkrieg – mit internationaler Beteiligung und Beachtung – war der Neubau des so gut wie vollständig zerstörten Hansaviertels, eines relativ eng bebauten Wohngebietes immerhin gehobenen Standards aus den Gründerjahren. Ein Wettbewerb hatte keine allseitig überzeugenden Ergebnisse gebracht, die Planung wurde einem Leitenden Ausschuß übertragen, dessen Vorsitz Otto Bartning, Präsident des BDA, übernahm. So entstand die – ebenso oft kritisierte wie gelobte – heute sichtbare Anlage mit ihren hohen, mittelhohen und niedrigen Bauten, durchzogen von vielem Grün, das in den benachbarten Tiergarten fast unmerklich übergeht.

Mehr als 50 Architekten wurden mit Aufträgen bedacht; entsprechend der ursprünglichen Absicht waren es etwa zu je einem Drittel Ausländer, Westdeutsche und West-Berliner. Architekten aus der DDR oder aus anderen Ländern des Ostblocks hinzuzuziehen ist nicht gelungen. Nur zwei der innerhalb des Ausstellungsgeländes tätigen Architekten waren Berliner Baubeamte: Senatsbaudirektor Ludwig Lemmer verzichtete auf seine Stimme im Leitenden Ausschuß, weil er den Bauauftrag für die Kaiser-Friedrich-Gedächtnis-Kirche übernommen hatte; Regierungsbaudirektor Bruno Grimmek, Entwurfschef des Hochbauamtes, baute eine Schule – knapp außerhalb des Ausstellungsgeländes –, und der Regierungsbaurat Werner Düttmann wurde mit dem bescheidenen Bau einer städtischen Volksbücherei, der Hansabücherei, betraut, in Verbindung mit dem südlichen Ausgang des neuen U-Bahnhofes. Es wurde sein dritter Bau für die Stadt; nach dem Zehlendorfer Jugendhaus und dem Weddinger Altersheim. Hier wurde ihm Spielraum geboten, den er überzeugend zu nutzen wußte.

Die Verbindung mit dem südlichen U-Bahnausgang entsprach dem neuen planerischen Konzept, die Einrichtungen und Knotenpunkte des öffentlichen Nahverkehrs weitgehend für allgemeine Dienstleistungen zu nutzen. So wurde am nördlichen Ausgang ein Ladenzentrum geschaffen, verbunden mit einem Restaurant und einem Kino, das heute dem inzwischen weltberühmten Grips-Theater dient. Dort herrscht tagsüber lautes Leben; die Bücherei hingegen, von Werner Düttmann als Ort der Stille und der Begegnung mit der Welt des Buches und des Geistes gedacht und geplant, hat sich genau in dieser

Hansabücherei
Überdachter Weg zwischen
U-Bahnhof und Bücherei

Richtung entwickelt und bewährt. Es ist sicher kein Zufall, doch aber ein Glücksfall, wenn kommunikative Menschen für ihre Mitwelt planen: Erinnert sei an die großen Bauten Hans Scharouns, vor allem aber auch an die bedeutendsten der späteren Bauten Werner Düttmanns: die Akademie der Künste, die St. Agnes-Kirche, das Brückemuseum, in dem sich sein erster Direktor Leopold Reidemeister so außerordentlich wohlgefühlt hat. Die kleine Volksbücherei ist der Keim seiner wichtigsten späteren Bauten.

Das Konzept dieses frühen Baues ist denkbar einfach: Vier eingeschossige Flügel umschließen einen atriumartigen grünen Hof, nur an der Südostecke ist die strenge Geschlossenheit durchbrochen, um Aus- und Einblick zu ermöglichen. Das ist zwar heute, zumindest in der grünen Jahreszeit, kaum noch wahrzunehmen. Das Buschwerk ist in mehr als drei Jahrzehnten kräftig herangewachsen. Doch ist der – zweifellos beabsichtigte – ursprüngliche Effekt erhalten geblieben: Die geschlossene Form des Atriums ist aufgebrochen, die bewußte Ordnung und Regelmäßigkeit wird durch den Bruch um so eindrucksvoller demonstriert. Vom angeschlossenen U-Bahneingang führt ein gedeckter Gang geradewegs zum Haupteingang der Bücherei, einer bescheidenen Glastür, durch die man fast beiläufig, ohne Aufsehen zu erwecken und ohne eine Schwelle zu überschreiten, eintreten kann. Die ursprünglich vorhandenen zwei Stufen sind später durch einen auch materiell schwellenlosen Eingang ersetzt worden, die automatische Tür und eine bequeme Rampe erleichtern den Zugang für Rollstuhlfahrer und andere Behinderte. Diese bürgerlich-demokratische, unauffällige Geste, die des Pomps eines säulengeschmückten Portals entraten kann, hat Werner Düttmann auch in seinen späteren öffentlichen Bauten (Akademie, Brücke-Museum, TU-Mensa) beibehalten. Sie alle bedürfen keines herrschaftlichen Pathos – das zuweilen bei potentiellen Besuchern die gefürchtete „Schwellenangst" hervorruft, ebensowenig wie der ironisch oder gewaltsam verfremdenden „Zitate", die in den letzten Jahren Mode geworden sind.

Auch die innere Organisation der kleinen Bücherei ist klar und übersichtlich. Selbstverständlich war hier der freie Zugang zu den Büchern – eine Organisationsform, die noch wenige Jahre zuvor beim Bau der Amerika-Gedenkbibliothek (Berliner Zentralbibliothek) seines Freundes Fritz Bornemann erst mühsam gegen die Wettbewerbsausschreibung durchgesetzt werden mußte. Die Konzeption hat sich grundsätzlich bewährt, auch wenn der Erstbestand von fast 12 000 Büchern – vorgesehen waren höchstens 20 000 Bände – inzwischen auf rund 50 000 angewachsen ist. Schallplatten und andere Tonträger mußten ebenfalls untergebracht werden. Das hat natürlich gewisse Umorganisationen erfordert: Der im Ostflügel gelegene Arbeitsraum wurde zur Hälfte mit Regalen bestellt, im Keller wurde ein kleines Magazin für selten gebrauchte Bücher eingerichtet. Mit der Zahl der Bücher ist auch die der Arbeitsplätze gewachsen, die nun nicht mehr so ideal eingerichtet sind, wie sie ursprünglich gedacht waren. Trotz dieser Veränderungen atmen die Räume den Geist des Schöpfers dieser Bücherei: Lockerheit, Transparenz, lichte Freundlichkeit. Man fühlt sich zum Lesen eingeladen. Stark benutzt wird der Zeitungs- und Zeitschriftenlesesaal. Bei gutem Wetter können die großen Glasscheiben zum grünen Atrium voll geöffnet werden, bequeme Sitzmöbel – allerdings nicht mehr die Fledermaussessel der ersten Generation – laden zum Lesen in aller Ruhe ein. Die kleine Wasserfläche an der offenen Südostecke trägt ebenso zur Stimmung bei wie die unübersehbare, doch nicht beherrschende „Vegetative", eine Skulptur des Freundes Bernhard Heiliger. Die zarten Bäumchen der Anfangsjahre sind kräftig herangewachsen.

Mag die Verwaltung des Bezirks Tiergarten zunächst einmal dem „Geschenk der Interbau" als zu aufwendig skeptisch gegenübergestanden haben – so bescheiden war man damals –, kann doch die starke Benutzung der Bücherei als Bestätigung für die Notwendigkeit dieser Einrichtung an dieser Stelle gelten. Nicht nur Besucher aus der Nachbarschaft stellen sich ein, sondern auch solche, die ihre zentrale Lage in der Stadt – am U-Bahnhof! – zu schätzen wissen. So ist sie aus dem Leben des Stadtteils und des Bezirks nicht mehr wegzudenken. Auch andere Veranstaltungen wie Lesungen und Vorführungen für Kinder tragen dazu bei, ebenso die abendliche Nutzung durch die Volkshochschule.

Genauso einfach und klar wie die Disposition des Grundrisses ist die technische Konstruktion des Gebäudes. Auf einem quadratischen Grundriß von 33,75 m Kantenlänge steht eine schlank bemessene Stahlbetonrahmenkonstruktion, deren Flächen mit hartgebrannten braunen Klinkern ausgefacht sind, die mit den großen Spiegelglasflächen kontrastieren. Ein Materialspiel, das Düttmann später beim Bau der Akademie variieren sollte. An der Nordseite sind in die Klinkerwände kleine quadratische Fenster eingeschnitten, die den dahinter angeordneten Leseplätzen Tageslicht bringen. Der werbende, zur

Blick von oben
auf die Gesamtanlage
mit U-Bahnhof Hansaplatz

Südwestecke mit einem
Glasmosaik von Fritz Winter

Zartheit der Konstruktion kontrastierende Leuchtschriftzug „Hansabücherei", nachträgliche Zutat, ist wohl heute, im Zeitalter der Werbung, unerläßlich. Eindrucksvoller jedoch ist das große, ein ganzes Wandfeld an der Ostseite des zugehörigen U-Bahneinganges einnehmende gegenstandslose Glasmosaik von Fritz Winter, das von den heute nicht mehr existierenden Werkstätten Puhl und Wagner ausgeführt worden ist. Seiner inneren Leuchtkraft können auch die eher hilflosen als zaghaften Schmierereien kaum etwas anhaben. Der malende Architekt Werner Düttmann hat der Bücherei eine Berlin-Impression gestiftet, die jedermann zugänglich an der Ostwand der Freihandbücherei ihren Platz gefunden hat, hinter einem Schreibtisch.

Die „Fünfziger Jahre", von den unmittelbaren Nachfahren ein bißchen leichtfertig in Verruf gebracht, werden – das ist der Lauf der Welt – drei Jahrzehnte später wieder erkannt; wissenschaftliches Indiz dafür ist, daß sich die Denkmalpflege ihrer annimmt. Es wäre indes verfehlt, sie in die Historie abzuschieben, weil sie gewissen Vorstellungen einer Neuen Prächtigkeit nicht auszureichen scheinen. In demselben Heft der Zeitschrift „Baukunst und Werkform" (6/1958), in dem Werner Düttmanns Hansabücherei dargestellt wird, philosophiert der Herausgeber Alfons Leitl in seinen immer gern gelesenen „Anmerkungen zur Zeit": „Ach, ewig diese Aufrüttelei! Laßt uns doch einmal einfach ein bißchen langweilig sein!" – Mag sein, daß Werner Düttmanns Hansabücherei, gemessen an der sich schier überschlagenden Effekthascherei, langweilig wirkt: „Sie macht ja nichts her."

Auszug aus einem Brief von Dr. Erhart Kästner an den Generalsekretär der Akademie der Künste, Herbert von Buttlar

Chania, 31.7.58

…Wir möchten Ihnen noch sagen, daß wir beim letzten Mal in Berlin, als wir unsern Freund Kraemer, den Braunschweiger Architekten (weil er für Braunschweigs T.H. die Bibliothek bauen wird) durch einige Berliner Bibliotheken führten, ganz entzückt waren von der kleinen Bücherei im Hansaviertel, ohne zunächst zu wissen, daß sie von eben dem Düttmann ist, der die Akademie bauen wird. Wir gerieten eher durch Zufall hinein und waren sofort entzückt von einer Menge Details und einer offensichtlichen Durchlichtung des kleinen Werkes, von der Freundschaft zu Büchern vom Geist her. So wird man große Hoffnungen auf das Kommende setzen dürfen…

Herzlichst
Ihre
Erhart und Anita Kästner

Eröffnung im Sommer 1957
Werner Düttmann
mit Bundespräsident Heuss

Blick die Westseite entlang, im Hintergrund die Kaiser-Friedrich-Gedächtnis-Kirche von Ludwig Lemmer

Der Lesegarten im Innenhof

Blick in den Lesegarten

Lese- und Arbeitsplätze

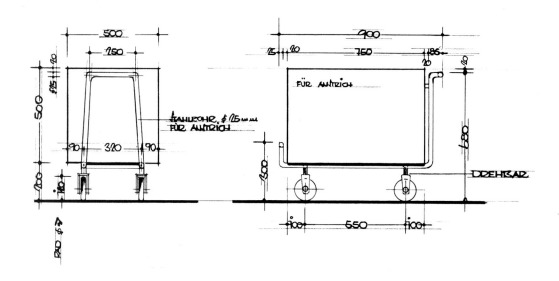

Bücherkarren
Entwurf Werner Düttmann

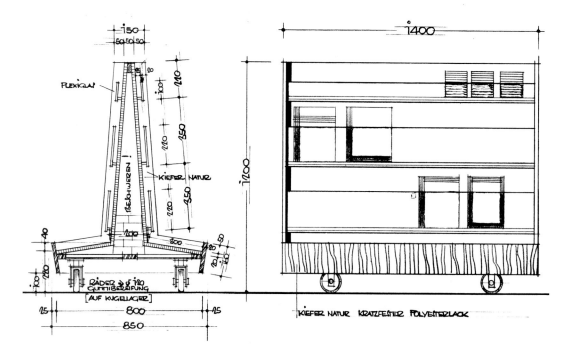

Fahrbare Zeitschriftenregale
Entwurf Werner Düttmann

Arbeitsplatz der
Bibliothekare
Entwurf Werner Düttmann

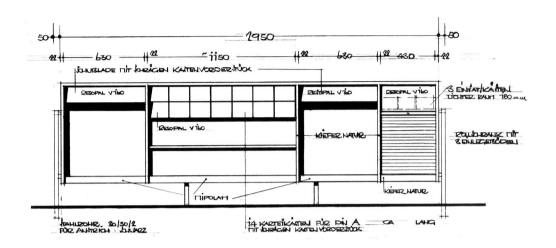

Bücherregale
Entwurf Werner Düttmann

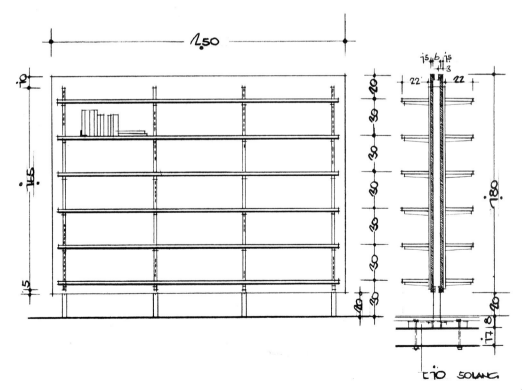

Ansicht von Westen

Ansicht von Süden
Maßstab 1:500

Grundriß Maßstab 1:500

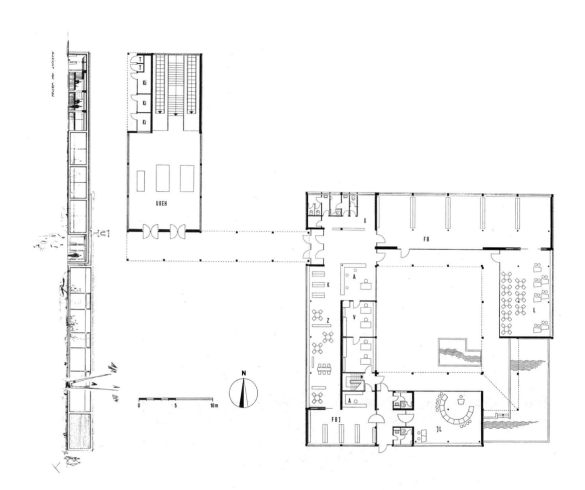

Zeichnung Werner Düttmann

Akademie der Künste 1958–1960

Martina Düttmann
Das Haus der Akademie der Künste

Der Blick von weither oder von oben auf die Akademie der Künste zeigt ein Ensemble aus verschiedenen Teilen. Ensemble wäre ein Verweis, es hätte weitergebaut werden können. Aber das Ensemble ist abgeschlossen, abgeschlossen in bezug auf die Häuser ringsum, abgeschlossen auch in bezug auf die darüber hinausragenden Bäume. Die Unruhe der Teile ist aufgehoben.
Die drei Teile des Hauses gehen mit dem Park um, dreimal anders. Das Studio ist wie ein versunkener Stein, es verschwindet in der Grasnarbe ohne Sockel. Das gab es damals in der Bildhauerei der sechziger Jahre, die ins Erdreich versunkenen Steine, Figuren, Prismen. Man kann es auch als Zelt sehen, auch ein Zelt hat keinen Sockel, drückt sich ins Erdreich.
Das Ateliergebäude dagegen, mit seinem geschlossenen Rundgang, ist eine Kiste, die schwebt. Das war ein anderes Thema der sechziger Jahre. Das Erdgeschoß darunter ist viel zu niedrig und viel zu zart, als daß es die schwere, fensterlose, rauhe Kiste darüber tragen kann. Es löst sich auf in Glas. Die Stützen verschwinden ohne Übergang in der abgehängten Decke; daß sie tragen, wie sie tragen, sieht man nicht. Die Kiste stößt auf allen Seiten über den Rand des Erdgeschosses. So schwebt sie überdeutlich. Der kleine unbeteiligte gläserne Verbindungsgang zwischen den Höfen, von der Kiste abgerückt, unterstützt das Schweben.
Das Arbeits- und Verwaltungshaus mit Wohnungen und Ateliers steht als knappe Wand vor dem Park. Es ist ein Massivbau mit Lochfassade. Fenster und Balkons bilden bescheidene Ornamente.
Die drei Teile des Ensembles gehören zusammen, das Erdgeschoß verwischt die von außen erkennbaren Grenzen.

Gehen wir nach innen.
Ein Prinzip der Innenräume sind die an bestimmten Stellen zu niedrig gehaltenen Decken, die ein Aufatmen dahinter durch Höhe oder Weite nötig machen. Das gibt es schon am Eingang. Man geht zuerst nach unten, durch einen eingestellten Glaskasten, der Blick duckt sich, und dann: die Eingangshalle mit der Treppe nach oben. Die Breite der Treppe packt beide Geschosse in einen Blick. Man spürt die Weite der Räume oben voraus.
Oder: das niedrige Foyer. Aufatmen kommt durch die Glaswand zum Garten. Der Blick wird wieder frei.
Oder: das Entrée zum Studio, das sich ins Foyer hin-

Akademie der Künste, Haupteingang

einschiebt. Niedrige Schleuse, Aufatmen durch die Höhe des Studios. Der Blick wird also immer geführt, er stößt sich an der zu niedrigen Kante, ist gefangen und wird sofort wieder erlöst durch die dahinter liegende Höhe oder Weite. Diese Blicke sollte man dem Haus nicht nehmen, sie sind so gemeint. (Wir kennen dieses Prinzip von Mies' Barcelona Pavillon.) Im Studio kommt die Weite durch die Diagonalen, die bewirken, daß der Raum in der Größe nicht einschätzbar wird, aber auch durch die Lattenroste, die die Wände nicht berühren und das Licht drunter vorkommen lassen. Selbst die Steine haben Fugen, alles wirkt verschieblich, es entstehen keine endgültigen Grenzen, die Teile weichen einander aus.

In den Ausstellungsräumen die gleiche Wirkung: niedriger Raum, hoher Raum, niedriger Raum. Die Wände stehen abgerückt hinter den Pfeilern, sind nur Hintergrund, werden erst mit dem Ausstellungsgut wichtig. Die Ausstellungsräume sind Werkstatt, nicht Museum, das war die wirkliche Aufregung damals, sie sind so ganz ohne Pathos, wie die ganze Akademie überhaupt.

Bekenntnis zum einfachen Detail: Werkstattboden, unwirksame Wand, Lattenrost darüber oder Fabriksheds.

Überhaupt das Detail: es gibt kein kunstfertiges Detail in der Akademie, nur handwerkliches, einprägsam durch Anfassen, warme Details für eine warme Hand. Die große Treppe möchte man bewohnen. Der Fuß fühlt sich wohl beim Übergang von den Schieferplatten ins weiche Bett des Foyerteppichs.

Es gibt kaum Farbigkeit neben den Materialfarben. Die Farbstimmung ist eher Honig und Licht.

Das Haus ist nicht einmal gefällig proportioniert. Von innen nicht und von außen nicht. Es ist auch eigentlich kein bequemes Haus. Was das Haus wirklich kann, es bereitet Ergebnisse vor. Zum Beispiel durch niedrig und hoch, durch Enge und Weite. Man ist eigentlich immer wieder überrascht von der plötzlichen Leere in einem so kleinen Haus. Was das Haus wirklich kann: es dient dem, was innen geschieht. Das, was geschehen kann, liegt in der Organisation des Miteinander. Das nimmt das Haus niemandem ab. Das kann keine Architektur, das kann kein noch so vollständiges Raumprogramm.

Die Akademie hat überall, im Studio genauso wie in den Ausstellungshallen, die Qualität einer Hobelbank. Auf der man das Werkzeug nicht wegräumen muß, nur beiseite schieben, um weiterzumachen. Das Haus meint kein abgetrenntes Nebeneinander oder Nacheinander. Deshalb auch der Durchgang von einer Ausstellungshalle in die nächste. Darum die geringe Fläche der Nebenbühne, warum kann der Flügel nicht einfach stumm rumstehn, während ein anderer auf der Bühne liest? Darum auch der Auftritt des Zuschauers, der ins kleine Parkett will. Das Haus würde leiden unter einer allzu eindeutigen Einteilung der Räume in Werktagszimmer und Sonntagszimmer.

Was in dem Haus nicht vorkommt, ist Form. Komposition ja, aber nicht Form. Das Haus läßt Form in der Geste stecken. Seine Geste ist die des Gastgebers. Düttmann liebte es, Lao-Tse zu zitieren:
„Mauern mit Fenstern und Türen bilden das Haus, aber das Leere in ihnen bewirkt das Wesen des Hauses." Die Architektur soll sich nicht als Erfüllung anbieten, sie verweist auf das Leben in ihr, in dem sie sich erst erfüllt.

Mit diesen Eigenschaften wird die Akademie Zeitdokument. Sie dokumentiert nicht wirklich die sechziger Jahre (denn wenn man genau hinsieht, hat sie genau so viele Elemente der fünfziger wie der sechziger Jahre), sondern sie dokumentiert Nachkriegszeit, eine bestimmte Form der Nachkriegszeit, der Pathos nicht nur fremd war, sondern gefährlich und verwerflich schien. Man baute eine Kiste, das Leben würde sie sich schon zurecht gestalten.

Das war die Haltung, aus der heraus Düttmann damals die Akademie der Künste gebaut hat. Und diese Haltung ist das Zeitdokument.

Blick von oben
auf die Gesamtanlage

Hans Mayer
in einem Gespräch
über die Akademie,
den Bau und ihren Präsidenten

26. April 1988, Hotel Berlin

Wenn ich an Werner Düttmann denke, sehe ich ihn an zwei Orten. Einmal in seinem Präsidentenzimmer, bei Gesprächen, die wir hatten, sehr häufig unter vier Augen, wenn wichtige Fragen der Akademie besprochen werden mußten.
Dann aber sehe ich Düttmann immer wieder auf der Treppe, auf der kleinen Treppe zu den Clubräumen, die nach oben führte, auf der Treppe, wo er seine berühmten Ansprachen hielt. Ich nehme an, er hatte sich schon einige kluge Bemerkungen zurechtgelegt, die oft sehr ernst waren, ja, ich nehme schon an, daß er vorbereitet war ... aber auf der anderen Seite war er ein Meister der Improvisation, es fiel ihm, wenn es darauf ankam, wirklich etwas ein, wie es bei einem wahren Künstler auch sein muß.
Düttmann war ein Berliner. Ein Berliner Bürger. Und in seinen schönsten Exemplaren ist ein Berliner immer auch ein Plebejer. Wenn man bei Düttmanns zu Gast war, gab es Bouletten und Kartoffelsalat, Leberwurstschnitten und Würstchen und, was dazugehörte, Bier natürlich. Düttmann war ein Mann, der den schönen Berliner Standpunkt vertrat „nur keinen Streit vermeiden wollen". Das heißt, er stellte sich. Er war bereit, für seine Sache einzustehen, dabei war er robust und massiv. Aber er hat in einer wunderbaren Weise zuhören können. Im Gespräch mit ihm hatte man das untrügliche Gefühl, das, was auch immer man ihm sagen würde, das bleibt unter uns, und zweitens, er nimmt es ernst, er hört zu, und wenn man Argumente gegen seine eigenen Pläne entwickelt, so wird er sich das noch mal überlegen. Das nenne ich einen wirklichen Demokraten. Das Schöne an Düttmann war, er war intelligent, er war auch schlau, aber er hatte überhaupt kein Verständnis für Intrigen. Intrigen trafen ihn gar nicht, weil er sie gar nicht kapierte. Er war seiner selbst sicher, er ruhte in sich. Und so hat er für die Integration der Mitglieder unendlich gewirkt. Niemals sind, wie unter ihm, die Sitzungen der Akademie von so vielen Menschen und Künstlern aus aller Welt besucht worden, die einfach Freude hatten, nach Berlin zu kommen. Düttmann als Präsident hatte jahrelang neben sich sitzen so empfindliche, sensible, kritische Geister wie Peter Szondi und Uwe Johnson. Düttmann und Szondi und Düttmann und Johnson. Bei neun anderen von zehn wäre das schiefgegangen. Wenn also solche Leute mit Düttmann leben konnten, so ist das ein Zeichen für den großen menschlichen Wert des Mannes, mit dem sie in dieser Weise lebten.
Wir legen jetzt aus der Kenntnis dieses Mannes etwas in das Haus hinein. Es ist sehr schwer zu sagen, das und das war es. Das Haus sollte eben eine Akademie sein, und Düttmann hat das erreicht. Man konnte arbeiten in den Ateliers, man konnte dort wohnen, man lebte in der Akademie, hatte den Hausschlüssel, frühstückte dort, man war zu Hause. Ich habe 1964 und 1965 an zwei Tagen in jeder Woche oben in der Akademie gewohnt. Da gibt es Erinnerungen, die für mich wunderbar sind. Ich komme runter, da sitzt Oskar Maria Graf, aus Amerika gekommen, und wir frühstücken miteinander. Wir kennen natürlich alle, die uns bedienen und uns versorgen, das gehört auch zu diesem demokratischen Element, zum Geist des Hauses. Es gab kein oben und unten. Das war das Charakteristische.
Aber dann war das Haus ja auch ein Haus für Feste, für große Empfänge, für große, meist überfüllte Veranstaltungen in dem berühmten Studio, das so angelegt ist, daß alles funktioniert, auch die Akustik, wir haben oft darüber gesprochen und wir haben es immer wieder erlebt. Der Übergang von einem zum anderen geschah mühelos. Tagsüber Sitzung in den Clubräumen, wo heftig gearbeitet und diskutiert wurde, und hinterher, am Abend, ein Fest. Da gesellte man sich zu all den Leuten, die gekommen waren, hinzu. Die Leute sagten, gehen wir doch heute in die Akademie, ohne zu wissen, was da war, weil immer etwas los war. Das hat sich in den Zeiten von Düttmanns Präsidentschaft gezeigt, was allerdings auch untrennbar verbunden war, das muß man sagen, mit einer sozialdemokratischen Verwaltung und Regierung des Landes Berlin. Jedes Haus kann nur dann seine Funktion entfalten, wenn Menschen da sind, die diese Funktion übernehmen und verwirklichen können. Es ist ein ganz herrliches Gebäude geblieben, eine Verbindung von Eleganz, bürgerlicher Solidität und doch neuem Denken, neuer Art. Es ist nicht elegant im mondänen Sinne. Dazu hatte man damals gar nicht das Geld. Und es hätte Düttmann auch gar nicht entsprochen.
Ich spreche jetzt noch einmal von dem Mann auf der Treppe, er war überhöht, er war Präsident, aber gar keine Frage, er war einer von den anderen, es war eine große Gemeinsamkeit, eine Gemeinsamkeit von sehr genialischen, sehr talentierten Leuten, die, jeder für sich, eine Autorität darstellen. Dieser Gemeinsamkeit dient das Haus.

Weg zum Haupteingang.
Blick auf das Studiogebäude

Werner Düttmann, Skizzen
Ausstellungs- und Ateliergebäude

Ausstellungsgebäude und Studio

Treppe zu den
Ausstellungsräumen

Blick vom Innenhof,
die große Treppe

Lore Ditzen
Ein Haus und viele Orte

Soviel ist sicher: es war die Akademie der Künste, in der mir zum ersten Mal auffiel, daß in der Kultur nun auch mit Kindern zu rechnen war. Die rannten da bei Ausstellungseröffnungen zwischen Bildern und Objekten einfach so rum, ließen sich nieder auf dem zu Berührung einladenden Hirnholzpflaster, das die spitzen Absätze damals noch feingemachter Besucherinnen gelegentlich in die Klemme nahm. Hier braucht man, schien der Architekt mit der Wahl des Bodens zu signalisieren, nicht fein zu sein. *Sein* genügt. Es waren die Sechziger Jahre: Konventionen, Verhaltensweisen, modische Attitüden begannen sich aufzulösen; die Akademie war der Ort, an dem diese Veränderungen am deutlichsten sichtbar wurden. Ungemein langhaarige Männer, behoste oder ungemein kurzgeschürzte Weibspersonen mischten sich unter soigniertere Gäste und führten ihre lässigen Umgangsformen dort ein.

Warum die Akademie? Vielleicht, weil sie auch in ihren Veranstaltungsangeboten traditionelle Darstellungsformen durchbrach. In der Akademie konnte man sehen, was geistig und künstlerisch an Neuem sich rührte. Dort, im Theatersaal, waren erstmals in Berlin die Schauspieler des Living Theatre aus New York wispernd und rufend durch die Publikumsreihen gesprungen, hatten auffordernd gestische Kommunikationsspiele vorgeführt, die wir dann nachspielten in den sommerlichen Gärten der Stadt. Dort verwandelte sich der ganze mehrgliedrige Bau in den polyphonen Klangkörper eines „Wandelkonzerts", dessen Töne hin und herflutende Menschengruppen in ungewollter Choreografie bewegten. Dort hockten sich bei erregenden Vortragsveranstaltungen, wie zum Beispiel jener des Deutschen Werkbundes von 1965 mit Adorno und Bloch, oder später einmal mit Alexander Mitscherlich, im Theatersaal begeisterte Zuhörende auf die Treppenstufen und bis zu den Füßen der Vortragenden aufs Bühnenpodest. Dort wurde, ungeniert, auch das Publikum sprachmächtig. Dort war – und ist bis heute, jedesmal wenn man das Haus betritt – alles immer wieder neu und ganz anders.

Mit der Vielgestaltigkeit des Programms, die sich neben den eigenen Veranstaltungen der Akademie auch den Aktivitäten geistverwandter gastierender Organisationen verdankt, löst der Bau ein, was Hans Mayer als eine der Aufgaben der Institution bezeichnete: „Stätte der Unruhe in Permanenz" zu sein. „Unruhe" meint hier: Erfindung, Offenheit, Konfrontation. Ruft man Begebenheiten, Bilder, Begegnungen aus der Erinnerung zurück, so sieht man sich in immer andere Räume versetzt, so als sei für einen jeden Anlaß das Gebäude der Akademie eben wieder neu erfunden worden. Anders erfunden für eine Ausstellung etwa, die als „Salon Imaginaire" die spätbürgerliche Möblierung von Intérieurs und Vorstellungswelt des ausgehenden 19. Jahrhunderts erlebbar machte, anders erfunden für die mannigfachen Sinneserlebnisse einer „Welt aus Sprache" oder die optisch-akustischen Reize von Objekten „Für Augen und Ohren", wieder anders für die Irritationen von „Labyrinthen", für die Vergegenwärtigung von „Puppe, Fibel, Schießgewehr" als Mittel kindlicher Domestizierung im Spielzeug, anders in den monographischen Arbeitsberichten der Akademie-Mitglieder, den historisch-kritischen Ausstellungen zur Zeitgeschichte, zur Kunst und zur Architektur.

Daß so viel unterschiedliche Räumlichkeit möglich ist – allein in den drei Ausstellungsräumen, die zusammen mit dem Treppenhausfoyer im ersten Stock einen stillen kleinen Gartenhof umschließen –, verdankt sich einem Prinzip, für das der Architekt der Akademie seinen Mentor Mies van der Rohe rühmte. „Mach doch die Kiste groß genug, dann kannst Du alles darin machen", habe der geraten, als Werner Düttmann die Entwurfsaufgabe zu bedenken hatte. „Die Kiste": groß ist sie eigentlich nicht geworden – nicht einmal die 2000 qm Ausstellungsfläche in den drei Räumen sehen „groß" aus –, aber sie ist in ihrer unprätentiösen, übersichtlichen Einfachheit so offen für viele Möglichkeiten, daß wirklich *Alles*, immer Neues, immer Anderes, darin zu machen ist. Die räumliche Phantasie des Architekten äußert sich als Vertrauen in die kreative Kraft der Institution, die er begründen half – und deren vielfältigen Aufgaben er sich als Mitglied und in den späteren Jahren als Präsident stellte.

Bauend nahm er voraus, was an noch ungewußten Entwicklungen sich darin begeben konnte. Sogar die Treppe, die aus der Eingangshalle breit, gemächlich und zugleich luftig in die oberen Ausstellungsräume führt, konnte sich so als Spielraum bewähren. Wir haben sie erlebt als Bühne und als Zuschauerraum, dicht besetzt mit den jugendlichen Gästen des Kindertheaters, mit den streitbaren Teilnehmerinnen eines Frauenforums um die „Emma"-Herausgeberin Alice Schwarzer, mit Zuhörern musikalischer Experimente, mit beseligten Festgästen unvergleichlicher Faschingsfeste, denen Düttmanns lebensfreudige Präsenz einen magnetischen Mittelpunkt gab.

Die große Treppe fürs Publikum, für alles and alle, –

Die Ausstellungsräume
im Obergeschoß
während der Ausstellung
»Die Mitglieder und ihr Werk«,
1960 (Konzept: Lothar Juckel)
Der große Saal
Einer der kleineren Säle

und dagegen die kleine, die vom Präsidialgeschoß im rückwärtigen Teil der Anlage „Akademie" in die Sitzungs- und Clubräume führt, ein Nichts von einer Treppe sozusagen, für die Präsidenten, für die Begrüßung der Gäste. Die wiederum ist „groß" und erinnerungsschwer geworden durch die, die da standen, und durch Düttmann besonders, der in seinen improvisierten und leider niemals aufgezeichneten Ansprachen einem jeden, auch dem Zufallsgast, das Gefühl gab, Teilhaber und Mitgestalter dieser Akademie zu sein.

Eine „Kiste" ist die Akademie – trotz des kantig-gradlinigen Erscheinungsbildes, das sich von der Straßenfront her bietet – gleichwohl nicht geworden. Die Räume der einzelnen, jeweils klar voneinander abgesetzten und doch durchlässig einander ergänzenden Bereiche haben jeweils individuelle Proportion und Charakter: gemeinsam ist ihnen die Nutzbarkeit für unterschiedlichste Zwecke, auch unterschiedlichste Stimmungen.

Das Bühnenhaus ist Theater, Vortragssaal, Forum: sachlich, festlich, phantastisch haben wir es erlebt, mit bannenden Diskussionen zu Fragen der Zeit, mit unvergeßlichen Inszenierungen wie Kafkas „Prozeß" oder Klaus Kammer mit der Rede des Affen an eine Akademie, mit Tänzern und Pantomimen, Zauberkünstlern, Musikern … im großen oder im kleinen Saal oder im nach zwei Seiten geöffneten „doppelten" Bühnenhaus. Im Foyer davor: manchmal Stellwände und Vitrinen von Ausstellungen aus dem Archivmaterial, manchmal festliche Empfänge, kleine Konzerte, hingelagertes junges Volk, das einer Lesung zuhörte. Kinder erprobten dort ihre gestalterischen und darstellerischen Fähigkeiten, nach jeder Veranstaltung gab es dort Begegnungen, heitere – oder ruhige Gespräche. Und immer die von vier Seiten umlagerte Bar. Erschöpfte Tagungsteilnehmer sah man auf den graden Sofas, auch in der Fensternische, zum Schläfchen gestreckt. Das macht: der Raum – wie alle Räume – überwältigt nicht, macht sich auch in Details, Ausstattung und Möblierung nicht wichtig: er läßt zu und ist, mit wechselnden Licht- und Schattenzonen, unterschiedlichen Wandneigungen, der Art des Teppichbodens, den bequemen, nicht schweren Sitzgelegenheiten, auch „intim", sogar „gemütlich".

Veranstaltungen wie „Kinder und Künste" schwappten raumgreifend auch in die stillen rückwärtigen Bereiche der Akademie über, wo Mauricio Kagel gemeinsam mit Kindern Alltagsgerät in Instrumente verwandelte und so an Orten sonst ernsthafter Arbeit der Publikumsnachwuchs sich in Maskenherstellung und Zauberkunststückchen üben konnte.

Die Erlebnisträchtigkeit der Veranstaltungsräume mag leicht vergessen machen, daß ihre wichtigsten Bereiche jenseits der breiten Freitreppe im Eingangsbereich beginnen. Im rückwärtigen Bau wird gearbeitet, liegen die Verwaltungs- und Sitzungsräume, die Hausbibliothek, Studios für auswärtige Mitglieder und Gäste, kleine bescheidene Büros. Der Platz reicht, seit die Akademie mit der neu gegründeten Filmabteilung ein höchst aktives Arbeitsgebiet hinzugewonnen hat, ebensowenig aus wie der des ständig wachsenden Archivs, dem wiederum ein eigener, und völlig in sich abgeschlossener Bauteil gehört. Längst ist die „Kiste" nicht mehr groß genug. Werner Düttmanns Bau – oder aber die Organisation und Unterbringung einzelner Arbeitsbereiche – haben Veränderungen vor sich. Der Gast des Hauses, der diesem einen die Erlebnisvielfalt vieler Häuser dankt – fast den kulturellen Erlebnisraum einer ganzen Stadt –, er wünscht sich, daß die großzügige Offenheit der gesamten Anlage gewahrt bleiben möge. Offenheit für Verwandlungen, für Betriebsamkeit *und* Ruhe, für die fließenden Übergänge der Räume, des Draußen und Drinnen, mit den Pausenzeichen der stillen Höfe, der umgebenden – meditativ wirksamen – Natur. So wie sie ist und wie sie sich in immer neuen Anforderungen bewährt hat als ein Haus und als eine Institution, die nicht sich selber meint, sondern zurücktritt mit einladender Geste vor den Möglichkeiten und dem Anspruch, dem sie dient.

Blick vom Innenhof
in die Ausstellungsräume

Der obere Innenhof
vor den Ausstellungsräumen
Gartengestaltung:
Walter Rossow

Die drei Gebäude der Akademie
auf einen Blick

Das Studiogebäude

Auf den folgenden Seiten:

Die Bühne im Studiosaal

Blick vom großen Parkett
über die Bühne
zum kleinen Parkett

Der Studiosaal als Baustelle

Das Dach des Studios
während der Bauarbeiten

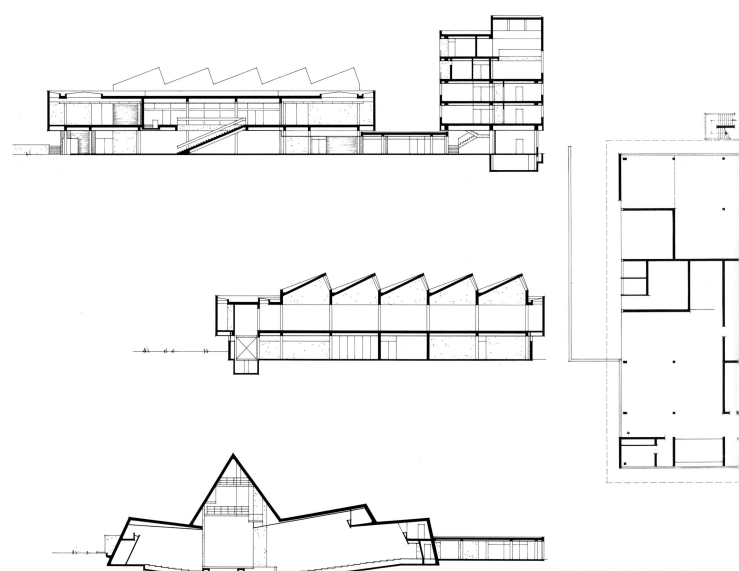

Grundriß Erdgeschoß
Maßstab 1:500

Schnitt durch Ausstellungsbau
und Ateliergebäude
auf Höhe des Eingangs
Maßstab 1:500

Schnitt durch die Shedhalle
im Ausstellungsbau
Maßstab 1:500

Längsschnitt durch das
Studiogebäude
Maßstab 1:500

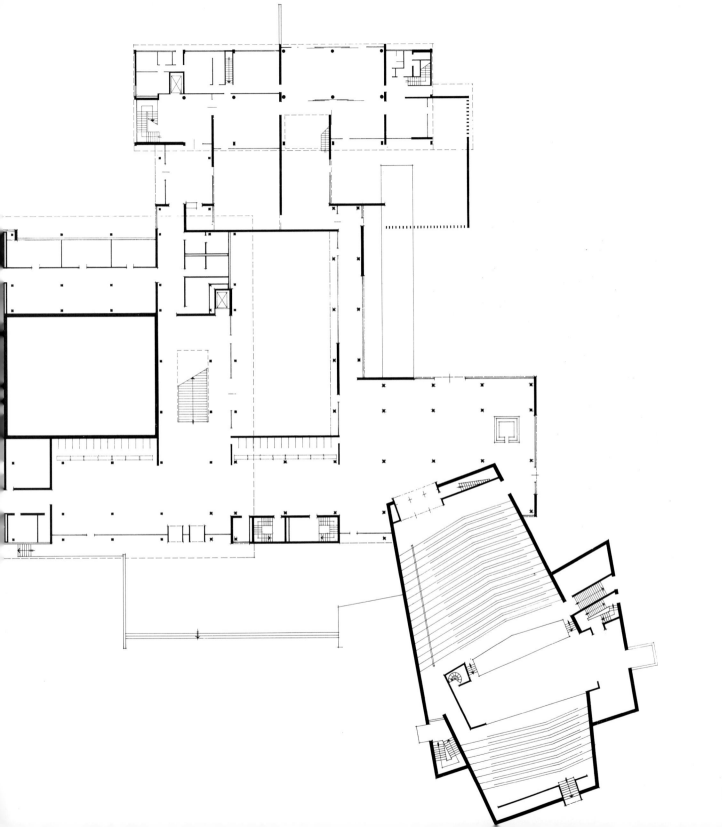

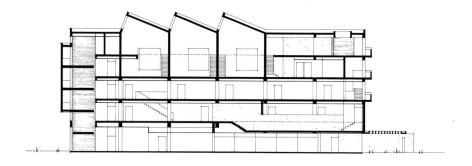

Grundriß 1. Obergeschoß
Maßstab 1:500

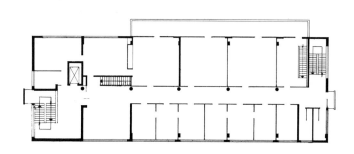

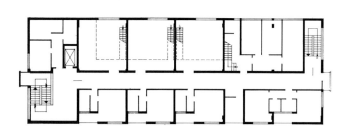

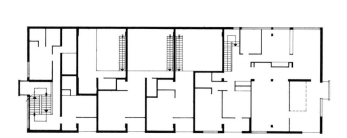

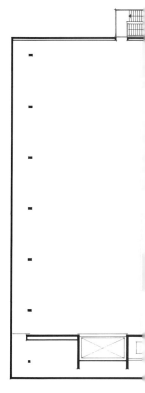

Schnitt durch das
Ateliergebäude
Maßstab 1:500

Grundrisse 2. bis 5. Obergeschoß des Ateliergebäudes
Maßstab 1:500

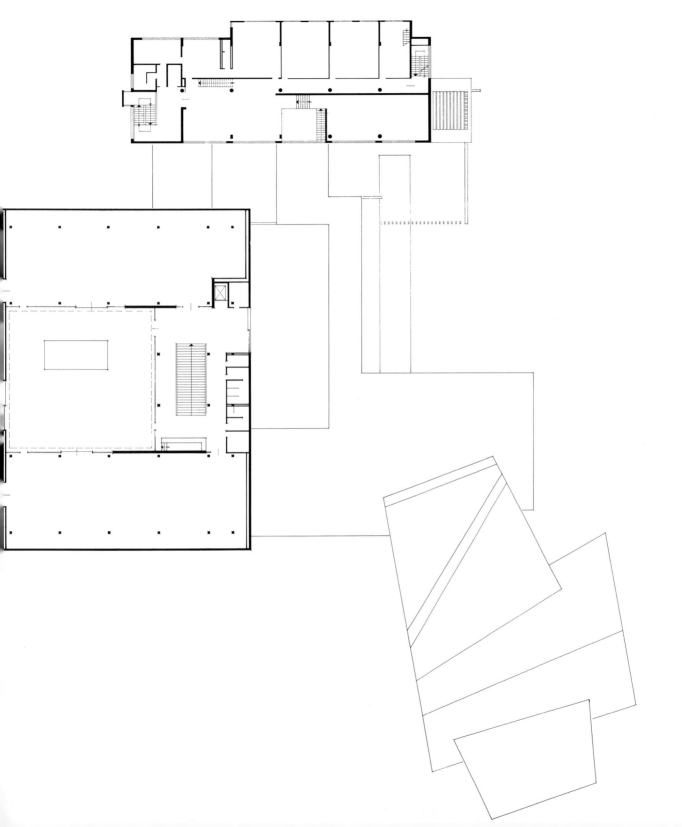

**Senatsbaudirektor von Berlin
1960–1966**

Deutsche Oper Berlin 1956–61
Fritz Bornemann
mit der Plastik
von Hans Uhlmann

Vor dem Modell der Gropius-
stadt
Walter Gropius,
Werner Düttmann u.a.

Neue Nationalgalerie 1965–68
Ludwig Mies van der Rohe

Baustelle Nationalgalerie

Märkisches Viertel 1962–74
Planung: Werner Düttmann,
Georg Heinrichs, Hans C.
Müller

Gesamtplanung Gropiusstadt
Britz-Buckow-Rudow 1962–72
The Architects Collaborative

Vor dem Modell der
Nationalgalerie: Mies, Rolf
Schwedler, Werner Düttmann
u.a.

Staatsbibliothek
1967–76
Hans Scharoun

Düttmann, Georg Heinrichs und
Hans C. Müller während einer
Vortragsreise in New York

Wettbewerbsentwurf für die
Freie Universität in Dahlem
1967–79
Georg Candilis, Alexis Josic,
Shadrach Woods

Im Preisgericht für das SFB-
Fernsehzentrum 1960

Riemers Hofgarten 1881–1900
Wilhelm Riemer
Aktion »Rettet den Stuck«

Breitscheidplatz
mit Europa-Center 1963–65
Helmut Hentrich/Hubert
Petschnigg

Hauptgebäude der Technischen
Universität 1961–65
Kurt Dübbers/Karl-Heinz
Schwennicke

SFB-Fernsehzentrum 1963–71
Robert Tepez

Ernst-Reuter-Platz 1960
Platzgestaltung von
Werner Düttmann

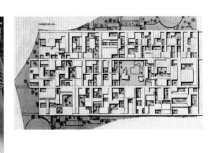

1960–1966

Hermann Wegner
Werner Düttmann als Senatsbaudirektor von Berlin

„Wir haben im Entwurfsamt einen kleinen Schinkel." Dr. Robert Riedel, der Chef der Abteilung Hochbau, überraschte Rolf Schwedler, seinen Senator, mit diesem Satz. Mir blieb er im Gedächtnis, denn Riedel schätzte weder große Worte noch kühne Vergleiche. Er sprach vom Baurat Düttmann, der unter den kulturbeflissenen Gästen in der Paris-Bar und in der Westendklause am Steubenplatz längst im Verdacht stand, genial zu sein. Er zählte zu den wenigen jungen Berliner Architekten, die bei der Internationalen Bauausstellung im Hansaviertel mitwirkten, er entwarf die Pläne für die Bücherei und den U-Bahnhof Hansaplatz. Schwedler blätterte in der Personalakte und schob sie mir schmunzelnd zu. Ein Brief, mit dem Düttmann um Sonderurlaub bat, begann mit der Anrede: Liebe Gemeinde, und gegen den empörten Bürodirektor hatte Dr. Riedel diesen Urlaub durchgesetzt.

Als Kontaktarchitekt für den Amerikaner Hugh Stubbins führte Düttmann den Senator und die Abteilungsleiter durch den Rohbau der Kongreßhalle. Die Termine würden eingehalten, sagte er, die Eröffnung fände auch pünktlich statt, und bald danach sei auch die Statik fertig. Schwedler lachte, bat aber Düttmann, seinen Wortwitz zu zügeln. Später gewöhnte er sich daran.

1959 schied der Senatsbaudirektor aus, der dritte Mann unter den mehr als 2000 Mitarbeitern der Bauverwaltung. Eines Abends ermunterte mich der Senator, ihn auf einen Empfang zu begleiten, zu dem der Wohnungsbauminister gebeten hatte. Ich folgte widerwillig. Wir wollten eben den Kurfürstendamm überqueren, da fragte Schwedler harmlos: „Wäre Düttmann ein Senatsbaudirektor?" Er riß mich zurück. Fast wäre ich unter ein Auto geraten.
„Schneevoigt?"
„Ist einverstanden."
Gustav Schneevoigt, der Senatsdirektor, hatte Schwedler fast 20 Jahre an Gelassenheit und weiser Ironie voraus. Mich erinnerte er an Fontanes Dubslav von Stechlin. Riet er zu diesem Wagnis, sollte es glücken.
Widerstand erwartete ich nicht im Parlament, nicht in der Presse, aber in der Verwaltung. Würde sich der unbekümmerte Architekt, der in der Bürokratie bislang nur Gastrollen gegeben hatte, unter Räten und

Oberräten, Regierungsdirektoren, Baudirektoren und Senatsräten behaupten können? Würde er seine noch so lohnenden Ideen durchsetzen können bei Leuten, die zunächst dem Vorgang verpflichtet waren und auf Zuständigkeiten pochten? Durfte er auf Hilfe rechnen bei ergrauten Routiniers, an denen vorbei er, drei oder vier Ränge überspringend, befördert wurde?
Schwedler hatte Bier ergattert und gab mir ein Glas. „Hast Du alles durchgeträumt?" Ich nickte. „Dann fragen wir ihn morgen."
Werner Düttmann sagte zu. Ihn verführten weder Ehre noch Titel. Er wußte genau, was er aufgab. Als ein selbst von Kunstrichtern umhätschelter Architekt winkten ihm auf freier Wildbahn Erfolg und Ansehen. In der Verwaltung blieb, was er erreichte, anonym, was der Öffentlichkeit mißfiel, ging auf seine Kappe. Düttmann übernahm die Aufgabe aus Liebe zu Berlin und aus Pflichtgefühl.

Im 14. Stock des Hochhauses der Bauverwaltung, der „Wilhelmstraße" im Sprachgebrauch der Kollegen, wurde es lauter. Das Lachen aus Düttmanns Zimmer schallte über den Flur, und wer vorüberging staunte, daß Städtebau eine so lustige Sache sei. Auf Düttmanns Tisch türmten sich die Planrollen: Lützowplatz, Ernst-Reuter-Platz, die Museen, Kemperplatz und „Kulturband", Freie Universität, Technische Universität und die ehemals Preußische Staatsbibliothek. Und die städtebaulichen Vorschläge für neue Wohngebiete.

Als wichtigste Erfolgsbilanzen für Berlin, wie für die zerstörten Städte in Westdeutschland, galten die Wohnungsgewinne. Sie stärkten die Hoffnung auch bei denen, die noch immer zur Untermiete oder in zugigen Lauben hausten. Da fiel zunächst kaum auf, daß die neuen Siedlungen sich von Flensburg bis Kufstein zum Verwechseln ähnelten. Auf Grundriß und Ausstattung wurde von Jahr zu Jahr mehr Wert gelegt, doch blieb es bei der Zeilenbauweise und vereinzelten Punkthäusern mit acht oder zehn Geschossen. Die meisten Siedlungen entstanden nach den Richtlinien des Sozialen Wohnungsbaus. Für ihn spendierte der Staat günstige Kredite und sicherte bescheidene Mieten.

In Düttmanns Amtszeit als Senatsbaudirektor wurden in Berlin jährlich gut 2 Milliarden DM für Bauarbeiten aller Art ausgegeben. Annähernd die Hälfte dieser Summe kam dem Wohnungsbau zugute. 20 000 Wohnungen entstanden pro Jahr.

Im Norden Berlins, zwischen Waidmannslust, Wittenau und dem Dorf Lübars, störte die Planer seit Jahrzehnten ein mit Lauben und dürftigen Einfamilienhäusern ungeordnet besiedeltes Land, das nach Regenfällen nur noch in Gummistiefeln passierbar war.
1962 begannen Werner Düttmann, Georg Heinrichs und Hans Müller für diese Fläche einen Stadtteil zu entwerfen, zunächst mit 13500 Wohnungen. Dann zwangen Baulandmangel und Wohnungsbedarf, die Zahl auf 17000 zu erhöhen. Das Projekt, im Rathaus Reinickendorf im Modell vorgestellt, wurde gefeiert als Riesenschritt in eine bessere städtebauliche Zukunft, als Abkehr von der Langeweile der Zeilenreihen. Der Plan für dieses „Märkische Viertel" versprach städtische Bauten in klaren Formen, mit einem weitläufigen, für Autos gesperrten Einkaufsbereich, lange bevor Fußgängerzonen Mode wurden. Er schonte Einfamilienhausgebiete zwischen den Neubauten und sah, statt Teppichrasen mit Sträuchern und Fichtengruppen, Tausende von Laubbäumen vor, überwiegend raschwüchsige Platanen.
Das mit Auftrittsbeifall begrüßte Projekt wurde verwirklicht. Doch fünf Jahre später gab es für die Planer nur noch Pfiffe, auch für Pannen, die nicht sie zu verantworten hatten.
Den Innenbezirken, in denen kaum gebaut werden konnte, sprach man Wohnungen zu. Die Ämter dort luden im „Märkischen Viertel" ihre Sorgenkinder ab, vielköpfige Familien, zu groß auch für geräumige Wohnungen. Prompt wähnten radikale Weltverbesserer hier den Platz, um revolutionäre Funken zu schlagen. Viele Häuser entstanden mit vorgefertigten Bauteilen, nach laut gepriesenen, aber unzulänglich erprobten Systemen. Die Mängel häuften sich. Die Wohnungen wurden schneller fertig als Schulen, Kindergärten und Geschäfte. Die Jungpflanzen erinnerten noch an hochstielige Rasierpinsel. Es bedurfte der Phantasie, um sich die Baumalleen vorzustellen. Die Journalisten im Dienste auflagenstarker Wochenblätter brachten sie nicht auf, auch ihren Kollegen in öffentlich-rechtlichen Funkhäusern blieb sie versagt. Kritiker, die dem Entwurf unvermindert Respekt zollten, fanden kaum Gehör. Anders urteilten die Bewohner des jungen Stadtteils, die mit ihren Wohnungen und bald auch mit dem reichlichen Angebot an Geschäften, Kneipen, Sportplätzen und Schulen zufrieden waren.
Vom polemischen Verriß des „Märkischen Viertels" ahnte Düttmann noch nichts, als er den Stuhl des Senatsbaudirektors räumte. 1966 wohnten erst 1000 Familien in den Häusern am Dannenwalder Weg.

Galt es zwischen den Abteilungen zu koordinieren, stellten die Straßenbauer die selbstsicherste Streitmacht. Sie dienten dem von allen geliebten oder noch ersehnten Symbol des Wirtschaftsaufschwungs, dem Auto. Sie schworen aufs amerikanische Vorbild und wiesen zu Recht darauf hin, daß die Stadtautobahn Berlin keinen Pfennig koste: Der Bundesverkehrsminister zahlte Bau, Pflege und Reparatur. Wandten Planer und Gärtner ein, daß ausschweifende Verkehrslösungen der Stadt Wunden schlügen, blieben sie zu allgemein, um die Spezialisten zu erschüttern. Vom Senatsbaudirektor, einem Freund schneller Autos, erwarteten sie Beistand und stießen auf Widerspruch. Erst allmählich gelang es, ihren Tatendrang zu begrenzen, und Düttmann verzieh sich nie, daß der Breitenbachplatz ihnen zum Opfer gefallen war.

Damals hofften auch Kaufhauskonzerne wieder auf guten Umsatz in Berlin und riskierten eine Filiale. Meist waren sie mit einem Architekten verbunden, der sich geschmeidig ihren Wünschen unterordnete und deshalb dem gleichen Bauherrn auch in weiteren Städten dienen durfte. Drei Herren einer Kaufhauskette sprachen bei Düttmann vor, erwarteten Dank für ihr Berlinbekenntnis und entrollten die bewährten Pläne. Ihren Baumeister hatten sie daheim gelassen. Düttmann betrachtete die Zeichnungen, musterte dann die Direktoren von den Krawattennadeln über die bauschigen Kavalierstaschentücher bis zu den steifen Manschetten, den kirschgroßen Manschettenknöpfen und fragte: „Wollen sie nicht doch lieber einen Architekten nehmen?" Die Herren empfahlen sich kühl. Sie klopften später wieder an und akzeptierten einen der Architekten, die Düttmann ihnen zur Auswahl gestellt hatte.

Rolf Schwedler suchte einen vertrauten Kreis, in dem man auch mal unsortiert, ohne Tagesordnung, über Berlin und das Bauen in der Stadt sprechen konnte. Er nannte es die Zauselrunde und lud zunächst nur Schneevoigt, Düttmann und mich dazu ein. Wir trafen uns nach Büroschluß in Schwedlers Zimmer, wurden mit Bockwürsten gestärkt und debattierten beim Bier bis Mitternacht.
Hier sprühte Düttmann Ideen, schwelgte in Vergleichen und scheute vor keinem noch so gewagten Vorschlag zurück. Der Senator hörte geduldig zu, erwog, was Senat und Parlament zuzumuten sei. Überzeugte ihn ein Gedanke, sah er eine Chance, ihn zu verwirklichen, griff er ihn auf. Er verwarf mit sicherem Gespür, was er für undurchführbar hielt. Oft wurde ein Einfall vertagt, um beim Hauptausschuß, der das Geld bewilligen sollte, erst durch beharrliche Vorarbeit für Geberlaune zu sorgen.

Am 13. August 1961 versperrten die Herren im Ostteil der Stadt die Straßen zu den drei Westsektoren mit Mauern und die Wege ins Umland mit Stacheldraht. West-Berlin war eingeschlossen.
Auf solch tragisches Ereignis reagiert die Behörde mit einer Sitzung. Der Chef der Senatskanzlei berief sie ein. Düttmann und ich vertraten das Bauressort. Ein Informationszentrum sollte im Bundesgebiet und im Ausland die Wünsche Berlins werbend vertreten, sollte Besucher nach Berlin locken und sie vom Lebensmut und Humor der Einwohner überzeugen. Düttmann trug Vorschläge bei. Sie paßten sämtlich nicht ins selbstgeschnürte Korsett der Bürokratie. Wir traten nach zäher, unergiebiger Debatte den Heimweg an. Düttmann tröstete mich: „Selbst wenn die Russen hier einmarschierten, sie hielten sich nicht. Sie scheiterten an der Wirtschafts- und Rechnungsordnung."

In der Charlottenburger Westendallee bewohnte Düttmann ein Reihenhaus. Als ich es an diesem Abend zum erstenmal betrat, fielen mir die Schatzkammern mittelalterlicher Herrscher ein. Düttmann sammelte alles was ihm gefiel, Ikonen und moderne Graphik, englisches Porzellan und naiv gepinselte Bilder, altes Hausgerät, Spielzeug, Keramik aus verschiedenen Erdteilen, Ölbilder geachteter Zeitgenossen, Plastiken aus Holz, Stein und Metall. Dazwischen, in Regalen, die bis zur Decke reichen, standen Werke klassischer und moderner Literatur, Bände über Architektur und Malerei, Reiseführer aus aller Herren Länder.
So wohnt kein Mann, der repräsentieren will, gar dem Urteil anderer besorgt lauscht. Hier hauste ein Individualist, den seine Umgebung anregte, stärkte, ihm wohl auch Schutz bot.

Rolf Schwedler hielt es für seine Pflicht, bedeutende Architekten, die Hitler vertrieben hatte, in Berlin um Mitarbeit zu bitten. Die folgten gern oder zögernd diesem Ruf. Allein Mies van der Rohe lehnte schroff ab. Düttmann reiste in die Vereinigten Staaten, um Mies zu versöhnen, schlug ihm vor, ein Museum am Kemperplatz zu bauen, in Nachbarschaft zu Scharouns Philharmonie. Dem Besucher gelang, was Bittbriefe nicht vermochten. Mies sagte zu und hielt Wort. Die Nationalgalerie ist sein einziger Nachkriegsbau in Deutschland.

Bald nach seiner Wahl zum Senator für Bau- und Wohnungswesen hatte Schwedler einen Beirat berufen, den zunächst Otto Bartning und später Rudolf Hillebrecht leitete. Zu den Mitgliedern zählten Hans Scharoun, Werner Hebebrand, Walter Rossow und Rolf Gutbrod. Dieses Gremium tagte im Abstand von zwei oder drei Monaten an den Wochenenden, hörte Berichte der Verwaltung über wichtige Projekte an, diskutierte und einigte sich auf Empfehlungen. Der Senatsbaudirektor bereitete diese Gespräche vor, bestimmte die Tagesordnung.

Ausführlich wurden die Pläne für die Kulturbauten am Kemperplatz erörtert. Eine Soziologin trug in der dieser Wissenschaft eigenen Sprache, im gebührenden Abstand zum Umgangsdeutsch, Bedenken vor. Ich ahnte, der Sprecherin war aufgefallen, daß die schlecht beleumdete Potsdamer Straße direkt zum Kulturzentrum führt. Vielleicht hatte niemand sie genau verstanden, oder man fürchtete, mit üblichen Worten dem wissenschaftlichen Höhenflug nicht gerecht zu werden. Düttmann durchbrach die Stille. „Sie fragen also, wie locken wir die Nutten ins Museum?" Ob im Beirat, in Abteilungsleitersitzungen, im Zauselkreis, mich erfreute Düttmanns Sprache. Selbst wenn er etwas ausführlich vortrug, brachte er nie den Ernst des Magisters auf. Ein Schuß Berliner Skepsis, gegen sich und andere, hielt auch die Wörter frisch. Er mied jede verblasene Formulierung, und zuweilen erreichten seine anschaulichen Sätze die Dichte des Aphorismus. Dann berlinerte er. Mit Vergnügen verhunzte er gängige lateinische Zitate, die andere als Bildungsschmuck nutzten.

Düttmann liebte das Gespräch, auch die Widerrede, Lehrsätzen traute er nicht. Deshalb gelang es selten, ihn an ein Vortragspult zu drängen. Bei Franke, in der Westendklause, stenographierte leider niemand mit. Bis kurz nach Mitternacht hätte es sich oft gelohnt.

Als Werner Düttmann sein Amt antrat, hatten Rolf Schwedler und Gustav Schneevoigt die in viele Ressorts gegliederte Verwaltung bereits zu gemeinschaftlicher Arbeit geführt und die Leute an wichtigen Plätzen gelehrt, über den Zaun ihrer Zuständigkeit zu schauen. So traf der Senatsbaudirektor, der oft zwischen drei und vier Abteilungen zu koordinieren hatte, auf günstige Voraussetzungen. Er verbesserte sie noch durch seine burschikose, vom Amtsstolz freie Kollegialität. Die Mitarbeiter, unabhängig von Gehaltsgruppe und Funktion, mochten ihn, und wer an der Weisheit der Institution zweifelte, den stärkte es, daß auch Düttmann dazugehörte. Der bewirkte viel, drängte die Architekturfabriken von der Krippe und focht für junge Architekten, denen er Begabung zusprach. Er nahm als Preisrichter Wettbewerbe quälend ernst, sorgte sich auch, einen großen Wurf in ihm fremder Handschrift nicht erkannt zu haben. Er rückte die vernachlässigte Denkmalpflege ans Licht und warb mit dem Weckruf „Rettet den Stuck" für den Erhalt alter Häuser.

Er gewann rasch Freude an seiner Arbeit, fühlte sich in diesem von bürokratischer Enge noch wenig angekränkelten Betrieb sogar wohl. Er hätte Pläne gern länger bedacht, die Entscheidung über einen Entwurf noch einmal überschlafen, aber er haderte nicht mit seiner Aufgabe.

Das änderte sich nach gut drei Jahren. Er maß den Aufwand am Ergebnis, und dieser Vergleich stellte ihn immer weniger zufrieden. Auch der Wunsch, selber zu bauen, nur selten erfüllt, vergällte ihm die „tägliche Flickschusterei". Er lachte nicht mehr ansteckend, er grinste entsagend. Sein Pflichtgefühl hielt ihn im Amt. Aber er war erschöpft und wurde krank.

Eines Abends saß er vor zusammengerollten Plänen am Tisch. „Ich dichte, habe erst den Anfang: Früher, als ich mir noch ähnlich war."

Der Senator nahm auf sich selbst keine Rücksicht, aber auf andere. Längst hatte er bemerkt, daß sein Senatsbaudirektor sich zur Arbeit zwang, unter seinem Tagewerk litt: „Zunächst schicken wir den Werner unter ärztlicher Aufsicht zur Kur, dann müssen wir ihn leider rauswerfen!" Schneevoigt blieb skeptisch: „Wer kontrolliert, ob er aus dem Sanatorium, wenn er sich langweilt, nicht einfach türmt?" Schwedler lächelte gewinnend: „Sie – Sie werden hinterherfahren!" Schneevoigt nickte ergeben. Er wollte in die Lüneburger Heide, Hasen beobachten, vielleicht auf sie schießen. Nun strich er ohne Klage die geliebte Pirsch, jedenfalls die auf Vierbeiner. Düttmann reiste zur Kur, empfing herzlich seinen Bewacher und räumte nach der Rückkehr erleichtert sein Büro. Schwedlers Berater blieb er auch ohne Amt.

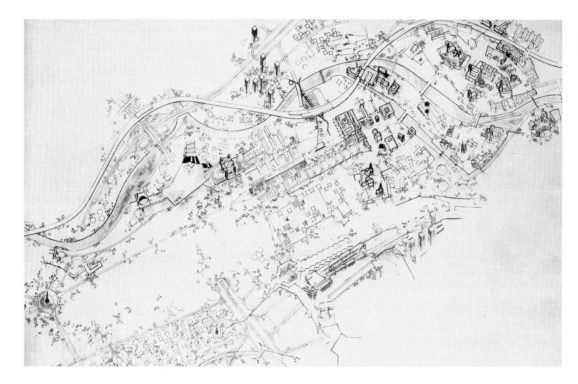

Städtebaulicher Ideen-
Wettbewerb
»Hauptstadt Berlin«
1957–60
Beitrag von Hans Scharoun

Der öffentlich diskutierte Vorschlag für das Kulturband entlang der Spree 1961/62

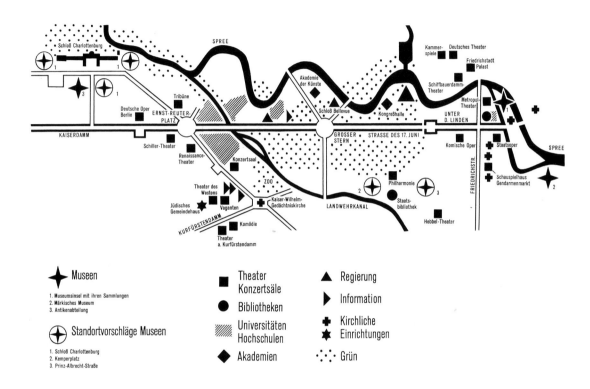

Werner Düttmann
Thema Berlin

Festvortrag auf dem 107. Schinkelfest des Architekten- und Ingenieurvereins zu Berlin am 13. März 1962 in der Kongreßhalle

Geburtstage werden zuweilen zum Anlaß genommen, Rückblick und Ausschau zu halten und den Sinn des bislang verfolgten Weges zu bedenken. Da Schinkel, dessen Geburtstag wir heute feiern, einer der großen Baumeister Berlins gewesen ist, und wir in einem an Umfang und Bedeutung noch nicht dagewesenen Auf- und Umbau dieser Stadt begriffen sind, scheint es mir vernünftig, wenn wir uns heute die Frage nach dem Sinn dessen, was wir tun, stellen. Das klingt vielleicht sonderbar, denn das Thema dieser Stadt, an deren Gestalt wir arbeiten, ist gleichsam als Arbeitshypothese seit langem festgelegt: Aufbau der deutschen Hauptstadt.
Angesichts der politischen Situation, die eine baldige Verwirklichung dieses Zieles nicht erkennen läßt, ist die Frage berechtigt, ob mit dem Begriff Hauptstadt allein Wesen und Inhalt dieser Stadt umrissen ist. Berlin birgt viele Städte, Berlin ist nicht nur die größte deutsche Industriestadt und damit zugleich die größte Wohnsiedlung Deutschlands, nicht nur Sammelbecken der sich ständig erweiternden Einrichtungen des sogenannten Dienstleistungsgewerbes, wenn auch diese drei Faktoren Industrie, Wohnen und Dienstleistung im wesentlichen seine quantitative Größe bestimmen. Der Katalog der Stadtinhalte weist eine Fülle von Funktionen auf, deren jede einzelne für sich ausreichen würde, Wesen und Inhalt einer Stadt zu bestimmen. Berlin ist auch Bischofsstadt und zwar für beide Konfessionen, es ist die Stadt dreier Universitäten und anderer Hoch- und Fachschulen, es ist Pressestadt, Stadt der Banken und Versicherungen, der Theater und Museen, Stadt der Künste, Hafenstadt und Markt in des Wortes weitester Bedeutung, Umschlagsort der Güter und der Geister. Weit mehr noch als das Genannte wäre anzuführen, wollte man die vielen Wesenszüge dieses komplexen Gebildes umreißen.
Berlin ist seit 1945 zumindest als Ort und Sitz einer deutschen Regierung nicht mehr Hauptstadt. Dennoch hat es von Jahr zu Jahr einen alle Propheten des Unterganges widerlegenden Zuwachs an Vitalität entwickelt. Offensichtlich ist Berlin sehr viel mehr als nur deutsche Hauptstadt, so daß es diese Funktion auch noch länger entbehren könnte, ohne in seiner Existenz bedroht zu sein. Deutschland hingegen kann nicht lange ohne die sammelnden Kräfte der Hauptstadt Berlin bestehen, soll es nicht ernstlich Schaden nehmen.
Berlin ist durch sein Nachkriegsschicksal zur Bühne des deutschen Dramas geworden. Hier ist das Geschick der Nation im Herzen der alten Hauptstadt täglich erlebte Wirklichkeit, die niemand, auch wenn er es möchte, übersehen kann. Aber nicht nur das deutsche Schicksal, der gesamte schreckliche Zustand der Welt wird hier sichtbar. Die Mauer, die hier brutal durch die Herzen der Menschen gezogen wurde, die Familien und Freunde über Nacht getrennt hat, zerschneidet nicht nur Berlin und nicht nur Deutschland, sondern ganz Europa.
Die Überwindung dieser Mauer ist darum nicht nur deutsche, sondern zugleich europäische Aufgabe dieser Stadt. Berlin hätte damit wie schon so oft in seiner jüngeren Geschichte sehr deutlich einen doppelten Stand: einen deutschen und einen unmittelbar europäischen als Schicksal und Aufgabe. Wie stark der europäische Stand dieser Stadt schon heute ist, beweist die Entschlossenheit der alliierten Schutzmächte, Westberlin zu verteidigen, ebenso deutlich wie das zähe Ringen der Russen um Berlin. Diese europäische übernationale Wirklichkeit Berlins ist nicht neu. Besonders eindrücklich zeigte sie sich gegen Ende der zwanziger Jahre. So schrieb Wilhelm Hausenstein 1930 über Berlin:
„Die Effektivität der Leistung ist in Berlin so groß, daß man sich einen Augenblick (um 1928) vorstellen konnte, Berlin sei auf dem Wege zur Hauptstadt Europas, nicht nur Deutschlands ... und: mitten in dieser Hauptstadt eines verlorenen Krieges zogen sich in einem bestimmten Augenblick die Probleme und Möglichkeiten der Konstitution eines neuen Europa fast intensiver zusammen als in Paris ... und: die Zukunft wird das Unmittelbar-Europäische Berlins, das Unmittelbar-Mondiale vielleicht immer stärker betonen..."
Hausenstein liebt Berlin nicht. Er fragt: ... steht Berlin überhaupt in irgendeinem Gefühl? Steht es überhaupt in irgendeinem gemütlichen Grunde? ... Er erhebt den Einwand, daß es in Berlin keine Kirchen gibt, und nennt es „eine hoffnungslos antikathedralische Stadt". Er sagt: Ich meine vielmehr das überhaupt Unbasierte Berlins, das Grundlose ... Und allerdings meine ich damit zugleich das Fabelhafte der Leistung.
Wenn dem so wäre, und wir wollen einmal unterstellen, daß Hausenstein, der uns so oft in anderen Bereichen durch die Hellsicht seiner Auskünfte in Erstaunen versetzt, auch hier Wesentliches aufspürt,

so müßte doch zunächst die Frage gestellt werden, ob sich nicht gerade das von ihm getadelte, das scheinbar Negative als ein Positivum erweist, ob es für die Entwicklung einer Stadt wirklich entscheidend ist, Ursprung und Berechtigung in einer „kathedralisch" bestimmten Vergangenheit gegründet zu wissen.

Diese Forderung ist romantisch, zwar schön, aber irreal. Es gibt sehr wohl Stadtwesen, die bestimmt sind, ihre Fundamente in die Zukunft zu legen, d. h. auf dem Wege zu sein, immerfort zu werden. Und eben dieses Werden ist Quelle ihrer Kraft.

Es ist von den Politikern in letzter Zeit viel vom status quo gesprochen worden, der zu bewahren sei, weil man befürchtet, jede mögliche Veränderung könne nur einen status quo minus bringen. Das mag im gegenwärtigen Ringen der Blöcke eine berechtigte Befürchtung sein; wohl kann ein Stillhalten in der Gefahr sinnvoll sein, es wird aber kein Leben erzeugen, wenn es nicht Abschnitt in der Bewegung auf ein Ziel hin ist, Teil eines größeren Planes.

Wenn Hausenstein 1930 beklagte, daß Berlin exzentrisch zu Deutschland liegt, so ist demgegenüber festzustellen, daß es zentral in Europa liegt, in der Mitte zwischen Paris und Petersburg, Oslo und Rom. Das ist keine schlechte Lage. Aus seiner Ursprungszeit liest man, es sei da entstanden zwischen Barnim und Teltow, wo sich ein Flußübergang anbot, eine Brücke schlagen ließ, die eine Brücke war zwischen den unbekannten Ebenen des Ostens und der bekannten Welt des westlichen Europa. Brücke zu sein und Ort des Übergangs ist wohl ein wesentliches Merkmal dieser Stadt. In der Mitte Europas gelegen, muß sie vermittelnd für Europa stehen. Hier liegt ihre Aufgabe. Darum sind wir alle aufgerufen, am Entwurf dieser Stadt zu arbeiten, d. h. ihre Zukunft zu bedenken und zu planen. „Stadtplanung geht uns alle an." Hegemann sagt, der Stadtplaner müsse fähig sein, sich die Stadt, für die er plant, in dreißig Jahren vorzustellen. Dieser Ausspruch galt dem wachsenden Verkehr, dem Bevölkerungszuwachs, der industriellen und sonstigen Entwicklung, die zu bedenken sei. Eine solche Vision des Kommenden erfordert Phantasie und Mut. Bis heute haben sich die „Utopisten" oft zu spät als die einzig real Denkenden erwiesen, und die vermeintlichen Realisten haben mit ihrem kleinen Denken den Weg in die Zukunft verstellt. Wir kennen die politische Landschaft nicht, in der Berlin in dreißig Jahren liegen wird. Vielleicht liegt es dann in der Mitte eines einigen Europa. Gewiß liegt es auch dann noch an der Spree zwischen Havel und Müggelbergen, inmitten des märkischen Sandes.

Die Geschichte der Stadt ist eine Geschichte des Ringens um die Freiheit ihrer Bürger, diese Freiheit, die immer die zwei Aspekte hat: Freiheit wovon und Freiheit wofür. Wovon wir frei sein wollen in beiden Teilen der Stadt liegt auf der Hand. Wofür wir die Freiheit nutzen wollen, die wir dank der Hilfe unserer Freunde in diesem Teil der Stadt genießen, muß von ihren Bürgern entschieden werden. Die Stunden der Not und der Gefährdung der letzten Jahre haben gezeigt, daß die Berliner im besten Sinne Bürger einer polis sind. Sie haben politisches Verantwortungsbewußtsein und politischen Instinkt bewiesen. Berlin ist durch die Not in einem Maße Stadt geworden, Stadt als Gemeinschaft ihrer Bürger, wie es vielleicht nur wenige Städte sind, und das gilt für ganz Berlin. In seinem unprätentiösen Entschlossensein zur Freiheit ist Berlin nicht nur Symbol und Entscheidungsort des deutschen Schicksals, sondern symbolische Stadt der Welt geworden. Im Sinne der Feststellung Edgar Salins, daß der Weg zum Staatsbürger nur über den Stadtbürger führe, erfüllt es seit langem auch den Hauptstadtanspruch. Hier wohnen keine Untertanen, die lediglich der Zufall von Geburt oder Beruf an diesen Ort brachte. Hier lebt man aus innerer Entscheidung, und jeder Bürger weiß, daß er das Schicksal des Gesamten mitbestimmt. Hier sind Demokratie und Selbstbestimmungsrecht nicht theoretische Begriffe, sondern die täglich zu verteidigenden Voraussetzungen der selbstgewählten Lebensform. Es nimmt daher nicht wunder, daß das Berlin von heute ohne Regierungsfunktion, ohne Reich, stärker als zuvor als Hauptstadt ins Bewußtsein der Deutschen tritt, weil nun begriffen wird, daß diese Stadt nicht um Vorrechte, sondern um die Bürgerrechte freier Menschen ringt. In diesem Ringen, das elementar ist, sind Größe und Abgrenzung späterer staatlicher Ordnung fast irrelevant. „Berlin muß sein ihm auferlegtes Stadtschicksal wie nach einem Gesetz erfüllen", schreibt Karl Scheffler 1931.

Ich hoffe auf Ihr Einverständnis, wenn ich sage, daß das Berlin von 1848 und das von 1928 Berlin war, aber nicht das von 1933, wenn auch die Kräfte der bürgerlichen Freiheit und des Humanismus 1933 eines Widerstandes fähig wurden, der Bewunderung verdient. Die hybride Mischung aus Kleinbürgertum und Größenwahn, die 1933 in Berlin die Macht ergriff, war nicht Berlin, war das Andere, gegen das diese Stadt als Bürgerwesen seit Jahrhunderten im Kampf stand und noch heute steht.

Aber gerade diese Erfahrung mit der staatlichen Macht, deren Ziele nur zu oft mit denen des in seiner Grundstruktur demokratischen Gemeinwesens der

Stadt Berlin divergierten, und die Selbstbehauptung dieses Gemeinwesens, weisen Berlin heute als Hauptstadt einer deutschen Demokratie aus. Dabei ist der europäische Bezug der Stadt von entscheidender Bedeutung. Geht es doch in der gegenwärtigen weltweiten Auseinandersetzung nicht allein um Fragen der militärischen Macht, sondern in erster Linie um die Frage der geistigen und moralischen Kraft und der in ihr begriffenen Freiheit.
Das heißt aber, daß das Schicksal Berlins im wesentlichen von seiner Qualität als geistigem Zentrum und damit als wirklicher Weltstadt – Stadt von Welt – bestimmt wird.
Wäre es möglich, daß Berlin sich zur geistigen Hauptstadt nicht nur unseres Raumes, sondern unseres Zeitalters entwickelt? Mancherlei in seiner geistig-künstlerischen Tradition spricht dafür. Einige Urteile über Berlin seien hier aufgeführt:

Berlin ist mehr ein Weltteil als eine Stadt.
Jean Paul 1800

Wie konnte bloß jemand auf die Idee kommen, mitten in all dem Sand eine Stadt zu gründen! Dabei soll dieses Berlin 159 000 Einwohner haben!
Stendhal 1806

Dies ist vielleicht die einzige Stadt, wo die sogenannten genialen Menschen nicht für Narren gehalten werden.
Clemens Brentano 1809

Alles hat hier einen Anstrich von Großartigkeit, Geistigkeit und Liberalität.
Grillparzer 1826

Berlin ist gar keine Stadt, sondern Berlin gibt bloß den Ort dazu her, wo sich eine Menge Menschen, und zwar darunter viele Menschen von Geist, versammeln, denen der Ort ganz gleichgültig ist, diese bilden das geistige Berlin.
Heinrich Heine 1828

Treffliche Musik habe ich da gehört, auch abscheuliche. Aber in Bonn machen sie meist nur abscheuliche Musik ohne die treffliche mitzugeben.
Johanna Matthieu 1842

Berlin, wenn ich so sagen darf, ist eine Conglomeration aller Weltexistenzen, alle europäischen Weltstädte sind hier repräsentiert und nebeneinander aufgeschichtet.
Friedrich Gustav Kühne 1843

Daß Berlin bis zur Unglaublichkeit an Petersburg erinnert.
Dostojewsky 1863

Hat es mir auch sonst schon vorkommen wollen, daß der gute alte Berliner Humanismus, der so wahrhaft universell war, in dem aus allen Winkeln herzugereisten Größedünkel ersaufe.
Gottfried Keller 1882

Im Herzen anerkannt von allen Deutschen ist diese Reichshauptstadt noch heute nicht …
es erfüllt, wie nach einem Gesetz, sein Stadtschicksal, das noch heute so seltsam ist, wie es vor einem halben Jahrtausend gewesen war.
Karl Scheffler 1931

Diese Urteile, deren Reihe sich beliebig erweitern ließe, zeigen, daß sich in der aufstrebenden preußischen Hauptstadt und gleichsam neben ihr eine Geiststadt entwickelte, die ihre Wurzeln im Übernationalen, Europäischen hatte. Dieses geistige Berlin stand zuweilen eher im Gegensatz zur Staatsmacht als ihr zu Diensten.
Aber die kommende demokratische Ordnung kann nur aus einer Hauptstadt erwachsen, die bewußt an dem geistigen Bild der Welt und damit der gesellschaftlichen Struktur arbeitet. Wenn Einstein von unserer Zeit sagt, sie sei gekennzeichnet durch größte Perfektion der Mittel bei größter Konfusion der Ziele, macht er deutlich, wie sehr wir der geistigen Ordnung und Orientierung bedürfen.
Wir haben keine Veranlassung, angesichts der politischen Ohnmacht, in die dieses Stadtwesen gestellt zu sein scheint, den Mut zu verlieren. Wir haben nur Veranlassung, über die taktischen Tagesentscheidungen, die uns ständig abverlangt werden, hinaus, Wesen und Inhalt dieser Stadt und damit Sinn und Ziel neu zu bedenken. Das Berlin der letzten hundert Jahre hat gerade in den Zeiten staatlicher Machtlosigkeit seine Sternstunden im kulturell-abendländischen Sinne gehabt. Gerade die Zeit Schinkels hat durch ihr geistiges Gepräge und die damit gestellten Aufgaben die Wandlung der Residenz zur Weltstadt, die dem Wesen Berlins entspricht, vorbereitet und weitgehend vollzogen. Schinkels Bauten sind Repräsentanten bürgerlicher Bildung und Kultur in weltstädtischem Maßstab – man denke nur an das

Schauspielhaus, an das Museum, an die Bauakademie. Eine andere Epoche dieser Art, die goldenen Zwanziger Jahre, lebt noch im Bewußtsein vieler Menschen.

Wenn wir nun versuchen, das Thema dieser Stadt zu formulieren, könnte man folgendes sagen:

Berlin erfüllt seine Bestimmung als Hauptstadt, indem es beispielhaft für Deutschland und sein Schicksal steht.

Berlin ist der Ort, der bürgerliche Freiheit als freiwillige Übernahme der Verantwortung durch den Einzelnen für das Allgemeine versteht.

Berlin ist Weltstadt und ist in gleichem Maße in Europa wie in Deutschland begründet. Seine Stadtbürger sind somit sowohl Staatsbürger wie auch Weltbürger.

Es ist das weltstädtische Element, welches das Gesicht des geistigen Berlin prägt und seinen Standort in Europa bestimmt.

Wenn wir uns dahin verständigen können, das Thema dieser Stadt so zu sehen, bleibt als nächste Frage, was daraus zu folgern sei.

Unabdingbare Voraussetzung ist die Erhaltung der Freiheit und Lebensfähigkeit Berlins, seine wirtschaftliche Entwicklung und der freie Zugang für Menschen und Güter. Ebenso unabdingbar aber ist das Vertrauen seiner Bürger in die Zukunft der Stadt. Der Beweis dieses Vertrauens ist erbracht. Wenn Heideggers Satz „Bauen heißt Bleiben" richtig ist, bedarf es keiner weiteren Beweisführung, zumindest was die bisher geleistete Quantität des Aufbaus nach dem Kriege betrifft.

Wie aber ist es um die Qualität bestellt? Wenn das Gebaute Ausdruck des gesellschaftlichen Inhalts ist, ist dann Berlin noch Weltstadt, ist es Hauptstadt?

Sie werden geneigt sein, ein schnelles „Nein" auszurufen oder bestenfalls ein zögerndes „Noch kaum". Und werden es zunächst für Zweckoptimismus halten, den ich meinem Amt in dieser Stadt schulde, wenn ich die Worte des Regierenden Bürgermeisters aus dem Jahre 1957 wiederhole: „Wir haben begonnen." Ich kann das um so leichter sagen, als ich an dem bisher Geleisteten keinen Anteil habe und mich somit kein Verdienst trifft. Aber ich glaube, daß einige entscheidende Schritte getan wurden in Richtung auf ein neues, gesundes und funktionsfähiges Berlin. Ich meine Dinge wie Bauordnung, Baunutzungsplan und Großgrünflächenplan, meine aber vor allem, trotz aller Polemiken, die dadurch ausgelöst wurden und noch andauern, die Verkehrsplanung. Diese Planung dient der Lebensfähigkeit der Stadt von morgen, die eine Weltstadt sein wird. Sie ist im wesentlichen abgeschlossen. Ihre Realisierung ist seit einigen Jahren im Gange.

Die eben genannten Leistungen sind materielle Voraussetzungen der Stadtgestaltung. Wie aber ist die Stadtgestalt, wie ihre Form? Wenn Städtebau und Bauen die Selbstdarstellung des gesellschaftlichen Zustands ist, in welchem Zustand befindet sich dann diese Stadt, die im politisch Aktuellen soviel Instinkt bewies? Um der Gerechtigkeit willen müssen wir uns hier noch einmal die Situation von 1945 vergegenwärtigen, die Situation des totalen Nichts. 500 000 Wohnungen waren zerstört, 80 Millionen Kubikmeter Trümmer bedeckten die City. Die materielle Not erforderte zunächst materielle Abhilfe. 200 000 Wohnungen hat West-Berlin seither gebaut, die besser zu bewohnen sind als viele der zerstörten, mit Licht, Luft, Sonne, Bad und Kinderspielplätzen. Einige sind sogar schön.

Wir haben wieder Kirchen, Büchereien und Schulen, eine große Zahl von Kindertagesstätten, Sporteinrichtungen und Spielplätzen. Auch davon sind einige schön. Wir haben aber auch eine Vielzahl von Bauten, die nach Inhalt und Gestalt weit über Berlin hinaus Bedeutung haben, wie den Konzertsaal der Musikhochschule, die Deutsche Oper, das IBM-Haus, die Gedächtniskirche und – noch im Bau – die Philharmonie, um einige zu nennen.

Auch das Hansaviertel ist trotz aller Kritik ein Beweis des übernationalen europäischen Verpflichtetseins der Stadt und ihres Glaubens an die eigene Zukunft. Das gleiche gilt für den Wettbewerb „Hauptstadt Berlin", der eine Fülle von Anregungen brachte und dessen Ernte noch längst nicht eingebracht ist.

Aber trotz der vielversprechenden Bemühungen, großzügig und der erstrebten Zukunft angemessen zu planen, ist wenig des Gebauten wirklich zukunftweisend. In jüngster Zeit mehren sich die kritischen Stimmen. Berlin beginnt zu begreifen, daß es nicht genügt, Gebäude zu erstellen, die ihren Zweck aufs billigste erfüllen, sondern, daß das Gebaute gleichzeitig Spiegelbild des Bauherrn ist. Das wachsende Unbehagen, mit dem in diesen Spiegel geblickt wird, stimmt hoffnungsvoll. Der Erfolg jeglichen Bauens hängt nicht allein von der Qualität des Architekten ab, sondern davon, daß der Bauherr dem Architekten an Qualitätsgefühl ebenbürtig ist. Das ist schon bei Bauherren, die privat Einzelaufträge vergeben, selten. Noch schwieriger wird diese Frage, wenn es sich um Körperschaften, Institutionen oder die öffentlichen, halböffentlichen oder privaten Verwaltungen handelt. Das Zweckmäßige ist allenfalls noch beweisbar. Kaum mehr das Sinnvolle, das über die

Zweckform zur Sinnform führt. Bürgersinn wird nicht in jedem Falle durch Sparsamkeit bewiesen. Die Stadtväter vieler mittelalterlicher Städte haben gewußt, daß sie mit ihren Gebäuden zugleich Sinnbilder errichten, die Wesen und Inhalt der städtischen Gemeinschaft sichtbar und damit erst wirklich machen. Wir haben uns leider häufig damit begnügt, Gebäude zu errichten, die ihren nur praktisch verstandenen Zweck erfüllen. Vieles von dem, was Wert oder Unwert der Städte bestimmt, vieles von dem, was über unsere Liebe zu Berlin entscheidet, ist völlig „zwecklos", aber sehr sinnvoll, so z. B. das Brandenburger Tor. Wir dürfen aus dem sich bemerkbar machenden Unbehagen an der Gestalt vieler Bauten der letzten Jahre die Hoffnung schöpfen, daß der gerühmte Realitätssinn der Berliner, geprägt durch den bewiesenen Willen zur Selbstbehauptung, die Notwendigkeit erkennt, daß jegliches Gebaute dem Hauptstadtanspruch dieser Stadt entsprechen muß. Das gilt ebenso für das, was uns von der Geschichte überliefert und erhalten blieb, wie für die Vielzahl der Aufgaben, vor denen wir stehen. Das gilt für den Landschaftsraum Berlin wie für seine steinerne Gestalt. Berlin hat im Laufe seiner stürmischen Entwicklung von der Preußischen Residenz zur Groß- und Weltstadt z.B. der Spree gegenüber, die entscheidend mit Ursprung und Entstehung dieser Stadt verbunden ist, eine bemerkenswerte Gleichgültigkeit gezeigt. Es hat nicht wie Paris zur Seine eine Uferfront entwickelt, an der sich die entscheidenden Stationen der städtischen Geschichte von der Notre Dame über den Place de la Concorde bis zum Eiffelturm manifestieren, sondern Berlin hat der Spree bis auf wenige Ausnahmen den Rücken zugewandt. Die markanteste Ausnahme, das mächtige und bedeutende Stadtschloß, das zwischen die beiden Spreearme eingespannt war, fiel den Spitzhacken der Unvernunft zum Opfer. Desgleichen, wie wir in diesen Tagen mit Schmerz erfahren, die Bauakademie Schinkels. Eine Andeutung dessen, was dieser Fluß in unserer Stadt bedeuten könnte, spürt man am Bahnhof Friedrichstraße. Aber schon am Reichstag ist seine unmittelbare Nähe nicht mehr wahrzunehmen. Selbst der Tiergarten bezieht die Spree nicht als Bestandteil seiner Landschaft ein. Auch da, wo markante stadthistorische Situationen am Fluß entstanden, wie beim Schloß Charlottenburg, wurde später die Spree lediglich als die Rückseite begriffen. Die Landschaft wurde nicht genutzt, sondern, wie in diesem Falle durch das maßstäblich falsche Brückenbauwerk unmittelbar neben dem Schinkel-Pavillon, zerstört.

Nur in wenigen Sternstunden Berlins ist es gelungen, aus den kulturellen Inhalten und deren Bauwerken raum- und geistbestimmende Faktoren werden zu lassen. Das Stadtschloß war ein Beispiel. Zu nennen sind das Forum Fridericianum, der Gendarmenmarkt, der Pariser Platz. Die Oper Knobelsdorffs, die Universität, das Schauspielhaus Schinkels, das Brandenburger Tor sind derart raumbestimmende Elemente.
Aber nicht nur die prominenten Bauwerke bestimmen das Gesicht Berlins, sondern auch die Bürgerhäuser, von denen noch einige zusammenhängende Bereiche auch in West-Berlin erhalten sind. Bei den uns bevorstehenden Aufgaben der Stadterneuerung wird sehr sorgfältig darauf zu achten sein, daß das historische Gesicht Berlins nicht weiter Schaden nimmt.
Vor uns steht eine Fülle neuer Bauaufgaben für das kulturelle Leben der Stadt. Zwei Universitäten, die Freie Universität in Dahlem und die Technische Universität in Charlottenburg sind neu zu bauen, oder um ein Mehrfaches des vorhandenen Volumens zu erweitern. Für die Kunstschätze der ehemals Preußischen Museen sind neue Gebäude zu errichten. Das gleiche gilt für die ehemals Preußische Staatsbibliothek. Diese drei Beispiele überragen die anderen an Umfang und Bedeutung. Was soll geschehen?
Die Freie Universität entstand in Dahlem, veranlaßt durch den Auszug von Studenten und Professoren aus der Linden-Universität, als dort die Freiheit von Lehre und Forschung nicht mehr gegeben war. Es mußte in kürzester Zeit Raum geschaffen werden. Hierzu wurden zunächst bestehende Gebäude beansprucht. Den ersten Neubau ermöglichte die Henry-Ford-Foundation.
Die neue Planung wird mehr von größeren, zusammenhängenden Komplexen ausgehen müssen, damit nicht nur ein Nebeneinander von Instituten für die verschiedenen Fakultäten, sondern ein Miteinander – d.h. eine wirkliche Universitas – entsteht. Hierfür werden neue Formen gefunden werden müssen. Dazu wird ein Wettbewerb beitragen, der für einen wesentlichen Abschnitt der wissenschaftlichen und naturwissenschaftlichen Fakultätsgebäude ausgeschrieben werden soll.
Im gleichen Raum Dahlem wurden in dem von Wilhelm von Bode als Beginn eines ostasiatischen Museums geplanten, von Bruno Paul errichteten Gebäude die zurückgekehrten Kunstschätze der Museen ausgestellt. Auch für die Museen reicht die vorhandene Fläche nicht annähernd aus.
Um endlich alle Abteilungen mit ihren Kunstschätzen

dem Publikum wieder zugänglich zu machen, muß auch für einen Teil der Museumssammlungen ein neuer Standort gefunden werden.

Zunächst mußte die Frage beantwortet werden, welche Teile der in West-Berlin vorhandenen Sammlungen nach der Wiedervereinigung auf die Museumsinsel zurückkehren sollen und für welche anderen ein neuer, auch nach der Wiedervereinigung gültiger Standort zu finden wäre. Diese Untersuchung führte zu dem Ergebnis, daß die Museumsinsel außer der Nationalgalerie künftig im wesentlichen die Sammlungen der vorchristlichen Kulturen (Antikenabteilung, Ägyptische und Islamische Abteilung) beherbergen soll, deren bedeutendste Bestände dort beheimatet und durch Großeinbauten wie Ischtartor, Pergamonaltar, Mschattafassade verankert sind. Für die Sammlungen des christlichen Abendlandes, die die Skulpturabteilung, die Gemäldegalerie, das Kupferstichkabinett, das Kunstgewerbemuseum und die Kunstbibliothek umfassen, sollte im innerstädtischen Raum eine neue Anlage geschaffen werden. Für die Sammlungen der außereuropäischen Kunst – Volkskundemuseum, Ost-asiatische Abteilung und Indische Abteilung – sollte der Dahlemer Museumsbereich endgültig hergerichtet werden. Die Wahl des Standortes für die abendländischen Sammlungen muß auch unter den gegenwärtigen Verhältnissen vom Gesamtgefüge Berlins einschließlich des heutigen Ostsektors ausgehen. Es geht hier nicht um eine provisorische Unterbringung, sondern um eine endgültige Entscheidung über den dem Inhalt gemäßen Platz dieser Sammlungen. – Während Wilhelm von Bode in dem dicht bebauten Berlin vor dem ersten Weltkrieg keine andere Wahl hatte, als für das Ost-asiatische Museum ein unbebautes Gelände in Dahlem zu wählen, sind wir durch die Zerstörungen des Krieges in die Lage versetzt, geeignete Standorte im Bereich der City zu finden. Hier wären die Museen ihrer Bedeutung gemäß in enger Nachbarschaft mit der Vielfalt anderer Einrichtungen der Wissenschaft und der Kunst ein wesentlicher Bestandteil des Citygebietes. Im Herzen der Stadt gelegen, gut angeschlossen an die tragenden Linien des individuellen Verkehrs und der Massenverkehrsmittel, sollen die Museen nicht nur für alle Teile der Bevölkerung der Stadt, sondern auch für die Besucher Berlins leicht auffindbar und schnell zu erreichen sein. Darüber hinaus sollten zumindest die abendländischen Sammlungen in eine sichtbare Beziehung zur geistigen und künstlerischen Tradition der Stadt treten. Die Möglichkeit, diese Forderungen zu erfüllen, ist an zwei Standorten gegeben, im Raum des Schlosses Charlottenburg und am Kemperplatz. Während Charlottenburg die reizvolle Möglichkeit bietet, die Gebäude der Museen und ihren Inhalt zu der historischen Anlage des Schlosses in Beziehung zu bringen, ist es am Kemperplatz möglich, eine völlig neue Situation aus dem Geiste unserer Zeit zu schaffen, die dennoch, nur wenige 100 m vom Brandenburger Tor entfernt, in enger Beziehung zum alten Stadtkern und damit auch zur Museumsinsel steht. Die endgültige Entscheidung hierüber wird der Stiftungsrat der Stiftung Preußischer Kulturbesitz zu fällen haben, der sich, wie wir hoffen, schon in wenigen Wochen eingehend mit diesen Fragen befassen wird.

Wie immer diese Entscheidung auch ausfällt, in jedem Falle werden sowohl der Bereich des Schlosses Charlottenburg wie auch der Schwerpunkt Kemperplatz wesentliche Bestandteile des „Kulturbandes" sein, das sich vom Märkischen Museum über den Raum Spreeinsel – Unter den Linden – Tiergarten – Zooviertel über den geplanten Opernplatz bis zum Charlottenburger Schloß erstreckt. Ein wesentlicher Schwerpunkt dieser Planung wird der Tiergarten sein, an dessen Rand sich schon jetzt wichtige Institutionen angesiedelt haben, denen weitere folgen werden.

Das hiermit Umrissene ist dem Volumen nach nur ein kleiner Ausschnitt des geplanten Baugeschehens, aber dieser kleine Teil wird das Gesicht Berlins entscheidend bestimmen. Die Bauaufgaben sind denen verwandt, mit denen Schinkel zum erstenmal in dieser Stadt einen weltstädtischen Ton anschlug. Nicht nur die Zeit, in die der Mensch gestellt ist, auch der Ort ist Schicksal. Schinkel hat es vermocht, Ort und Zeit gültig und unverwechselbar darzustellen. In seiner Hand wurden die märkische Schwere, der Ernst und die Heiterkeit der großen Ebene, die Kargheit Preußens zur knappen, verhaltenen Gebärde des Weltbürgers. Repräsentation ist nicht das Aufwendige, sondern das Angemessene. Darum hat der Konzertsaal der Musikhochschule mit Schinkel, mit dem Märkischen Sand, mit dem Preußen Humboldts, Kleists und dem Preußen des Schwaben Hegel zu tun, weil seine herbe Schönheit nicht der Armut, sondern dem Willen zur unpathetischen Klarheit entstammt.

Ich weiß nicht, wer den schönen Satz erfunden hat, aber er gehört nach Berlin: Baue so einfach wie möglich, koste es was es wolle. Dies ist kein Aufruf zur Verschwendung. Wir feiern heute nicht Wallot, wir feiern Schinkel. Und unser Thema heißt Berlin.

**Ausgewählte Bauten
1964–1971**

Rolltreppe im Ku'damm-Eck
Berlin-Charlottenburg
1969–72

Kirche St. Martin
Berlin-Wittenau
1969–75

Mensa der TU
Berlin-Charlottenburg
1965–67

Haus Dr. Menne
Berlin-Kladow
1964–65

Wohnanlage Heerstraße
Berlin-Charlottenburg
1967–71

Brücke-Museum
Berlin-Dahlem
1964–67
Ausblick
Eingang

Haus Dr. Dienst
Berlin-Grunewald
1964–65

Wohnanlage Heerstraße
Detail

Haus Vogel
Berlin-Spandau
1966–67

Kirche St. Agnes
Berlin-Kreuzberg
1964–67

Bürohaus an der Urania
Berlin-Schöneberg
1964–67

Märkisches Viertel
Berlin-Wittenau
1967–70

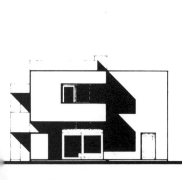

Brücke-Museum
1964–1967

Werner Düttmann
Erinnerungen an Planung und Bau

1964 regte der schon hochbetagte Karl Schmidt-Rottluff die Einrichtung eines Museums an für den Kreis der 1905 gegründeten „Brücke", die bis 1913 Maler wie Heckel, Nolde, Kirchner, Pechstein, Otto Müller und eben Schmidt-Rottluff zu einer die Kunst revolutionierenden Gemeinschaft vereinigt hatte. Schmidt-Rottluff bat mich, das Haus zu bauen.
Mit großzügigen Schenkungen haben er und Erich Heckel das Werk gefördert, das dann der den Künstlern und ihrem Werk befreundete Leopold Reidemeister mit heißem Herzen und unermüdlicher Tatkraft betrieb. Ihm ist es zu danken, daß dieses Museum, trotz der Kürze der Zeit zwischen dem ersten Gedanken und seiner baulichen Realisation, schon 1967 mit einer beachtlichen Sammlung eröffnet werden konnte.
Reidemeister und Schmidt-Rottluff haben die Planung des Gebäudes von Anfang an unter wacher Anteilnahme und mit gutem Rat begleitet – nachdem sie nach langen Wanderungen den Baugrund aufgespürt hatten, wie er ihrer Vorstellung entsprach. Umgeben von der märkischen Landschaft des Grunewaldes und unter hohen Kiefern stehend sollte das Haus Ausblicke gestatten auf die „Wiesen und Bäume und Birkenstämme", wie Heckel und Schmidt-Rottluff sie 1905 im Gründungsjahr der Brücke gesehen und gemalt hatten.
Er wünschte sich einen Bau von großer Einfachheit, in dem nichts die Begegnung des Betrachters mit den Bildern stören und der dennoch die Landschaft einbeziehen sollte. So entstand schließlich der Gedanke, u-förmige Wandnischen unterschiedlicher Größe als Bildträger unverbunden so zueinander zu stellen, daß zwischen ihnen jeweils der Blick in die Landschaft frei bleibt.

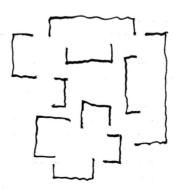

Brücke-Museum
Weg zum Haupteingang

Die nächste Überlegung galt dem Licht. Es sollte so geführt sein, daß die Bilder ihre volle Leuchtkraft entfalten können, die der Besucher aus dem gedämpfteren und intimeren mittleren Bereich betrachtet. So entstand das Konzept, über den Geh- und Verweilbereichen eine relativ niedrige Decke anzuordnen, an die die Bildnischen mit ihren nach innen geneigten Glasdächern herangeschoben sind.

Damit waren die Elemente gefunden, aus denen sich der Bereich der eigentlichen Schau- oder Museumsräume zu einem Rundgang um einen kleinen Patio gruppiert. Dieser Gruppierung gesellen sich nach Süden zwei weitere Bauteile zu, in denen der Eingangsbereich, Sammlungs- und Büroräume und die Hausmeisterwohnung untergebracht sind.
Als der Bau begonnen hatte, wurde der große alte Maler den Bauleuten eine vertraute Erscheinung. Er kam häufig und sah dann stundenlang dem Baugeschehen zu, wie er zuvor der Entstehung des Bauplanes zugesehen hatte.
Das Ganze verbirgt sich für den Ankommenden hinter Gartenmauern, durch die das abgesonderte Stück Wald zum Garten um das Haus wird, den man als Gast betritt.
Die Gebäudegruppe ist gegen den Parkplatz und die auf sie zuführende Straße von Betonmauern umstanden, die gleichzeitig den Garten absondern und zum Eintreten einladen.
Als alles fertig war und die Besucher eintraten, war ich glücklich und mit mir meine beiden Mitarbeiter aus dem Entwurfsamt des Senators für Bau- und Wohnungswesen, Herr Lorenz und Frau Simon – und auch Schmidt-Rottluff, der mir einen Brief schrieb und ein Bild schenkte.

(aufgeschrieben im Januar 1979)

Karl Schmidt-Rottluff
Ein Brief an Werner Düttmann

Berlin, den 25.9.67

Lieber sehr verehrter Herr Düttmann,

nachdem nun die Unruhe der Eröffnung abgeklungen ist, möchte ich nicht versäumen, Ihnen nochmals herzlichst zu danken.
Sie haben mit diesem Bau des Brücke-Museums etwas hingestellt, das man nicht anders als rühmen kann, und soviel ich beobachten konnte, ist das auch allgemein geschehen.
Ihr Bau hat durchgehend gute Verhältnisse und rechtes Maß. Die Lichteinfälle sind überhaupt die Lösung und die Landschaft ist geradezu beglückend einbezogen. Es müßte jeder Besucher für eine Weile dort froh werden.
Lassen Sie sich nochmals herzlichst die Hand drücken, meine Frau tut das gleiche.

Immer Ihr

K. Schmidt-Rottluff

Eröffnung am 15.9.1967
Werner Düttmann mit dem
Ehepaar Schmidt-Rottluff

Brücke-Museum
Blick auf die Eingangsseite

Eberhard Roters
Intimität und Offenheit
Persönliche Erfahrungen im Umgang mit
Werner Düttmanns Ausstellungsräumen

Die Akademie der Künste und das Brücke-Museum in Berlin zählen zweifellos zu denjenigen Bauwerken Werner Düttmanns, die sein Schaffen in der Öffentlichkeit am weitesten bekannt gemacht haben. Nicht allein das; sie gehören, im besten Sinne den kulturellen Bedürfnissen ihrer Epoche verpflichtet, überhaupt zu den vorbildlich maßstabsetzenden Ausstellungs- und Museumsbauten der Nachkriegszeit bis heute. Sie sind die Krönung von Werner Düttmanns Werk, und sie verkörpern für denjenigen, der mit diesen Räumen umzugehen Gelegenheit hat, den Ausstellungsmacher und den Museumsmann und mithin auch für das Publikum, den Idealfall. Dies schlankweg behaupten zu dürfen, traue ich mir deshalb zu, weil ich im Umgang mit den Ausstellungsräumen sowohl der Akademie der Künste wie auch des Brücke-Museums über viele Jahre hinweg eingehende praktische Erfahrungen sammeln konnte. Bedauerlicherweise ist dem mit den beiden Häusern gesetzten Beispiel künstlerisch um so weniger nachgeeifert worden, je mehr die Museumsarchitektur der gegenwärtigen Zeit glaubt, modischen Gebärden folgen zu müssen.

Die Ausstellungsräume von Akademie und Brücke-Museum haben eines miteinander gemeinsam, sie entfalten sich nach innen. Von außen bieten Düttmanns Gebäude den Anblick einer klaren Gliederung nicht so sehr ineinander verschachtelter als vielmehr behutsam aneinandergereihter, locker ineinandergefügter und durch integrierte Übergänge miteinander verbundener kubischer und vor allem gestreckt quaderförmiger architektonischer Körper. Bei der Akademie kommt zu diesem Spiel mit der Stereometrie der Quader als Eck-Akzent noch die steile dreikantige Zeltdachform des Studio-Gebäudes hinzu, das sich gleich einem vorgelagerten Kap rechts vor dem Haupteingang in die Landschaft schiebt. Dank ihrer spielerisch durchdachten Anordnung wirkt die Architektur trotz ihres kubisch-stereometrischen Aufbaus leicht und beschwingt. Ihre Körpermassen fügen sich in Korrespondenz zu den organischen Wachstumsformen der parkartigen Umgebung sanft, anschmiegsam und in ernsthaft-heiterer Gelassenheit in die Landschaft ein und treten mit ihr in einen lyrischen Dialog. Demjenigen, der auf die Gebäude zukommt, bieten sie ihr Äußeres unprätentiös und eher zurückhaltend dar. Die Eingangssituation entbehrt der traditionellen Pose würdiger Erhabenheit, ohne damit in das entgegengesetzte Extrem des Hintereingangsappeals zu verfallen. Der Eingang zum Brücke-Museum ist, wie bei einer Landvilla mit Vorgarten, etwas hinter die seitlichen Fassadenpartien zurückgenommen. Zur breiten und einladenden Glasfront am Haupteingang der Akademie führen einige Stufen, im umgekehrten Sinne zur gravitätischen Repräsentanz der Aufstiege vor den Fassaden klassischer Ausstellungstempel, nicht etwa hinauf, sondern in leicht asymmetrischem Schwung unauffällig hinab, um den Gast einladend in das Haus hineinzugeleiten.

Derjenige Teil der Akademie, der die Ausstellungsräume beherbergt, erscheint von außen gleich einer großen, flachen, auf das Erdgeschoß aufgesetzten Schachtel. Ihr Äußeres verrät kaum etwas von ihrer inhaltlichen Funktion, sondern es bietet dem Betrachter sowohl von vorn wie von der Seite nichts weiter als den Anblick einer fensterlos in sich geschlossen breitlagernden Horizontalfront. Auch die Ausstellungsflügel des Brücke-Museums entziehen sich zunächst der Aufmerksamkeit des von vorn sich nahenden Besuchers, da sie, im Gelände dem Eintretenden scheinbar unzugänglich, vor dessen Blick hinter die Kiefernstämme des seitlich gelegenen Waldstücks ausweichen.

In dem Maße, in dem die Ausstellungsräume, sowohl die der Akademie wie die des Brücke-Museums, sich dem Blick von außen her entziehen, in dem Maße öffnen sie sich nach innen. Das ist das grundlegende Zeugnis für die Intimität des Innenraumerlebnisses, die Düttmann mit der Offenheit und Durchlässigkeit der von ihm geschaffenen Raumsituationen zu verbinden gewußt hat: Intimität und Offenheit in einem, beides nicht voneinander zu trennen, beides ineinander integriert, das ist ein Wesensmerkmal seiner Bauweise, ebenso wie die innige Durchdringung dieser beiden Eigenschaften, die ja durchaus nicht selbstverständlich ist, den Charakter des Mannes in seiner persönlichen Ausstrahlung ausgezeichnet hat.

Sowohl die Ausstellungsräume der Akademie wie die des Brücke-Museums sind um einen hortulus, einen landschaftsgärtnerisch gestalteten Innenhof gelagert; das Außen ist in die Mitte des Innern genommen, es bildet dessen Kern, die Außenlandschaft erscheint dort verinnerlicht. Das ist eine poetische Haltung. Damit endet aber die Vergleichbarkeit der beiden Situationen.

Es gibt für die Gestaltung einer Kunstausstellung

Ausstellungsraum,
eine Nische mit Oberlicht

nichts besseres als einen Rahmen, der von sich aus auf die Vordringlichkeit seines formalen Durchsetzungsanspruchs verzichtet. Gerade deshalb, weil er sich als Rahmen zurückhält, ist er der Kunst angemessen und ist deshalb selbst Kunst. Ästhetische Wirkung und funktionelle Nutzbarkeit stimmen vollkommen miteinander überein. Damit ist für den Aufbau einer Ausstellung die ideale Umgebung geschaffen; eine bessere ließe sich gar nicht wünschen. In ihren Proportionen der Länge wie der Breite nach bildet die große Ausstellungshalle der Akademie einen überdachten Platz, einen ins Innere verlegten Freiraum, einen Markt, ein Forum. Er ist nichts weiter als ein großes, von vier Seiten her kastenartig umschlossenes Rechteck, eine urbane Spielkiste, die gerade wegen ihrer marktplatzartigen Offenheit der Vielfalt und Variationsbreite an Ausstellungsmöglichkeiten, die auf diesem Gelände stattfinden können, nahezu unbegrenzten Spielraum bietet. Die Variabilität der Raumgestaltung wird nicht durch die Eigenwirkung vorgegebener Architekturformen beeinträchtigt, sondern sie kann mittels mobiler Gliederungselemente, wie es vor allem Stellwände sind, immer wieder von neuem modifiziert werden; unter Umständen und wenn es die Sache gebietet, kann das Aussehen einer Ausstellung auch während deren Laufzeit noch abgeändert werden.

Auch die Ausstellungsräume des Brücke-Museums schließen sich um einen Innenhof. Indes sind die Anforderungen von seiten der Erwartungshaltung der Besucher hier etwas anders gelagert. Die Akademie ist ein Veranstaltungshaus mit fortwährend wechselndem Programm, das Brücke-Museum hingegen enthält eine ständige Sammlung von Kunstwerken, deren Präsentation allenfalls gelegentlich durch die eine oder andere Sonderausstellung unterbrochen wird. Nicht ein offenes Experimentierfeld bietet sich hier an, sondern dem Wunsch nach Kontemplation ist Rechnung zu tragen. Die Erfüllung dieses Wunsches unterliegt durchaus musealen Qualitäten. Sie kommt jenen Vorstellungen entgegen, die von der Kunstdidaktik der vergangenen Jahrzehnte vorwiegend kritisiert worden sind, nämlich denen vom Museum nicht als eines Marktplatzes und musisch-erzieherischen Verkehrsknotenpunktes, sondern als eines Ortes der Ruhe und Besinnung. Gerade darin liegt bei aller sonstigen Ähnlichkeit der grundlegende Unterschied zwischen der Akademie der Künste und dem Brücke-Museum. Ich bin mir dessen durchaus bewußt, wie ketzerisch das Folgende heute klingt, doch ein Museum sollte getrost zuweilen mit einem Tempel verglichen werden können (wenn wir wirklich ehrlich zu uns selbst sind, müssen wir uns eingestehen, daß die Museen heute trotz aller gegenteiligen Absichtserklärungen und Behauptungen die säkularen Tempel unseres kulturellen Selbstverständnisses in unserer Zivilisation sind). Nicht aber ein gravitätischer Tempelbau sollte es sein, der die oft beschworene Schwellenangst erzeugte und in den sich keiner hineintraute, sondern ein durchsonnter Schattenbezirk für die Zwiesprache des Menschen mit sich selbst und der Kunst inmitten der Natur. Solch ein Tempelchen für die kunstinteressierte Allgemeinheit ist das Brücke-Museum. Am Rande des Grunewalds gelegen ist es von Kiefernheide umgeben. Auch dieser Bau Werner Düttmanns ist unprätentiös und erfreut den Besucher durch seine behutsame Zurückhaltung. Er ist das Gehäuse für eine Sammlung von Malerei, Plastik und Graphik des mittel- und norddeutschen Expressionismus, die, in ihrem Umfang überschaubar, von hoher Qualität und spezifischer künstlerischer Ausdruckskraft ist. Der Expressionismus der ‚Brücke'-Künstler ist landschafts- und naturverbunden, er ist farbstark, leuchtend, formkräftig und konturgewaltig. Dem Architekten ist es gelungen, dem Anspruch dieser bei aller proklamatorischen Potenz des Auftretens ausgesprochen sinnesempfindsamen Kunst vollkommen gerecht zu werden, indem er nichts anderes getan hat, als der Sammlung das Passepartout zu liefern. Gerade aus ihrer einfühlsamen Diskretion kommt aber die Architektur in ihrem Eigenwert zur Geltung, denn sie wird dadurch für die Kunst, die sich an sie wendet, zum Partner eines Zwiegesprächs, in dessen Diskurs eines das andere bestätigt und hebt.

Das Brücke-Museum, am oberen Ende eines mählich sich senkenden Abgangs gelegen, ähnelt in seinem Grundriß und Aufbau einem Atrium-Haus. Der Besucher betritt es vom Osten her. Eine kleine Eingangshalle mit Garderobe, Katalogverkaufsstand und einer Sitzgruppe empfängt ihn. Von dort aus führen einige Stufen herab zur Ebene der Ausstellungsräume, die in einer Abfolge von vier Flügeln um den kleinen Innenhof herumlaufen. Der Besucher kommt, indem er sie nach allen vier Himmelsrichtungen durchwandert, wieder zum Ausgangspunkt zurück. Durchblicke von einem Raum in den nächsten wecken die Neugier und locken um die Ecken. Dabei verläßt den Gast nie der Eindruck einer imaginären Wohnlichkeit, als befinde er sich in einem Privathaus mit einer in sich geschlossenen Sammlung eigenen Charakters. Die Kunstwerke an den Wänden gewinnen ihr Licht in der Hauptsache durch Oberlichter, die in Gestalt breiter Lichtschächte die Wände entlang

Ausstellungsräume
Sitzmöbel auf Wunsch von
Schmidt-Rottluff von
Werner Düttmann entworfen

sowohl über die Innenkanten wie über die Außenkanten der Ausstellungsräume in das Dach eingelassen sind. Dadurch entsteht innerhalb der Räume eine diffus verschattete Mittelzone, die den Weg markiert, innerhalb dessen sich die Betrachter im richtigen Abstand zu den Gemälden aufhalten. Der Betrachter selbst befindet sich jeweils in einem leichten Schatten. Die Gemälde auf der Wand ihm gegenüber erscheinen in eine gleichmäßige Helligkeit getaucht, in der sie ihre Farbstärke in allen Nuancen entfalten können. So entsteht der Eindruck, als blühten sie in der auf diese Weise geschaffenen Lichtzone erst richtig auf. Die Oberlichter sind indes zwar die hauptsächliche, aber nicht die alleinige Lichtquelle. Im Südflügel gibt eine breite Fensterfront den Blick auf den gesamten Innenhof frei. In den anderen Flügeln sind hier und da schmale hohe Türen oder Fenster in der Nähe der Raumwinkel in die Wände eingelassen. Sie lenken den Blick ins Freie und gewähren dem Auge Besinnungspausen. Infolgedessen fühlt sich der Besucher nie ganz von der Außenwelt ausgeschlossen, sondern er wird zum Schweifen mit Auge und Sinn aufgefordert, und die Neigung zur Kontemplation wird dadurch angeregt. Die Natur der Bilder tritt in Dialog mit der Natur, die von draußen her in die Räume hineinschaut. Das Licht, das da von draußen eindringt, ändert sich ständig, es ist am Morgen anders als am Abend, es ist im Frühling ein anderes Licht als im Herbst, im Sommer anders als im Winter. Es ist ein lebendiges Licht, das in seinem Wechsel auch die Gemälde im Innenraum des Museums lebendig hält. Die Bilder sind nicht von der Außenwelt isoliert, sondern sie leben, zwar geschützt und geborgen, mit der Natur. Eben diese Wirkung ist ganz im Sinne der Brücke-Künstler, denn sie entspricht den Intentionen und Impulsen, aus denen sie hervorgegangen sind.

Die Museumsarchitektur und die Architektur der Ausstellungshäuser hat dem Inhalt gerecht zu werden, dem sie den Rahmen liefert, sie hat der Kunst zu dienen, und zwar gemäß der besonderen Erfordernisse, die durch den Charakter der Kunst gestellt werden, jener Kunst jeweils, für die das Haus bestimmt ist.

Ulrich Conrads
Baubeschreibung

Das Museumsgebäude ist vom Käuzchensteig aus mit einer Stichstraße erschlossen, die vor der abschirmenden Einfriedung aus Beton endet. Dahinter lagert der Gebäude-Komplex, drei eingeschossige weiße Körper, jeweils verbunden durch eine schwebende kräftige Platte. Links das Hausmeisterhaus, in der Mitte der zur Straße hin fensterlose Kubus, in dem das Graphische Kabinett und, jenseits eines Flurs, die Verwaltungsräume liegen; und rechts der gegliederte Baukörper, den die Schauräume bilden, der aber kaum ahnen läßt, welche räumliche Vielfalt er beherbergt. Unter der Deckenplatte zwischen Graphischem Kabinett und dem Hauptkörper liegen Eingang, Windfang und Eingangshalle mit Garderobe und Sitzgruppe, zugleich Ort für eine Sammlung herrlicher Brücke-Plakate. Nach rechts geht man drei Stufen hinunter auf die Ebene der eigentlichen Ausstellungsräume. Ja, sind das nun drei oder vier oder neun, die sich da um einen Gartenhof legen? Oder sind sie alle nur ein einziger, gegliederter Raum samt einem himmeloffenen Teil, dem Innenhof? Ich meine, es sei in der Tat *ein* Raum, gebildet aus einer wohlüberlegten Komposition U-förmiger Wände mit ungleichen Schenkeln. Keine dieser Wände berührt eine andere, und dadurch bilden sich zwischen diesen rechteckigen, zur Raummitte hin jeweils offenen großen Nischen Durchgänge zum nächsten Raumkompartiment oder zum Innenhof; oder deckenhohe breite Fenster hinaus in die Grunewaldgründe. Aber nun kommt das Wichtigste: Alle diese langen kabinettartigen Nischen sind in ihrer ganzen Tiefe, und die ist etwa 2 Meter, belichtet von einem leicht nach innen geneigten Oberlicht, das jeweils wie ein niedriger Lichtschacht ausgebildet ist, also etwa 1,15 bis 1,60 m über der Raumdecke liegt, mithin kaum zu sehen ist und nirgends blendet. Je zwei oder vier solch hoher belichteter Nischen halten also dem Augenschein nach die niedrige Raumdecke in der Schwebe. Und darunter steht man selbst im dunkelsten Teil des Raumkompartiments, die Bilder allein hängen in vollem Licht. Die Wände sind weiß, der Boden ist ausgelegt mit kokosfarbigem Teppich; die Türen und Fenster sind oliv gestrichen. Da und dort stehen kantige Eichenholzsessel mit schwarzen Lederpolstern. Was Wunder, daß da die Bilder eines Heckel, eines Kirchner, eines Schmidt-Rottluff, eines Müller, eines Pechstein leuchten in diesem Museum ohne Museumsgeruch, diesem Stück Architektur ohne Abstriche. (Auszug aus: Bauwelt 44/1967)

Ausstellungsraum am Eingang mit Tür zum Innenhof

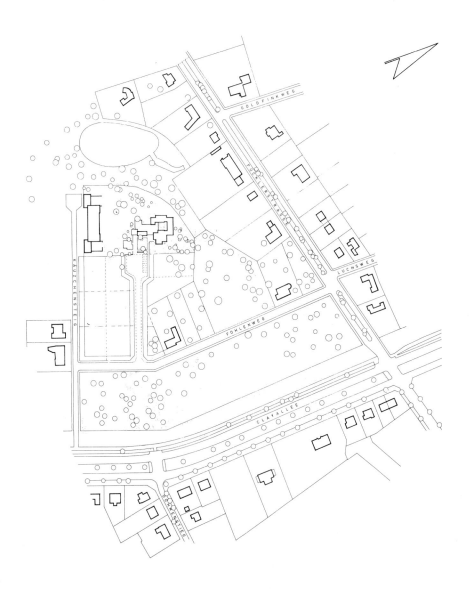

Lageplan im Maßstab 1:5000

Längsschnitt durch die
Ausstellungsräume
Maßstab 1:500

Grundriß Erdgeschoß
Maßstab 1:500

Querschnitt durch das
Museumsgebäude
Maßstab 1:500

SCHNITT A-A

Haus Dr. Menne
1964–1966

Dietrich Worbs
Ein Haus für einen Maler

Das Haus für den Arzt und Maler Dr. Walter Menne, Zingerleweg 29/31, in Berlin-Kladow, ist 1964 von Werner Düttmann entworfen und 1965/66 errichtet worden. Es ist ein ungewöhnliches Haus: ein Einfamilienhaus mit Atelier, ein Haus, das auf einem weiten Grundstück von hohen Mauern im Norden, Osten und Süden abgeschirmt wird, mit Höfen, die eine weitere Raumschale um das Haus bilden. Die Baumasse des Hauses erscheint als raumgreifende, weiße, kubisch-kristalline Konfiguration, die sich hinter den umfassenden Hofmauern aufstuft.

Das Haus steht auf einem 2800 m² großen Grundstück, einen halben Kilometer vom Groß-Glienicker See entfernt, auf einem Eckgrundstück, das dicht mit Waldbäumen, Kiefern und Birken bestanden ist. Nördlich des Zingerlewegs und des Bartschwegs verläuft ein Waldstreifen, der zum See führt und die Grenze zwischen Kladow und Groß-Glienicke bildet.

Das eingeschossige, teilweise zweigeschossige Wohnhaus mit Atelier ist nicht auf einem geschlossenen Rechteckgrundriß errichtet worden, sondern auf einem Z-förmigen, mäanderartigen, aber orthogonalen Grundriß. Das Haus besteht aus zwei winkelförmigen Bauteilen: Der südliche Bauteil ist zweigeschossig, er umfaßt den Wohn- und den Schlafbereich und das Atelier, das nach Norden orientiert ist; der nördliche Bauteil ist eingeschossig, er ist vor dem Kopf des Ateliers als Flachbau angeordnet. Dieser L-förmige Bau nimmt den Tuschraum, zwei offene Arbeitsräume und die Garage auf und umschließt mit seinem nach Süden gerichteten Winkel einen kleinen Atelierhof (6 x 6 m). Zu ihm hin öffnen sich die beiden überdachten Arbeitsräume. Der Z-förmige Grundriß erlaubt die Repetition, die Reihung des Hauses, man könnte sich vorstellen, daß so eine fortlaufende, mäanderförmige Bauform entstehen würde – für ein als Solitär erscheinendes Gebäude eine erstaunliche Möglichkeit.

Dem weit von der Straße zurückgesetzten Haus nähert man sich nicht auf kürzestem Wege: Nach Durchschreiten des Eingangstores geht man um den vorgelagerten eingeschossigen Atelier-Flachbau herum, durchquert den großen Eingangshof und erkennt erst jetzt den eingezogenen Eingang im zweigeschossigen Wohntrakt des Hauses. Auf dem Wege zum Eingang blickt man in den hohen Atelierbau. Die Mauer des Eingangshofes führt mit einer weit ausholenden Geste zum Eingang, neben dem Haus bleibt noch ein Durchgang nach Süden in den Garten.

Haus Dr. Menne
Tür zum Garten an der Westseite

Rundgang um das Haus:
Der Balkon an der Südseite
Die Südostecke
Der Atelierhof im Norden
Die Westseite

Nach dem Passieren des Eingangs betritt man eine kleine Diele, die seitlich von Osten belichtet wird. Ein offenes Treppenhaus (in Sichtbeton) mit schöner Belichtung von oben führt ins Obergeschoß, darunter die Treppe ins Untergeschoß. Vom Eingang her blickt man auf den Küchenausgang in den Garten zwischen der Geschoßtreppe und der Küche. Ein offener Durchgang nach rechts führt am abgeschlossenen Küchenblock vorbei in den Wohnbereich. Der Wohnraum umfaßt mit dem Eßbereich winkelförmig die Küche; beide öffnen sich mit doppelten Glastüren zum Garten, der Eßplatz nach Süden in einen kleinen, teilweise durch einen Balkon im Obergeschoß gedeckten Wohnhof, der Wohnraum nach Westen in den offenen, landschaftlichen Gartenbereich des Grundstücks. Beide Raumteile sind hell vom Tageslicht beleuchtet.

Der Rundgang durch das Haus scheint hier zu Ende zu sein, durch eine schmale Tür betritt man das zweigeschossige Atelier, das einen durch seine Dimensionen – nach den niedrigen Räumen vorher – überrascht. Das Atelier wird durch zwei raumbreite Fenster erhellt; nach Osten, zum Eingangshof hin, liegt das große Fenster ebenerdig, nach Norden liegt es als Oberlicht über dem Durchgang zu dem anschließenden eingeschossigen Tuschraum. Der Tuschraum verlängert sich seitlich nach Westen um den Atelierhof, den kleinsten der drei Höfe, zur Garage hin. Auch von hier aus kann man das Haus betreten. Der Tuschraum wird durch ein Deckenoberlicht erhellt. Er ist – wegen der stark riechenden Tuschen – vom Atelier durch Schiebetüren abtrennbar. Vom Atelier, das nach Westen wegen der Sonne geschlossen ist, führt eine Tür in den Atelierhof.

Neben dem Eingang ins Atelier vom Wohnbereich her befindet sich gleich der Antritt der Treppe, die zur offenen Galerie hinaufführt. Unter dieser Treppe befindet sich ein Abgang ins Untergeschoß. Von der Galerie aus blickt man in den Raum-Kubus des Ateliers mit seinen Abmessungen von 6 x 6 x 6 m und in den anschließenden Tuschraum. Das Obergeschoß umfaßt außer der Galerie nur zwei Schlafräume, ein Bad und einen Verbindungsflur; das große Schlafzimmer nach Süden und Westen öffnet sich mit dem großen Balkon (eigentlich einer aufgestelzten Terrasse) nach Süden. Eine breite Tür führt zur Galerie und weiter zum Atelier nach Norden. Der Hausherr kann morgens direkt ins Atelier hinabsteigen oder seine Produktion von oben überblicken.

Das Haus mit seinen vielen Ein- und Ausgängen, seinen Höfen, die es von der Außenwelt abschirmen und die es nach außen erweitern, mit seiner Mäanderfigur des Grundrisses wird von einer „promenade architecturale" durchzogen, die bewußt entworfen und mitreißend inszeniert worden ist. Mehrere Bewegungsschleifen durchziehen das Haus, nicht nur das Erdgeschoß, sondern auch das Obergeschoß (ja selbst das Untergeschoß). Schade ist nur, daß der Architekt nicht auch noch die Flachdächer der beiden unterschiedlich hohen Bauteile einbezogen hat. Die „promenade architecturale" verbindet nicht nur alle Raumbereiche des Hauses in funktionaler Hinsicht sinnfällig miteinander, sie ist vor allem auch architektonisch, mit den Mitteln des Raumes und des Lichtes als spannungs- und überraschungsreicher Bewegungsablauf sorgfältig konzipiert und verwirklicht worden: durch Raumerweiterungen und -verengungen, Durchgänge und Türen, Raumerhöhungen und -absenkungen, Durchblicke und Blickschranken, durch Helligkeit und Dunkelheit.

Das Haus hat im Inneren zwei räumliche Höhepunkte: die Diele und das Atelier. Das Atelier Walter Mennes hat im Werk Werner Düttmanns ein Vorbild gehabt: das eigene Atelier Düttmanns in der Akademie der Künste. Als der Bauherr seinen Architekten besuchte (oder der Architekt dem Bauherrn sein Atelier zeigte), wünschte sich der Bauherr spontan ein solches zweigeschossiges Atelier mit Galerie und Treppe für sein zukünftiges Haus, der Architekt ging bereitwillig darauf ein.

Werner Düttmann war bewußt, welche Rolle das zweigeschossige Künstleratelier mit Galerie in der Villen- und Landhaus-Architektur der frühen modernen Architektur (nicht nur bei Le Corbusier) gespielt hat, er nahm auch andere Elemente der modernen Architektur auf: die mauerumwinkelten Höfe von Mies van der Rohes Hofhäusern, die kubische Baukörpergliederung von Gropuis' Dessauer und Berliner Häusern. Beim Haus Dr. Menne ist aber vom Architekten nichts kopiert oder eklektisch zusammenmontiert worden, hier ist ein Haus in einer vorstädtischen, noch naturnahen landschaftlichen Situation aus den Lebensbedürfnissen eines Malers, der auch Arzt ist, in einer neuen Raumbildung und Baumassengliederung gestaltet worden: ein Meisterwerk räumlich konzipierter Architektur, das die überlieferten Entwurfsansätze der Neuen Sachlichkeit der zwanziger Jahre aufnimmt und weiter entfaltet.

Blick in das Treppenhaus

Atelier
Blick in den Tuschraum

Atelierraum mit Treppe zur Galerie

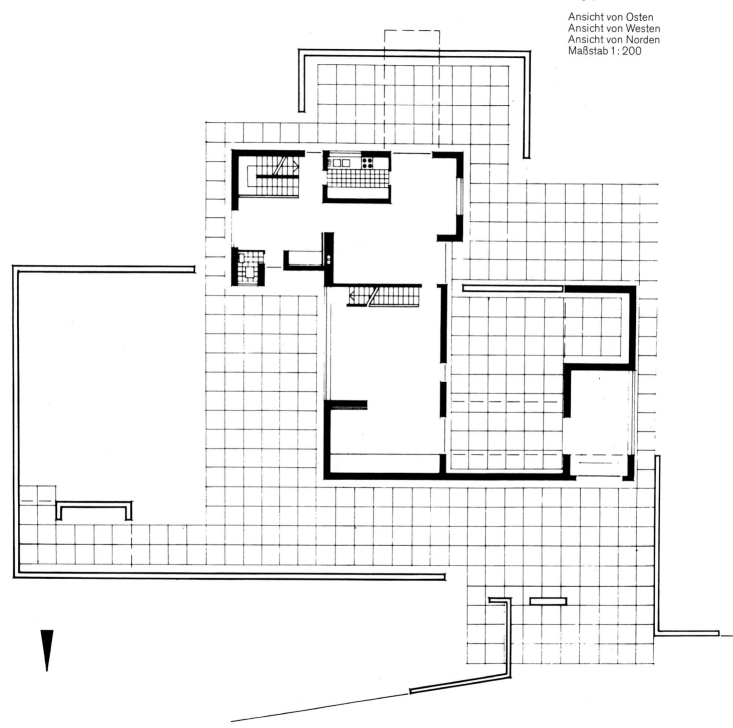

Lageplan Maßstab 1:200

Ansicht von Osten
Ansicht von Westen
Ansicht von Norden
Maßstab 1:200

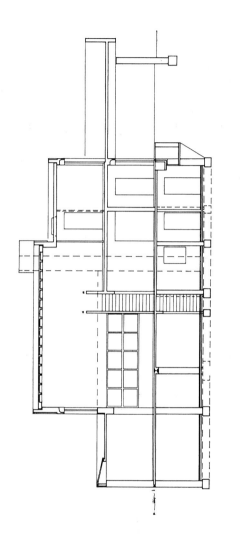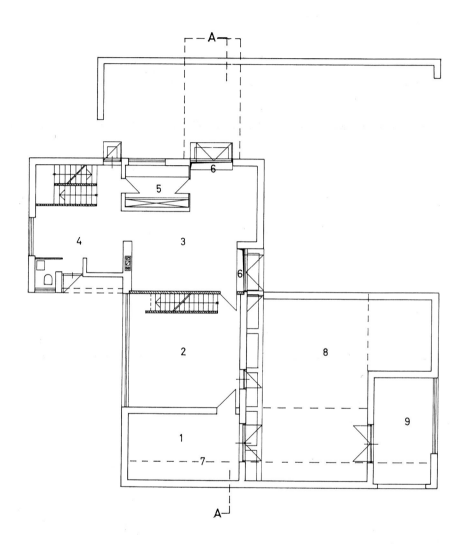

Schnitt AA
Maßstab 1:200

Grundriß Erdgeschoß
Maßstab 1:200

Grundriß 1.Obergeschoß
Maßstab 1:200

Legende:
 1 Tuschraum
 2 Atelier
 3 Wohnraum
 4 Diele
 5 Küche
 6 Heizung
 7 Oberlicht
 8 Freiatelier
 9 Garage
10 Luftraum Atelier
11 Galerie
12 Gastzimmer
13 Lichtkuppel
14 Flur
15 Tür zur Dachterrasse
16 Badezimmer
17 Schlafzimmer
18 Großer Balkon

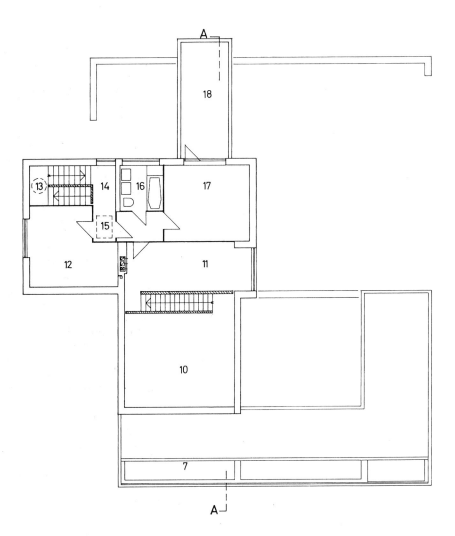

Der Bau ist in Mauerwerk ausgeführt, geputzt und weiß gestrichen. Weil Dr. Menne ausschließlich in schwarz-weiß arbeitet, wurde auf jeglichen Farbeffekt verzichtet. Das Haus ist innen und außen weiß gestrichen. Die Fenster sind schwarz. Lediglich die Materialfarben des teilweise verwendeten schalungsrauhen Sichtbetons und des Boucle-Teppichs, mit dem die Fußböden der Wohnräume und Treppen ausgelegt sind, durchbrechen dieses Prinzip.

Kirche St. Agnes
1964–1967

Martina Düttmann
Wortkarge Wände

Man muß es nachlesen, um sich daran zu erinnern: Der nordwestliche Teil Kreuzbergs zwischen Kochstraße und Gitschiner Straße, Halleschem Tor und Moritzplatz bildete früher die südliche Fortsetzung der Stadtmitte mit Kammergericht, Zeitungsviertel und dem Gewerbezentrum um die Oranienstraße. Geht man heute diese Straßen entlang, ahnt man davon nichts mehr. Das Stadtgebiet wurde im Februar 1945 völlig zerstört.

Die erste St. Agnes-Gemeinde, 1925 gegründet, hatte vormals ihr Domizil in einem umgebauten friderizianischen Reitstall in der Hollmannstraße nahe der Lindenstraße. 1945 zählte die ehemals 4000 Mitglieder große katholische Gemeinde kaum noch 400 Gläubige. Rund fünfzehn Jahre lang blieb das Stadtgebiet erstorben und leer. Dann, in den späten fünfziger Jahren, begannen die Baumaßnahmen für das berühmte Spring-Projekt, eine Siedlung aus locker gestreuten, acht- bis sechzehngeschossigen Wohnbauten von Wils Ebert.

Im Zusammenhang mit der neuen Siedlung wurde 1964 die Planung für den langerwünschten Kirchenneubau in Auftrag gegeben. Die Aufgabe war nicht ohne Widersprüche. Die Kirche ist Bestandteil der Siedlung und doch nicht ihr Mittelpunkt, sie soll sich behaupten gegen die sie weit überragenden Bauten und als Gemeindezentrum die Menschen dennoch mit offenen Armen empfangen. Sie soll weltliche Gastlichkeit verbinden mit dem Abgesonderten, Geheiligten. Sie tut es.

Die Anlage aus Kirche, Gemeindesaal, Pfarrhaus und Kindergarten bezieht sich auf einen Innenhof. Kircheneingang und Gemeindezentrum wurden durch ein großes Vordach verbunden. Kernstück des Gemeindezentrums ist ein zweigeschossiger Saal mit Bühnenpodium. Im Obergeschoß befinden sich drei Gruppenräume und eine Bibliothek mit einer Dachterrasse davor. Das Pfarrhaus, zwischen Kirche und Gemeindezentrum im Westen, enthält die Wohnungen für Pfarrer, Kaplan, Küster und die Haushälterin, dazu Gemeindebüros und die Sakristei im Erdgeschoß. In der Kindertagesstätte ist Raum für Laufkrippe, Kindergarten und Kinderhort. Der Hort im Obergeschoß erhielt ebenfalls eine Dachterrasse. Kirche und Gemeindesaal sind Betonskelettbauten, mit Hohlblocksteinen ausgefacht, Kindergarten und Pfarrwohnungen sind Mauerwerksbauten. Auf allen Außenwänden liegt eine Schicht von grauem Zementwurfputz.

Kirche St. Agnes
Eingang zur Kirche und zum Innenhof des Gemeindezentrums von der Alexandrinenstraße

Der Hof, abgesondert, sehr still, ringsum von Gebäuden unterschiedlicher Höhe umgeben, ist Teil des Weges, der die Abschnitte der Siedlung miteinander verbindet. Die Kirche steht nicht abseits, schrieb Düttmann in seinem Erläuterungsbericht, sie steht am Weg. Wenn man sie heute besuchen will und sich nicht an Straßennamen orientiert, sondern nach Kirchenbau und Kirchturm Ausschau hält, findet man sie nicht sogleich. Die Wohnhäuser verdecken die Sicht. Biegt man dann allerdings in die Alexandrinenstraße ein und steht vor dem grauen, massigen Kirchenbau, so dringt die abgegrenzte Stille auch nach außen. Unterschiedlich große Kuben liegen schwer aufeinander und fügen sich zu einem Ensemble, dessen Orientierung nach innen sich dem Gefühl mitteilt, lange bevor man den Innenhof überhaupt betreten hat. Doch die ineinander- und übereinandergeschachtelten, schweren, kantigen Einzelteile der Anlage werden klein vor dem wuchtigen Kirchenbau, der, rundum geschlossen, grob und grau, wie ein großer, schwerer Körper inmitten der ihn umgebenden Bauglieder ruht. Kein Fenster unterbricht die geraden, wortkargen Wände. Ein Turm steht links herausgerückt, mit kleinen, stumpfen Fensteraugen, weniger ein Turm als ein Schaft auf quadratischem Grundriß; darüber, abgesetzt, ein Riesenwürfel als stumpfer Kopf. In den Nachrichten »aus dem Bistum« wird die Kirche, anläßlich ihrer Einweihung am 14. Mai 1966, eine Schutzburg genannt. So wirkt sie noch immer, trotz der Wegführung quer durch die Anlage, trotz der sie umgebenden gestaffelten Bauteile. Sie isoliert sich durch ihre monolithische Kraft.

Die Kirche ist ein Bau der Nachkriegszeit, in der die Menschen von den Bauten zweierlei verlangten: ein Dach über dem Kopf und die Hoffnung, es zu behalten, und die Erfüllung des Allernotwendigsten. Das macht die Bauten von damals manchmal so unbeholfen und so schwer. Diese einfachen Wünsche sind bewahrt in diesem Kirchenbau, wie anders die Augen heute auch sehen mögen. Der Eingang zur Kirche liegt versteckt, dunkel, unter der überdachten Durchfahrt zum Innenhof. Man betritt die Kirche von der Seite, durch eine schwere doppelflügelige Metalltür, mit einer doppelflügeligen Glastür dahinter.

Der Innenraum ist eine Basilika. Die Vorhalle, in die man von der Seite gelangt, ist offen verbunden mit dem Hauptschiff, nur ihre niedrige Decke – die Empore ist darüber – und die kleine Verlängerung zu einer Alltags-Marienkapelle auf der gegenüberliegenden Seite lassen sie als gesonderten Bauteil erscheinen. Der Blick fällt zuerst auf diese kleine Kapelle. Ein schmales Fenster, seitlich versteckt, läßt das Licht von Norden ein. Das Marienbild, das Düttmann damals als Notbehelf gemalt hat, es ist dort geblieben.

Der Turm ragt mit einer Wand in die Vorhalle hinein, doch die Verbindung zwischen Wand und Turm wird durch ein schmales, hohes Fenster zerschnitten. Die dreiläufige Treppe im Turm erschließt die Empore. Nach etwa zwanzig Schritten steht man in der Achse des Hauptschiffs – und nimmt die ganze Kraft des Raumes wahr. Mit lastender Schwere setzen sich die hohen, kargen, fensterlosen Wände auf je fünf dicke Pfeiler auf beiden Seiten. Dahinter liegen die geduckten Seitenschiffe. Die Außenwände der Seitenschiffe sind mit rötlichgrauen Ziegeln aus dem Trümmerschutt der Umgebung verblendet. Selbst wenn man dies nicht wüßte, es ist etwas Besonderes um diese Steine. Der Grauschleier von altem Mörtel ist geblieben. Es sind lebendige, traurige Steine.

So hoch der Raum auch ist, er streckt sich nicht nach oben, er lastet. Die sehr niedrigen Seitenschiffe halten ihn auf ihre Weise am Boden fest. Bis zur Höhe der Pfeiler zwischen dem Hauptschiff und den Seitenschiffen ist auch der Altarraum mit Trümmerziegeln verblendet. Über diese Zone wächst nichts hinaus. Die Menschen, die sich bewegen, die Bänke, auf denen sie knien, der Altar – eine große, schwere Mensa aus hellem Granit auf vier gemauerten Stützen –, die wenigen Bilder, alles ist gebannt in diese untere Zone. Darüber ist nur leerer Raum, eingeschlossen von Wänden, die, wie die Wände außen, durch eine Oberfläche aus angeworfenem, grobgrauem Zementputz still und stumpf gemacht wurden. Sie sind die Empfänger des Lichts.

Das Gehäuse ist ein einfacher Quader, überall gerade abgeschnitten. Der Altarraum erhielt die Breite des Mittelschiffs, drei raumbreite Stufen deuten eine Trennung an. Der Boden des großen Raumes ist mit Hirnholzpflaster gedeckt, man läuft wie auf einem befestigten Dorfplatz, die Bänke sind grob gezimmert aus hellem Holz. Aus Holzbrettern ist auch die flache Decke, die den Raum oben abschließt.

Es ist ein Raum beinahe ohne Eigenschaften – außer seiner Wucht, außer seiner Schwere, außer seiner fast erdrückenden Leere – wäre da nicht das Licht, dem der Raum alle Wirkung einräumt. Die ebene Holzdecke innen verdeckt die eigentliche Dachkonstruktion, ein Betondach mit doppelseitigen Sheds. Die senkrechten Glasflächen, in der ganzen Länge des Hauptschiffs, erhellen, ganz beiläufig, den Raum, sie machen die dunkle Kirche nach oben immer heller, sie füllen den dunklen, am Boden festgezurrten Bau von oben mit Licht. Die dramatische Geste ist

Blick auf Gemeindezentrum und Kirche von der Grünanlage gegenüber

Rückfront an der Alten Jakobstraße

ganz dem Seitenlicht auf der Wand hinter dem Altar zugewiesen, das, von Westen, durch einen raumhohen Fensterschlitz auf die Altarwand fällt. Dieses Licht, überhell auf der Seite des Fensters, allmählich dunkler werdend und verschluckt von der groben Putzwand, deren unregelmäßig-grobe Struktur man erst dort überdeutlich sieht, scheint hinein in diese stumpfe, schwere Kiste und macht sie zu einem heiligen Raum. Das einfache Holzkreuz, an zwei Stählen einfach in den Raum hineingehängt, trägt eine Christusfigur aus dem dreizehnten Jahrhundert. Das Licht auf der Altarwand macht, daß die schwebende Figur wirklich schwebt. Die Seitenschiffe, die ja nicht breiter sind als gewöhnliche Gänge, haben ihr eigenes Oberlicht in Form von Sheds auf beiden Seiten, jeweils an der Außenwand über die ganze Länge des Raumes geführt. So werden die Seitenschiffe zu hellen Flanken am Fuße der dunklen Halle.

1972 war Düttmann mit seinen Studenten in Les Baux. Es ist ein Steinbruch in der Nähe von Arles, der erste und mächtigste Fundort für Bauxit, nach dem das Tonerde-Gemenge seinen Namen erhielt. Der Steinbruch bildet überhohe Räume im Berg, mit geraden, fast weißen Wänden, weil man den Stein nicht herausbricht, sondern in geraden Blöcken abschneidet. Die aufeinanderfolgenden Räume, in die nur dort, wo man den Berg nach außen geöffnet hat, Licht von der Seite hineinfällt, bilden eine unterirdische Kathedrale. Von diesen ruhigen Hallen geht eine seltsam übermächtige Kraft aus. Düttmann war ganz benommen. Er hat Les Baux nicht gekannt, als er St. Agnes baute, doch er hat St. Agnes in den Steinbrüchen wiedererkannt.

Düttmann ist, Jahre später, wieder nach Les Baux zurückgekehrt, und wieder hat er diesen urtümlichen Schutzraum, der nicht gebaut wurde, sondern durch Aushöhlung entstanden ist, als urchristliche Basilika empfunden und mit seinem Kirchenbau verglichen. Denn genau das hatte er mit den Mitteln der Nachkriegszeit für die Menschen der Nachkriegszeit zu bauen versucht, einen selbstverständlichen Raum, aus geraden Wänden, grauem Putz und alten Steinen – aus ein bißchen Dreck und Spucke, sagte Düttmann –, der schwer und geschlossen und unzerstörbar und erhaben erscheinen sollte. Das Heilige, für das Düttmann einen tiefen Sinn hatte, bewerkstelligte er durch einen Streifen Licht von der Seite.

Die Steinbrüche in Les Baux

Innenraum der Kirche
Blick auf die Altarwand

Blick in den Innenraum

Hauptschiff und Seitenschiffe

Blick zurück von den Altarstufen auf das schmale Seitenfenster neben dem Glockenturm

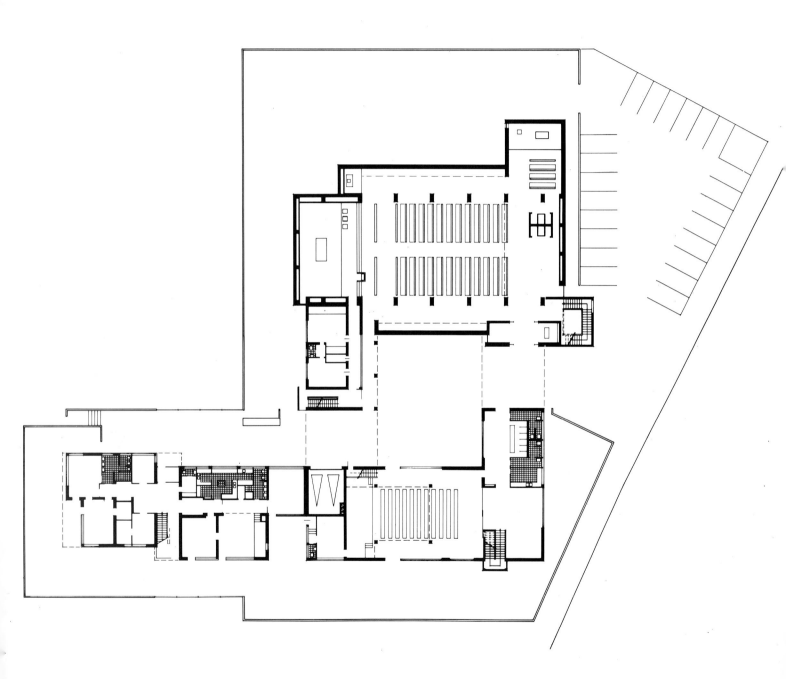

Erdgeschoßgrundriß von
Kirche und Gemeindezentrum
Maßstab 1:500
(Norden ist oben)

Obergeschoßgrundriß
Maßstab 1:500

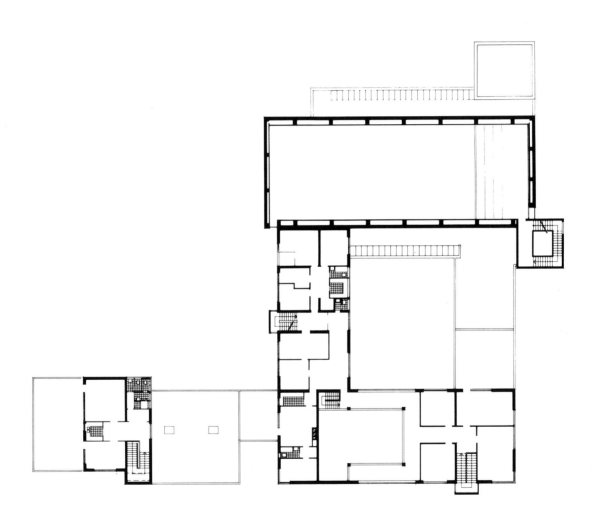

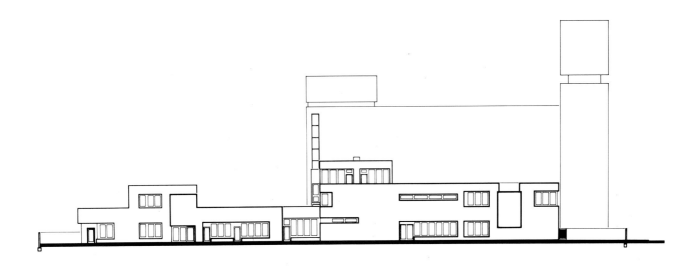
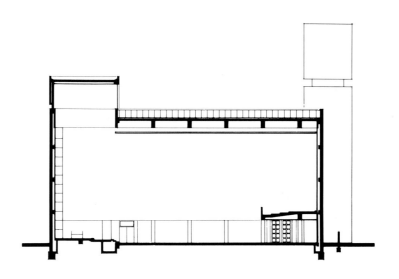

Oben:
Südansicht und
Westansicht
Maßstab 1:500

Unten:
Längs- und Querschnitt
durch den Kirchenraum
Maßstab 1:500

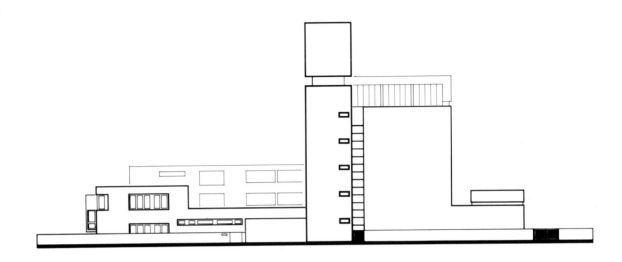

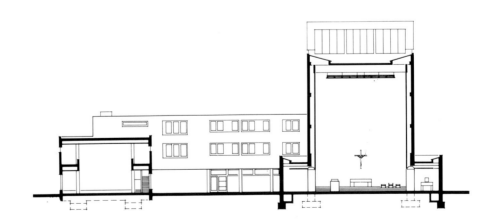

Ku'damm-Eck
1969–1972

Dietmar Steiner
Das Stadt gewordene Haus

Es gab eine Zeit, da begannen in den urbanen Zentren die Häuser selbst zu Städten zu werden. Sie umgaben sich mit einer kunstvoll überlegten, aber möglichst anonymen Hülle, wurden reine Bau-Masse und sandten nurmehr Lichtzeichen nach außen, auf die Straßen der „alten Stadt".
In diesen Stadt gewordenen Häusern konnte man kaufen und lustwandeln, essen und trinken, im Kino sitzen oder Sport treiben – kurz: einen ganzen Tag verbringen, jenseits des Wohnens. Das neue, Stadt gewordene Haus hatte Straßen und Plätze, hatte innere Fassaden vor ganz eigenständigen, unterschiedlichen Geschäften.
Diesem Programm, besser dieser Idee, verschrieb sich das Einkaufszentrum Ku'damm-Eck in Berlin, eines der ersten Stadt gewordenen Häuser in Deutschland. Ort für ein solches Programm war ein brachliegendes Eckgrundstück im neuen, urbanen und doch nie so benannten Zentrum West-Berlins, im dichten, wilden Dreieck zwischen Bahnhof Zoo und KaDeWe. Hier bildet es den dritten städtebaulichen Kristallisationspunkt am Tor des Kurfürstendamms. Da steht das Düttmannsche Ku'damm-Eck, gestaffelt und geschichtet, nicht definierbar als „Haus", ein reiner, abstrakter Körper, zusammengehalten von den Schichten und Rippen der weißen Metallfassade. Aufgenommen sind die Richtungen der Anschlüsse zu den vorhandenen Resten der Blockstruktur, zwangsläufig. Aber eigentlich in den Vordergrund tritt die Agglomeration des Gebäudes am Ku'damm-Eck durch eine große elektronische Reklamefläche. Diese ist das Zeichen, das Plakat, das Image, der Tympanon – die auf den Punkt gebrachte Information des Gebäudes über sich selbst.
Es ist diese machtvolle Anonymität, die dieses Gebäude außer Streit stellt. Gehört es doch zur Großstadtarchitektur der späten 60er Jahre, zu der wir heute wieder ein natürliches Verhältnis entwickeln können. Mag sein, daß wir Bauten wie diesen der Spekulation verdanken. Was aber wurde in diesem Einzelfall daraus gemacht?
Immerhin, es muß die Baustelle von 1969 bis 1972 einiges an politischem Protest gesehen haben, auf den Straßen davor. Das Ku'damm-Eck ist eigentlich mitten hinein gebaut worden, in den Aufbruch der Straße als politischer Raum. Und doch ist es in einem gegensätzlichen Sinne „fortschrittlich", weil es funktionell, typologisch und urban bereits die genaue Gegenwelt zur Eroberung der Straße bildet – es ist

Ku'damm-Eck
Haupteingang

ein Prototyp für die Einhausung urbanen Lebens. Und doch drückt das Ku'damm-Eck auch die andere Seite dieser Zeit aus: London, King's Road, Pop-Kultur, die Faszination der schnellen Massenmedien, lange Haare, Mini-Rock und der Plattenladen als soziales Zentrum. Jeder Laden nannte sich von nun an Shop oder Boutique; ein erstes Beispiel für das „Shop-in-Shop"-System war das Ku'damm-Eck. Zur selben Zeit also, als sich der politische Protest auch am Terror des Konsums festmachte, wurde städtebaulich das „Gehäuse" für eine neue Faszination am Konsum formuliert.

Der architektonische Ausdruck ist inzwischen ein denk(mal)würdiger Zeitzeuge. Eine weiße, industrialisierte Metallfassade, anonym und stolz auf ihre konzeptive Schweigsamkeit, abstrakte Figur aus Flächen und Schlitzen. Der Gestaltungsanspruch beschränkt sich auf die Gliederung des Baukörpers selbst; ästhetische Modernität verkörperte der hier perfekt realisierte „Mythos der runden Ecke" dieser Zeit. Das Plakat als Zeichen des Hauses ist ein flüchtiges Signal, von jeweils aktuellen Mitteilungen beschrieben. Stolz vermerkt die zeitgenössische Baubeschreibung dazu: „300 qm Lichtrasterwerbeanlage mit 5600 Glühlampen elektronisch gesteuert." Das Ku'damm-Eck von Werner Düttmann war absolut richtig und modern zu seiner Zeit, es mußte „durchtauchen" durch die Ideologie der 70er Jahre, um nun, am Beginn der 90er Jahre, als inzwischen historisch gewordenes Signal neu verstanden zu werden.

Im Inneren dieser Konsumwelt waren viele der avantgardistischen Träume dieser Zeit verwirklicht: Der schwarze Gumminoppenboden, die glasklaren Rolltreppen, Einbauleuchten in der Rasterdecke, die urbane Dichte, das Raumgerüst mit veränderbarem Plug-In-Programm. Das, was Archigram und all die anderen Visionäre vorweggezeichnet und vorweggeträumt hatten, das fand hier seine pragmatische Formulierung und Realisierung.

Das Düttmannsche Ku'damm-Eck ist ein architektonischer Zeitzeuge für eine die 70er Jahre bestimmende städtebauliche Ideologie. Eine ganz wesentliche Spur in der sich unentwegt fortschreibenden Schrift der Stadt. Aber schon heute finden wir die technoide Strenge im Inneren nicht mehr. Der harte Noppenboden ist überdeckt mit weichen Teppichen, das aggressive Glitzern und Funkeln wich einer gemütlichen Dämmerung. Mag sein, daß sich, bei verwirklichter Tyrannei der Intimität, sein Zweck einmal ganz auflösen wird, dann, wenn sich Urbanität telekommunikativ enträumlichen sollte, dann, wenn das Haus, das jetzt noch ein urbanes Futteral ist, sich als solches nicht mehr verwerten läßt.

Dann aber werden wir das Haus versuchen zu retten, um den gebauten Spuren einer Idee folgen zu können, die uns die urbane Kultur einer bestimmten Zeit erklärt und die wir für die Begründung unserer eigenen Biographie benötigen.

Die allerjüngste Geschichte aber hat das Ku'damm-Eck wieder zum Leben erweckt – und Düttmann wäre entzückt: am Wochenende nach dem 9. November 1989 drängten sich Tausende vor dem gegenüberliegenden Kranzler-Café, um auf der Leuchtwand in riesiger Schrift die Nachrichten über die sich jagenden politischen Veränderungen zu lesen – und zu bejubeln.

Blick von oben
auf die Gesamtanlage

Wandzeitung bei Nacht

Ecke Kurfürstendamm/
Joachimstaler Straße

Front am Joachimstaler Platz,
davor die Mehrzweck-Anlage
mit Verkehrskanzel von Werner
Klenke, Bruno Grimmek
und Werner Düttmann

Südostseite an der
Joachimstaler Straße

Shop-in-Shop-System
Läden und Wege im Inneren:
Die versetzten Etagen
Der Weg durch das Erdgeschoß
Die gegenläufige Treppe

Shop-in-Shop-System
Läden und Wege im Inneren:
Der offene Innenraum
Wege und Treppen
(ursprünglich mit schwarzem
Pirelli-Bodenbelag)
Das hohe Fenster zum Nebeneingang Augsburger Straße
Das System der Rolltreppen

Grundriß Basement
Maßstab 1:500

1 Ladenfläche
2 Supermarkt
3 Kiosk
4 Kino
5 Restaurant
6 Lastenaufzug für Anlieferungsebene
7 Müllraum
8 Haustechnik
9 Störmeldezentrale
10 Anlieferung
11 Einfahrt Tiefgarage
12 Küche

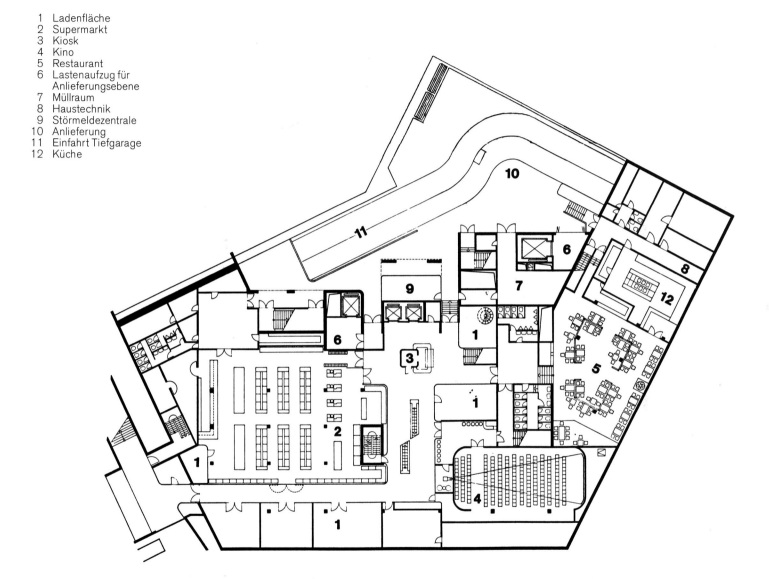

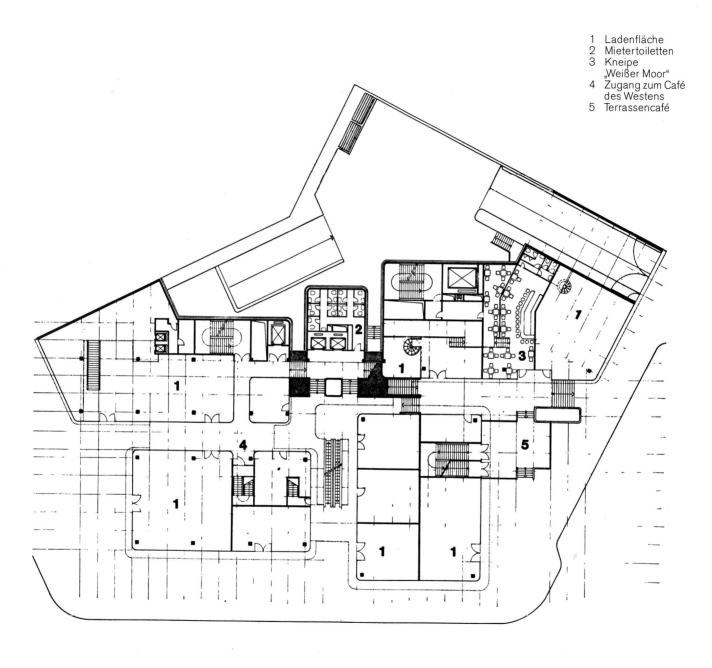

Grundriß Erdgeschoß
Maßstab 1:500

1 Ladenfläche
2 Mietertoiletten
3 Kneipe „Weißer Moor"
4 Zugang zum Café des Westens
5 Terrassencafé

Grundriß 4. Obergeschoß
Maßstab 1:500

1 Ladenfläche
2 Mietertoiletten
3 Küche Caféteria
4 Lastenaufzug und Stauräume
5 Personenaufzug
6 Müllraum

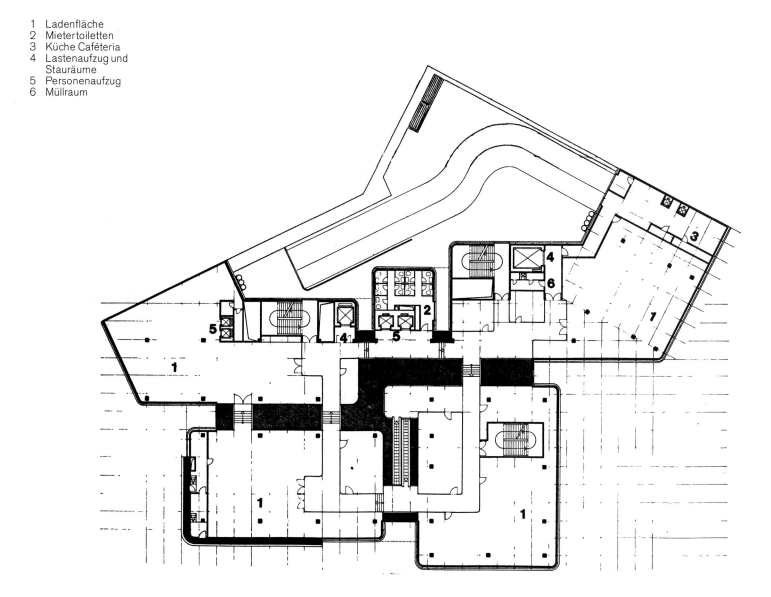

Grundriß 5. Obergeschoß
Maßstab 1:500

1 Bowling
2 Umkleide Bowling
3 Counter Bowling
4 Snack
5 Bar
6 Kiosk
7 Panoptikum
 (Eingangsebene)
8 Personalräume
9 Müllraum
10 Terrasse

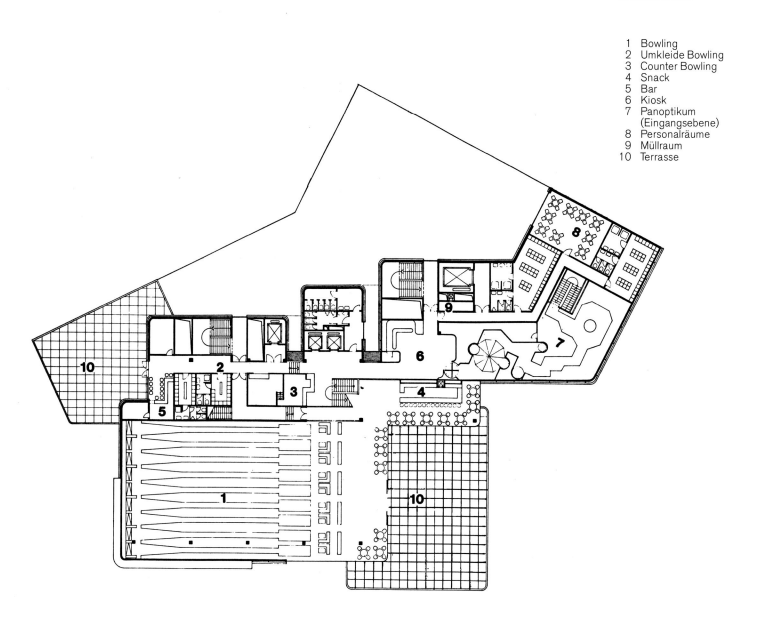

Schnitt Maßstab 1:500

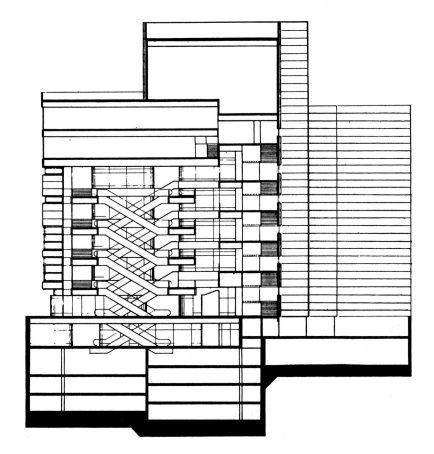

Baubeschreibung

Das „Ku'damm Eck" auf dem Grundstück zwischen Kurfürstendamm, Joachimstaler und Augsburger Straße (3500 qm) sollte Dienstleistungs- und Gastronomiebetriebe sowie Spiel- und Unterhaltungsstätten verschiedenster Art zur Verfügung stellen. Es galt, auf beschränktem Raum möglichst viele Schaufenster- und Verkaufsflächen unterzubringen. Der Architekt hat die erforderliche intensive Nutzung durch einen Kunstgriff erreicht. Er gliederte den sieben Obergeschosse umfassenden Baukörper horizontal in vier Teile, deren Fußbodenebenen um ca. ein Viertel Geschoßhöhe gegeneinander versetzt sind – und ersparte so ein Haupttreppenhaus, das er durch eine die Bauteile verbindende rampenartige Umgangsstraße mit Differenzstufen ersetzte. Zwischen den rückwärtigen Bauteilen liegt ein kleiner Aufzugskern, der die zentrale Rolltreppenanlage ergänzt. Die Bauteile sind miteinander verbunden um eine offene Mittelhalle gruppiert, so daß die bewegte räumliche Durchdringung durch alle Geschosse sichtbar bleibt. An den nach innen zurückspringenden Nahtstellen der Bauteile sind drei bis zum 5. Obergeschoß senkrecht durchgehende breite Fensterschlitze angeordnet. Sie belichten die Halle mit der an den verglasten Ladeneinbauten vorüberführenden Umgangspassage und bieten von den Übergängen wechselnde Ausblicke auf die städtische Umgebung. Die drei Vertikalfenster beziehen die Eingänge an jeweils einer der flankierenden Straßen mit ein und verdeutlichen so die dem Raumgefüge entsprechende äußere Gliederung des Baukörpers. Hinzu kommen noch horizontale Fensterbänder, die von der Innenpassage her durch die verglasten Läden sichtbar sind und auch an den Außenfronten des Baus erkennen lassen, wie die Geschosse gegeneinander versetzt sind.
Konstruktion: Unterbau bis Erdgeschoß: Stahlbetonkonstruktion mit Stahlstützen und Pilzdecke. Oberbau ab Erdgeschoß: Stahlkonstruktion mit im Verbund wirkenden Stahlbeton-Fertigplatten. Außenwandverkleidung: kunststoffbeschichtete Alu-Blechelemente. Werbefläche: 300 qm Lichtrasterwerbeanlage mit 5600 Glühlampen elektronisch gesteuert (heute verändert).
Innenausstattung: Fußböden: schwarzer PVC-Fußbodenbelag mit runden Noppen. Ladeneinbauten: Stahlkonstruktion mit dunkel eloxiertem Aluminium verkleidet. Beleuchtung: Einbauleuchten in einer Rasterdecke.
(A. Lancelle, aus: Architektur + Wohnwelt 2/73)

**Kirche St. Martin
1969–1975**

Bernhard Obst, Pfarrer von St. Martin
Eine Kirche im Märkischen Viertel

Der Bau der katholischen Kirche im Zentrum des Märkischen Viertels – Grundsteinlegung 10. Oktober 1970 und Einweihung 7. Oktober 1973 – lag Werner Düttmann sehr am Herzen. „Wenn es möglich wäre, möchte ich hier im Innenraum der Kirche unter den Fußbodenplatten einmal begraben sein, wie das so früher in den alten Domen für einen Baumeister nicht unüblich war. Aber das läßt unsere heutige Friedhofsordnung sicher nicht zu." Das sagte mir Werner Düttmann eines Tages, als der Bau fast vollendet war. Nach der Fertigstellung der Kirche hat er sich einen Schlüssel der Seitentür von mir erbeten: „Ich möchte da immer wieder mal reingehen, vielleicht zu ungewöhnlichen Zeiten." Als Ausdruck der Verbundenheit zur St. Martins-Kirche und zur Gemeinde im Märkischen Viertel hat Werner Düttmann dann auch die Marien-Statue gestiftet, die ‚Bäuerliche Madonna aus Umbrien um 1400'. „Die steht hier besser als bei mir zu Hause". Ich sehe ihn noch vor mir, wie er eigenhändig das Bildwerk in die Kirche schleppte.
Der Kirchenbau, wie ihn Düttmann in Stahlbeton mit großen Spannweiten – ohne Fenster, nur durch die Oberlichter sparsam erhellt – konzipiert hatte, entsprach sicher nicht den Erwartungen der Bürger dieses Neubaugebietes. „Diese Erwartungen," so schrieb mir gelegentlich Düttmann, „sind von den Erfahrungen geprägt, die der Betrachter in anderen Kirchen gesammelt hat. Viele dieser Kirchenräume sehe ich vor mir. Sie sind allzuoft eine Anhäufung anspruchsvoll vorgeführter ‚Kunststücke', die das ‚Besondere' preisen wollen, dazu vollgestopft mit Allzuvielem. Ich frage mich manchmal, wie ein Mensch in all diesem Gott, oder auch nur Ruhe, Ernst oder Heiterkeit oder auch nur sich selbst finden soll." Als Architekt äußerte er ganz bescheiden die Bitte, es mögen die Gemeindemitglieder die Kirche ohne ein schnelles ‚Vor'-urteil in Gebrauch nehmen und unvoreingenommen auf sich wirken lassen.
Nun, das ist geschehen. Die Breite des Kirchenvolkes in den siebziger Jahren hat den beeindruckenden ‚Raum', um den es Düttmann ging, sehr schnell angenommen. Für die jüngeren Gottesdienstbesucher war das fast selbstverständlich, und für die älteren war das eben ‚modern'. Mit dem Beton, so tröstete sich mancher, mußte man im Märkischen Viertel ohnehin leben, und „was anderes paßt hier gar nicht her", so höre ich noch einen jungen Mann reden. Als besonders angenehm wurde von Anfang an die reiche Holzausstattung des Innenraumes empfunden.

Kirche St. Martin
Haupteingang

In hellem Fichtenholz ist die Decke großflächig abgehängt, die Kirchenbänke erscheinen rustikal und der Altar, das Lesepult und die Sedilien sind ebenfalls aus dem gleichen Holz. Die spätere Ausstattung des Raumes mit den vierzehn Kreuzwegstationen von Jakob Adlhart an den Seitenwänden aus Zirbelkiefer hat das angegebene Thema überzeugend fortgesetzt.

Eine Kirche eingeengt durch die sie umgebenden Hochhäuser war von Düttmann gedacht und verwirklicht als der ‚andere Raum', wie er es selber sagte. Vom gelegentlichen Besucher, der tagsüber vom Vorraum aus in die Kirche hineinschaute, habe ich es wiederholt gehört: „Die Kirche ist ja so leer." Mein Hinweis stets: „Kommen Sie wieder am Sonntag Vormittag, wenn der Raum bis auf den letzten Platz gefüllt ist." Die St. Martins-Kirche will kein ‚Kirchen-Museum' sein, und sie soll es auch nie werden. Sie ist der Raum, der die Menschen einlädt, ihn zu füllen. Der Raum, der Platz gibt, damit sich in ihm die Gemeinde um den Altar versammeln kann. Der aber auch dem einzelnen Besucher Stille anbietet, indem er ihn mit seinen hohen und breiten Wänden vom Lärm des Alltags abschirmt.

Fast zwei Jahrzehnte lebt die Gemeinde mit dem Gemeindezentrum und dem Kirchbau Werner Düttmanns. Viele Gemeindemitglieder, die die Entstehung des Gebäudekomplexes miterlebt, die durch ihr persönliches Opfer den Kirchenbau mitgetragen haben, sind weggezogen. Die Fluktuation in einem Neubaugebiet des Sozialen Wohnungsbaues ist überall überdurchschnittlich groß. Eine neue Generation nimmt vom Märkischen Viertel Besitz, die für das, was man ‚modern' nannte, keinen unmittelbaren Zugang findet. Dem Bedürfnis dieser Neubürger folgend wird an vielen Stellen des Märkischen Viertels ‚nachgebessert'. Sicher könnte sich manches Bauwerk – davon sollte die St. Martins-Kirche nach Meinung zahlreicher Gemeindemitglieder nicht ausgeschlossen sein – etwas freundlicher nach außen darstellen. Nur was Düttmann ‚die Anhäufung anspruchsvoll vorgeführter Kunststücke' nannte, soll auch nach Meinung der Kirchenbesucher heute unterbleiben. Das ‚nur Dekorative', das Verkleiden eines Baukörpers, die äußere Gefälligkeit entsprechen nicht dem Wesen, der Bedeutung und den Aufgaben eines Kirchenbaues. Die St. Martins-Kirche muß der ‚andere Raum' bleiben. Er ist die notwendige Alternative zu den Räumen, die, aus welchen Gründen auch immer, dem Besucher nur gefallen sollen.

Werner Düttmann
Der andere Raum

Um den Marktplatz im Märkischen Viertel gruppieren sich Kaufhäuser, Läden, Kneipen, Kino und Hallenbad, die Schule und das Gemeinschaftshaus. In einem solchen Ensemble, dessen Vielfalt auf Betrieb und Getriebe, auch Begegnung und Aktionen jeglicher Art angelegt ist, sollte die Kirche nicht fehlen. Sie ist der „andere Raum", der Raum der Stille, der Besinnung, der „leere Raum", in den man aus dem Trubel heraus eintreten kann, um dem anderen zu begegnen, das sich draußen leicht verliert, vielleicht um für einige Augenblicke sich selbst zu begegnen. Um diesen „anderen Raum" herum, als den ich den Kirchenraum ansehe, bedarf es der geschlossenen Wand, die gleichsam diesen anderen Raum gegenüber der übrigen Welt abgrenzt und schützt. Es bedarf der Überdeckung großer Spannweiten. Dafür ist Beton ein sehr geeignetes Material. Andere Zeiten haben den Stein benutzt und Gewölbe geformt. Das aber bedingt, daß die Wände Fenster haben, weil man Gewölbe kaum durchbrechen kann, ich aber wollte, daß das Licht von oben in diesen Raum fällt, daß der Raum sich nach außen völlig abschließt und zum totalen Innenraum wird. Ich glaube, es macht die Stille deutlicher. Ich finde es notwendig oder folgerichtig, daß sich dieses in der äußeren Erscheinung durch die Geschlossenheit der Betonwände darstellt.

Zur Funktionalität im Innenraum ist wenig mehr zu sagen, als man ohnehin beim Betreten der Kirche erkennt. Das vis à vis von Altarraum und Gemeindelanghaus ist im Sinn der jüngsten liturgischen Bestrebungen verlassen worden. Die Gemeinde gruppiert sich in drei Sitzblocks um den weit in den Raum vorgezogenen Altar. Die Marienkapelle ist abgedeckt durch die darüberliegende Empore und bildet so für die vielfältigsten Anlässe einen intimen niedrigen Bereich, der durch Schiebewände zum in die Höhe strebenden Kirchenraum abgetrennt werden kann. Was galt als angemessen in der Zeit der Gotik, des Barock, des Klassizismus, was ist es heute? Die Antwort auf diese Frage und die Auffindung der gestalterischen Mittel sind das eigentlich Künstlerische im Tun des Architekten. Die Qualität eines Raumes kann durch sehr einfache Elemente bestimmt werden wie: Proportionen der Bauteile zueinander, Gestaltung der Decke, Führung des Lichtes, Neigung des Bodens, Wahl des Materials und ähnliches. Ob unser Kirchenraum ein Kunstwerk ist oder nicht, hängt nicht von meinem Anspruch ab, den ich nicht erhebe, sondern von der Wirkung, die er auf andere ausübt.

Die Kirche an der Ecke zum Marktplatz

Wochenmarkt vor der Kirche

Die ineinandergeschobenen Kuben von Gemeindehaus und Kirche. (Die Birken hat der Architekt mit Kindern und Freunden gepflanzt.)

Kindertagesstätte und
Schulräume

Fassade des Altenwohnheims
am Wilhelmsruher Damm

Oberlicht über dem Altarraum

Der zentral angelegte Kirchenraum

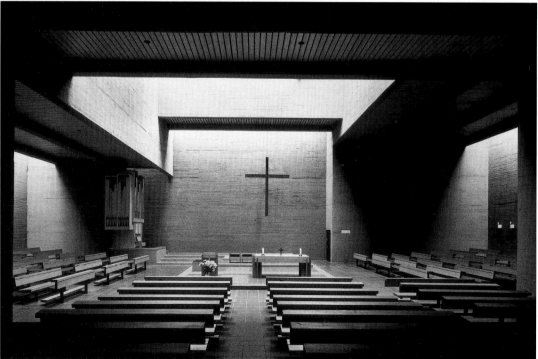

Blick zur Seitenkapelle mit Marienaltar

Baubeschreibung

Kirche und Gemeindezentrum St. Martin liegen am Rande des Zentrums im Märkischen Viertel. Im westlichen und südwestlichen Teil befindet sich ein Altenwohnheim, das entlang des Wilhelmsruher Damms im Erdgeschoß Läden aufnimmt. Im nördlichen, östlichen und südöstlichen Bereich sind die Kindertagesstätte, die Kirche St. Martin und das Gemeindezentrum untergebracht. Über der Kindertagesstätte liegen die Klassenräume der Salvator-Filialschule, über dem Gemeindezentrum Wohnungen.

Das Innere des Blockes gliedert sich in einen Gartenbereich, Spielflächen und einen Pausenhof für die Schulräume.

Das Äußere der Kirche wird bestimmt durch fensterlose Würfel aus schalungsrauhem Beton, die in unterschiedlichen Dimensionen ineinandergreifen. Genau an der Ecke des Marktplatzes ist der rechteckige Turm mit eingeschnittenem Kreuzzeichen eingegliedert. Der Zugang ins Innere führt durch einen Vorraum im Turm in einen zweiten unter der Empore, von wo man entweder in die Marienkapelle oder in den zentral angelegten Gottesdienstraum gelangt. Der Grundriß des Kirchenraumes ist aufgebaut auf der Form eines gedrungenen Kreuzes; zur zentralen einstufigen Altarinsel führen die Räume der Kreuzarme in sanfter Bodenschräge hinunter. Über dem Altar steigt der Raum am höchsten auf, von oben fällt Licht aus sichtbar gelassenen Flachdachfenstern herab. In das Oberlichtquadrat ist ein kleineres quadratisches Deckenelement in freitragende Betonunterzüge eingespannt. Wie alle Decken des Kirchenraumes ist es mit Holzriemen verkleidet. Holz und weißlich getünchter Sichtbeton sind die einzigen Materialien und Farben. Die Umfassungswände sind alle fensterlos und erhalten Licht von oben durch schmale, liegende Dachfenster.

Entscheidend für die Raumbildung des Kirchenraumes ist das Prinzip der Versetzung der Teile, der Raumhöhen, der Wandabmessungen: Dadurch entsteht ein Zentralraum, dessen Rechtwinkligkeit in Bewegung gesetzt scheint.

Grundstücksgröße: 7346 qm
Bauzeit: 1970–1973
Grundsteinlegung: 10. Oktober 1970
Kirchenweihe: 7. Oktober 1973
Baukosten: 5,6 Mio DM

Grundriß der Gesamtanlage
Erdgeschoß
Maßstab 1:500
(Norden ist oben)

Ansicht von Osten
Maßstab 1:500

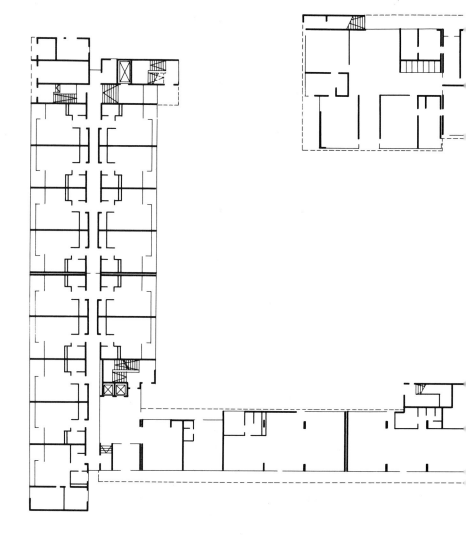

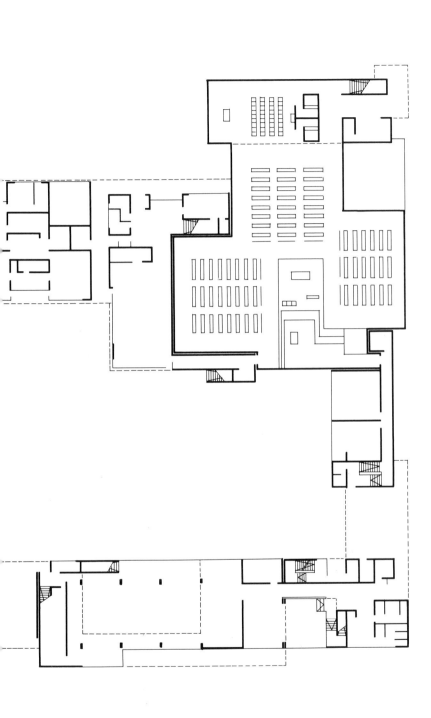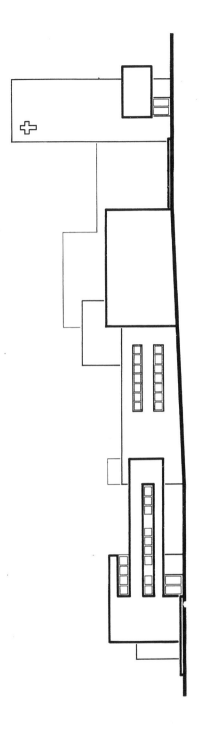

Grundriß der Gesamtanlage
1. Obergeschoß
Maßstab 1:500

Längsschnitt durch den
Kirchenraum
Maßstab 1:500

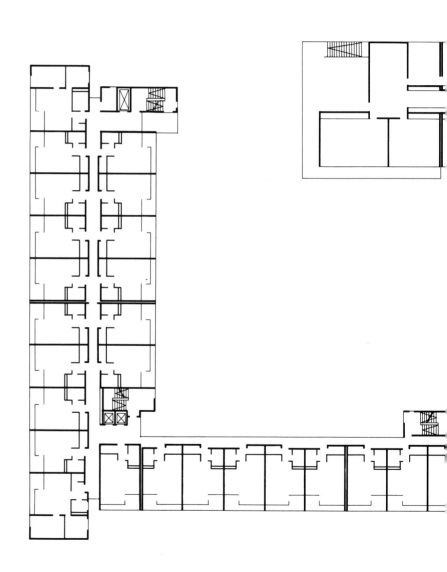

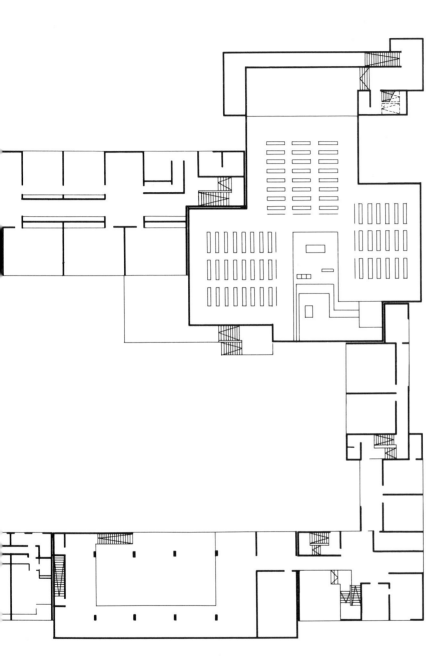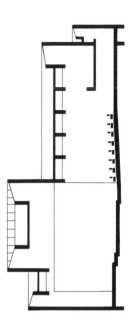

**Präsident
der Akademie der Künste
in Berlin
1971–1983**

Werner Düttmann mit ...

... Henry H. Reichhold und
Hans Scharoun

... Elisabeth Killy

Tischrunde mit Uwe Johnson,
Werner Düttmann und anderen

... Margit und Hans Scharoun

Akademie der Künste, Eingang

In den Clubräumen
der Akademie der Künste,
Theodor Heuss,
Hans Düttmann,
Werner Düttmann

... Hans Scharoun und anderen,
Arbeitssitzung im Clubraum der
Akademie der Künste

... Konrad Adenauer

... Eleanor Dulles

Fest der Akademie
in Düttmanns Garten

... Theodor Heuss

Beisammensein zum
10. Todestag von Hans Scharoun
in der Akademie

... Hans Mayer

... Zbigniew Herbert

... Reiner Kunze

... Walter Huder

1971–1983

Werner Düttmann
25 Jahre Akademie der Künste

Die ersten 25 Jahre im Leben sind eine kurze Zeit. Man gerät von der Geburt bis hin zum jungen Mann oder zur jungen Frau. Man blickt nicht zurück, sondern ist voller Erwartung. Das Leben liegt immer voraus.

Anders aber ergeht es Institutionen. Sie gründen sich auf tausend Jahre – das sind zehn hundertjährige Gründer oder zwanzig fünfzigjährige. Institutionen sind immer in ihrem Anfang schon alt – und noch älter, wenn sie sich, wie diese Akademie, auf Tradition berufen können. Hier wird kein Herz in die Zukunft geworfen. Hier wird Gegenwart vorgestellt und festgehalten, und die Vergangenheit sitzt immer mit am Tisch. Erfahrung zeichnet die Gesichter derer, die hier zusammentreffen, Erfahrung in Freude und in Leid. Gradlinige Straßen kreuzen verschlungene Wege, Widersprüche münden im Gemeinsamen. Ab und zu streckt einer wie Jean Améry seine Füße unter den Tisch und spricht mit Uwe Johnson, der auf einem ganz anderen Weg hierher kam, und fühlt ein Stück Zuhause, wie er sagte, das er nicht mehr erwartet hatte, am wenigsten in Berlin.

Dieser Band soll von den Begegnungen und von den vielen Gesichtern erzählen. Er ist eine Art Familienalbum zur Silberhochzeit. 25 Jahre Akademie der Künste – die meisten der Gründungsmitglieder sind tot. Die ihnen folgten, werden langsam alt. Es sitzen schon die Enkel mit am Tisch und mit ihnen neue Hoffnungen.

Doch wenn wir zurückblättern zu den Begegnungen von damals und den Gesichtern derer, die damals ihre Hoffnung zum Inhalt ihres Handelns machten, wie Hans Scharoun, berührt uns die Vergangenheit als immer noch wirksamer Teil der Zukunft. Alle standen immer im Wind, die hofften, die Welt zu verändern mit ihrer Kunst. Und der Wind hat sie jung gehalten.

Jeder ist jung, dessen Geist offen ist für das Kommende oder dessen praktischer und den Menschen zugewandter Sinn das Heutige bewältigt, wie z.B. der gute Kobold aus dem Kreis der Mitarbeiter, der für schußlige Genies das gewünschte zweite Kopfkissen, die Konzertkarte, die Reiseabrechnung oder auch nur das Taxi besorgt – kurz die notwendige Erledigung all dessen, was den Geist freisetzt für die andere Anstrengung: die Kunst.

Vorwort zu: Akademie der Künste 1970–1979,
Band 3 Begegnungen Berlin 1979.

Pause während der
Mitgliederversammlung

Hans Mayer
Drei Präsidenten und eine Akademie

Am besten hat er selbst ausgedrückt, was hier zu seinen Ehren und zu seinem Gedenken erörtert werden soll. Im Vorwort zum Band „Begegnungen", der Augenblicksbilder aus den ersten 25 Jahren unserer Akademie einzuleiten hatte, als „eine Art Familienalbum zur Silberhochzeit", wie Werner Düttmann schreibt, benannte er sehr genau den Sinn unseres Tuns und unserer Gemeinsamkeit. Nämlich so: „Hier wird kein Herz in die Zukunft geworfen. Hier wird Gegenwart vorgestellt und festgehalten, und die Vergangenheit sitzt immer mit am Tisch. Erfahrung zeichnet die Gesichter derer, die hier zusammentreffen, Erfahrung in Freud und Leid. Gradlinige Straßen kreuzen verschlungene Wege, Widersprüche münden im Gemeinsamen."
Man kann es nicht besser sagen. So lassen Sie mich heute und an dieser Stelle von diesem Gemeinsamen sprechen, den Widersprüchen also zwischen uns, die im Gemeinsamen münden sollten und wohl auch münden durften. Weil da drei Männer gewesen sind, die ich zusammen nennen möchte. Sie haben mitgeholfen, dies Gemeinschaftswerk von uns allen zu prägen. Darum soll auch von ihnen selbst als einer Gemeinsamkeit gesprochen werden. Auch einer Gemeinsamkeit mit ihren Widersprüchen.
Von Hans Scharoun also, von Boris Blacher, von Werner Düttmann.
Einer Trauerfeier im trivialen Sinne hätte sich jeder von den Dreien widersetzt. Sie alle waren, und das gehört zu ihrer Leistung, empfindsam, doch nicht gefühlvoll. Sie waren wirkliche Künstler. Beethoven wurde zornig, als die Zuhörer bei seinem Klavierspiel in Tränen ausbrachen. Er meinte: „Künstler sind feurig. Die weinen nicht."
Etwas geht zu Ende, das wissen wir. Vielleicht ist es schon zu Ende gegangen. So lassen Sie mich diese gewordene Gegenwart, die vielleicht ein Neues ankündigt, ganz sicher aber auch eine Endzeit, benennen und deuten. Eingedenk der Formel Werner Düttmanns: „... und die Vergangenheit sitzt immer mit am Tisch."
Unsere Akademie hätte sehr rasch scheitern können: schon bald nach ihrer Gründung im Jahre 1954. Vieles ist damals, zusammen mit dieser Akademie der Künste, im westlichen Berlin geplant und gegründet worden und schleppt sich seitdem durch die Jahre: mal nützlich, mal bloß in Form des Weiterwurstelns. Die Akademie entstand im Zeichen einer schroffen Antinomie nach dem Freund-Feind-Schema. Ein kaltes Klima in einem Kalten Krieg, das wissen wir alle noch. Im Ostteil der Stadt hatte sich das Akademiegebäude am Pariser Platz befunden. Das war zerstört. Die Regierung einer Deutschen Demokratischen Republik beschloß eine Gründung, die als Wiedergründung gedacht war und als Fortsetzung. Fortsetzung jener Preußischen Akademie der Künste, die im Jahre 1933, vor fünfzig Jahren, als Institution versagt hatte, gescheitert war. Man hatte den Präsidenten der Sektion Dichtung, Heinrich Mann also, zum Rücktritt gezwungen, um ihn nicht hinauswerfen zu müssen. Nun sollte er, auf Einladung der DDR, am Robert-Koch-Platz nicht bloß eine wiederbegründete Sektion der Literatur leiten, sondern als Präsident der Gesamtakademie amtieren. Heinrich Mann hat die Einladung angenommen, wie man weiß. Er starb am 12. März 1950: mitten in den Vorbereitungen zur Reise und zur Rückkehr.
Unsere Akademie war eine *Gegengründung.* Da soll nichts beschönigt werden. Sie schien die Zweiteilung der Künste in Berlin festschreiben zu wollen. Darin war ihr die Institution am Robert-Koch-Platz vorangegangen. Ungern übrigens, und aus Zwang. Es gelang ihr nicht, oder kaum, die bedeutenden Künstler aus West-Berlin und aus der Bundesrepublik Deutschland als Mitglieder zu gewinnen. Doch es gab Brecht und Arnold Zweig, Peter Huchel und Stephan Hermlin, Hans Eissler und Paul Dessau und Rudolf Wagner-Régeny. Es gab auch bereits drüben einen Platz für die Künstler des Films.
Als unsere Akademie begründet wurde im Jahre 1954, durfte sie sich gleichfalls auf Kontinuität berufen: auf die Neubegründung einer Akademie des Staates Preußen, den es nicht mehr gab. Vermutlich mit größerer Berechtigung, wie man heute sagen darf, als die Institution am Robert-Koch-Platz. Trotzdem waren die Anfänge glücklos. Sollte hier in West-Berlin ein Antagonismus der deutschen Künstler und Künste für eine nahe, vielleicht auch fernere Zukunft fixiert werden? Mittelfristig sogar, wie die Kaufleute gesagt hätten? Etwa nach dem Schema: Benn gegen Brecht, Expressionismus gegen Sozialistischen Realismus, so daß die Ideologen einer offiziellen Ästhetik östlicher Doktrin mit dem beliebten Dualismus von westlicher Dekadenz und östlichem Fortschritt hätten manipulieren können?
Dazu ist es nicht gekommen. Keiner von uns hat das gewollt, und es ist auch keiner hinzugewählt worden, der solchem Antagonismus hätte dienen wollen. Im Gegenteil. Die bedeutendste Leistung unserer Akademie scheint mir darin zu liegen, daß wir, weit entfernt von allem Abgrenzungsdenken der Anfänge,

eine Öffnung vollzogen haben, die bisher, soweit ich sehe, ohne Beispiel ist in der Welt der Akademien. Dies ist keine Akademie des Westens, die errichtet wäre gegen den sogenannten Osten. Erst recht keine Akademie von West-Berlin gleichsam als ästhetischer Vorposten gegen die „Anderen". Es kam bald, im Verlauf von Zuwahlen, zu Doppelmitgliedschaften: mit Peter Huchel und Rudolf Wagner-Régeny oder Paul Dessau. Auch dies gibt es heute nicht mehr: die ordentlichen und die außerordentlichen Mitglieder. Mit gleichen Rechten arbeiten sie zusammen in den Abteilungen und im Plenum: György Ligeti und Aribert Reimann oder Josef Tal aus Jerusalem. Pierre Bertaux aus Paris und der Engländer Michael Hamburger und Christa Wolf oder Günter Grass.

Nach wie vor sitzt die Vergangenheit mit am Tisch. Wenn es anders kommen konnte, als manche Planer in Amt und Würden, hüben wie drüben, im Deutschland und auch im Bereich der großen Politik, projektiert hatten, in jenen frühen Fünfziger Jahren, so danken wir es unseren drei Präsidenten. Von denen ich jetzt noch genauer sprechen darf. Ich habe in den bald neunzehn Jahren meiner Mitgliedschaft mit ihnen arbeiten dürfen. Jeden von ihnen sehe ich hier im Saal in manchen Episoden: rührend und heiter, erzürnt und begeistert. Widerspruch über Widerspruch zwischen ihnen, und doch verstehe ich sie als eine Einheit. Sie haben geschaffen, was von uns nun *bewahrt und verteidigt* werden muß.

Es macht Freude, an sie zu denken: an drei bedeutende Menschen, die mithalfen, unser Haus in seiner heutigen Gestalt zu errichten: im unmittelbaren wie im übertragenen Sinne. Hans Scharoun, Boris Blacher, Werner Düttmann. Lassen Sie mich von ihnen sprechen. Von dem, was sie einte, und auch von dem, was sie von einander unterschied.

Für HANS SCHAROUN wäre es undenkbar gewesen, die Geschicke einer Institution zu leiten, die auf dem Reißbrett der Politik entworfen wurde nach dem kalten Freund-Feind-Schema. Unsere Leute und eure Leute. Als Scharoun im Februar 1955, nach einer konstituierenden Mitgliederversammlung, zum Präsidenten gewählt wurde, spürte man noch allenthalben in der Welt die Fröste eines Kalten Krieges. Ich nahm ein paar Monate später in Wien am Internationalen Kongreß des PEN-Klubs teil, als einer, der angeblich aus der Kälte kam, nämlich vom Ufer der kleinen Pleiße, und ich bekam es, ganz wie die anderen Mitglieder unserer Delegation, zu spüren. Unsere Leute und eure Leute.

Scharoun hatte gleich nach Kriegsende mit allen Kräften versucht, dieses politische Manichäertum – hier das Grundgute, dort das Grundböse – zu verhindern. Er war nach dem russischen Einmarsch und nach den Anfängen eines Neuanfangs in Berlin als Stadtrat und Leiter der Abteilung für Bau- und Wohnungswesen von Groß-Berlin tätig geworden. Neben der Sorge für das Essen war das die wichtigste Aufgabe. Ich habe dann, im August 1948, gemeinsam mit Scharoun die Reise nach Polen unternommen, zum Breslauer Kongreß der Intellektuellen, der mit so vielen Hoffnungen erwartet worden war und den eine einzige Rede des Russen Fadejew, die freilich von Stalin selbst autorisiert wurde, nach ein paar Minuten sinnlos machte. Ich sehe noch das traurige Gesicht unseres Freundes bei der Fahrt durch Schlesien. Breslau: Das war für den Mann aus Bremen ein Teil seiner Jugend und seiner einstigen Hoffnung. Und auch jener „Entwürfe", die immer wieder abgelehnt wurden. Es brauchte lange Zeit, bis man den genialen Baumeister zu erkennen vermochte.

Man hat sich vor seinen Bauten oft mit der Vokabel „organisch" zu helfen gesucht. Richtig ist daran, daß Scharoun, der Baumeister wie auch der Präsident unseres Hauses, tief durchdrungen war vom Keplerschen Gedanken einer harmonia mundi. Als ich ihn beobachten durfte, damals auf der Reise in Schlesien, die uns auch nach Auschwitz führte, stellte ich mir ihn vor als einen Schlesier aus dem 17. Jahrhundert. Fast wie den Schuster und tiefsinnigen Denker Jakob Böhme, der den Blick gebannt auf die Schusterkugel gerichtet hält. Um was zu erblicken?

Ich habe diesen Mann, der um vierzehn Jahre älter war, bewundert und verehrt. Er hat es wohlwollend zugelassen. Das war nicht leicht in den Anfängen, denn Scharoun mußte man lernen. Vor allem aber mußte man seine Sprache lernen, die sich nicht leicht erschloß, doch sehr genau war, wenn man folgen konnte. Scharoun sprach Stenographie.

Als unser Präsident hat er in dreizehn Jahren, neben den großen Bauten, die er damals aus kleinen Formvisionen entwarf, am geheimen Konzept einer Harmonie der Künste und der Künstler gearbeitet. Was er wollte, war ihm klar, es ist auch uns heute ersichtlich geworden, wenngleich der Meister darauf wenig Worte verwandt hat in der Öffentlichkeit. Er mißtraute unserem Sprechen, versuchte aber nicht, im Gegensatz zu seinem Freunde Martin Heidegger, ein neues Sprechen zu ersinnen. Für den Umgang mit den Freunden genügte die gesprochene Stenographie.

Sein harmonikales Denken und Bilden, soweit es unser Haus betraf, die Akademie der Künste, wird am ehesten verständlich, wenn man Scharouns Amtszeit zwischen 1955 und 1968 als Ablauf der Krisen und Bedrohungen nachvollzieht. Die West-Berliner Akademie wurde ein Jahr nach dem 17. Juni 1953 gegründet. Zu welchem Ende, das wurde bereits angedeutet. Rebellion in Polen und Ungarn im Herbst 1956. Ultimatum Chruschtschows und stetige Sorge um die Souveränität dieses Stadtstaates. Eine Mauer wird errichtet. Prager Frühling 1968, und was daraus werden sollte.

Scharouns Vision von einer Harmonie der Künste und der Künstler bewirkt im selben Zeitraum eine freundliche und ernst gemeinte Zusammenarbeit mit jener anderen Akademie zu Berlin: am Robert-Koch-Platz. Doppelmitgliedschaften sind möglich. Das Gegenteil des Freund-Feind-Schemas. So entsteht der Geist einer Akademie. Wenn wir einmütig beschließen konnten, was einzigartig geblieben ist bisher in der Welt der Akademien, daß es *nur eine Mitgliedschaft* geben darf unter uns, keine Scheidung nach Ordentlichem und Unordentlichem, so handelten wir im Geist unseres ersten Präsidenten. Sein Beispiel hatte uns belehrt.

BORIS BLACHER war ganz gewiß kein Mann aus dem 17. Jahrhundert, wenngleich es ihm vermutlich nicht mißfallen hätte, am Hof von Versailles als Directeur der musikalischen Unterhaltungen und anderen Divertissements zu amtieren. Dieser von der Mathematik faszinierte Musiker, der zuerst die Baukunst studieren wollte und in China zur Welt kam, war unschätzbar für uns als Mitglied wie als Präsident, weil er eigensinnig daran festhielt, daß Kunst mit dem *Spielen* zu tun hat: als Bestätigung des Homo ludens sowohl beim Kunstschaffen wie beim Kunsterleben. Ich habe ihn immer als Aufklärer und Ironiker verstanden. Auch dort, wo er sich tragische Sujets wählte. In seinem Nachruf auf Blacher hat Nicolas Nabokov sehr stark die russischen Elemente im Empfinden seines Freundes hervorgehoben. Ich habe stets ein romanisch-lateinisches Element in Blachers Künstlertum verspürt. Freude an allen Arten des Spielens; das Lachen des Ironikers, nicht ein Gelächter der Schadenfreude, das so häufig ist in Deutschland.

Als Präsident hat Boris Blacher, dieser elegante und noble Mann, durch sein Beispiel wie durch seine oft fast unmerklichen Entscheidungen, mitgeholfen, den Geist einer zänkischen Rechthaberei und eines falschen Tiefsinns zu vertreiben, der jener Preußischen Akademie in den Jahren vor 1933 zum Verhängnis geworden war. Bei uns durfte gelacht werden: auch wenn man scharf mit Argumenten gegeneinander antrat. Im Zusammenwirken mit Scharoun, dann als sein Nachfolger, hat er das Berührungsverbot in den Ost-West-Kontroversen niemals für sich anerkannt. Er selbst war Akademiker hüben wie drüben.

Blacher hat wesentlich dazu beigetragen, dieses Haus und seine Aktivitäten für das zeitgenössische Kunstschaffen zu öffnen: auch dort, wo er selbst es nicht mochte. Er war das Gegenteil eines ästhetischen Prinzipienreiters und Fundamentalisten. Darum wohl ist er so erfolgreich gewesen als Lehrer der jungen Tonsetzer. Er war neugierig auf alles Spielen; seine Vorstellung von Kunst, das zeigt ein Blick auf Blachers Schaffen, ist determiniert vom Sammelbegriff der „Performance", was mit unserem Wort „Vorstellung" eher verkannt als übersetzt wird. Wahrscheinlich hat dieser aristokratische Künstler in einer Welt des Kleinbürgertums alle Kunst als ein *Fest* verstanden, wobei auch Feste der Anklage möglich waren.

Eines jedoch hat er als Herr unseres Hauses, beim Entwerfen der Programme und auch in der Personalpolitik, neben dem falschen Tiefsinn und dem Gezänk, stets bekämpft: die Unbegabung mit den scheinbar guten Absichten. Den Gegensatz zur Kunst, nach der berühmten Formel von Gottfried Benn, nämlich: gut gemeint. Damit hat er es sich selbst und auch unserer Akademie nicht leicht gemacht. Es kam aber und kommt immer noch darauf an, hier durchzuhalten.

Nun müssen wir auch von WERNER DÜTTMANN in den Zeitformen der Vergangenheit sprechen. Indem wir es tun, also nachdenken über diese Gemeinschaft der toten Präsidenten, wird evident, wie sehr sie einander ergänzten. Das scheint absurd auf den sogenannten ersten Blick, denn größere Gegensätze in Erscheinung und Verhalten waren kaum denkbar. Der in seiner besonderen Sprachwelt lebende Scharoun, Blachers Scheu vor der öffentlichen Rede, die er nach Möglichkeit zu ersetzen suchte durch den Blick, die Geste, ein Lächeln. Werner Düttmanns Freude am Wort, an der Ansprache, am Argumentieren. Scharoun und Blacher mochten es nicht, dies Rednerpult in unserem Studio. Werner Düttmann freute sich, wenn er hier stehen durfte, hatte den Zettel bereit, wartete trotzdem gleichzeitig auf den rednerischen Einfall, der sich einstellen würde. Der Einfall ließ ihn nicht im Stich: das haben wir alle immer wieder erheitert, dankbar, bisweilen ergriffen erlebt. Düttmann war in aller Bewußtheit, denn er kannte sich vortrefflich aus in den großen Werken der Weltliteratur, ein Anhänger der Kleistschen Methode „Über die allmähliche Verfertigung der Gedanken beim Reden". Das hat er selbst mir gestanden im Jahre 1977, als wir auf dieser Bühne ausgewählte Texte von Kleist vorlasen und ich selbst gerade jenen berühmten Essay zu Gehör brachte.

Ein Mann der Rede, der Geselligkeit, ein Preuße und ein Berliner. Trotzdem täuscht auch hier der Anschein, wie ich meine: ganz wie bei der scheinbaren Zerstreutheit Scharouns und bei der ironischen Schüchternheit des Weltmannes Blacher.

Luise Rinser hat Düttmann einmal in ihrem Tagebuch geschildert als einen, der wieder einmal vom Bau gekommen ist, noch halb abwesend, die Krawatte verrutscht. Das stimmt, denn Düttmann war ungemein fleißig, hat ein Riesenmaß an Arbeit bewältigt: ein Preuße auch darin, daß er alles ernstnahm, was zu erledigen war. Es hat seine Kraft überstiegen; keiner hätte es besser machen können. Trotzdem täuscht das Bild vom Werkmann und besessenen Handwerker. Werner Düttmann war ein *Künstler,* was heißen soll: Er stand unter dem Zeichen des Saturn, wie man in der Renaissance zu lehren pflegte. Die Künstler aber, die dem Saturn angehören, sind *Melancholiker.* Es war ihr gemeinsames Zeichen: für Scharoun, Blacher, Düttmann.

Die Melancholie Werner Düttmanns brach stets hervor, wenn sein Künstlertum in Konflikt geriet mit den „Forderungen des Tages", nach der Formel des Ministers Goethe. Hier sehe ich den Unterschied in den Lebensläufen der Baumeister Scharoun und Düttmann. Zu Scharoun kam der späte Ruhm nach vielen Demütigungen und Enttäuschungen. Düttmanns Begabung, seine Einfälle, sein praktischer Sinn, sein bewußt nicht-aristokratisches, fast betont plebejisches Menschenbild: alles trug dazu bei, daß ihm früh die große Verantwortung übertragen wurde. Was heißen soll: das Nachdenken über Glücksmöglichkeiten für andere Menschen. Da konnte es nur Enttäuschungen geben, nur wenig Glück für ihn selbst und manchen Selbstzweifel. Vielleicht war Werner Düttmann am glücklichsten als Künstler, wenn er für Künstler bauen konnte, und für Werke der Kunst. Das spüren wir jedesmal, wenn wir dieses Haus betreten. Stets ist er dann wieder mit uns.

Auch er hat die Feste geliebt, wie Blacher. Allein, er hat sie sich fast zu wenig gegönnt: aus Sorge um andere Menschen. Dann spürte man seine Trauer, konnte jedoch nichts erwidern.

Was er als unser Präsident getan hat, ist noch gar nicht auszumessen. Ich habe nie ein Feindeswort über ihn gehört. Seinem Bild und Tun in der Öffentlichkeit war es zu danken, wie ich meine, daß die Kontestation in dieser Stadt haltgemacht hat vor unserem Haus und seinem Hausherrn. Mokante Feuilletonartikel, gewiß, aber die jungen Künstler und Kunstfreunde kamen zu uns. Das Haus wurde geöffnet für alle, die den Zugang suchten, doch nichts wurde ihnen zu Schleuderpreisen angeboten. Unter seiner Präsidentschaft haben wir Gleichheit hergestellt zwischen den Nationalitäten. Wir haben unsere ästhetischen Kategorien überprüft und wollen neue Kunstformen und Künstler bei uns heimisch machen. Das alles hat Werner Düttmann mit uns beraten und durchgesetzt. Wir wollen dankbar sein.

Ein Vers von Matthias Claudius kehrt immer wieder, wenn ich an ihn denke: an Werner Düttmann, unseren Präsidenten, meinen Freund.

> Ach, sie haben
> einen guten Mann begraben,
> Und mir war er mehr …

So denken viele unter uns in dieser Stunde.

Aus "Grenzübergänge" (Tagebuchnotizen)

6. Mai 1971. Die Berliner Akademie gibt dem Bundespräsidenten Heinemann einen Empfang .... Der
Architekt Düttmann, unser Präsident, der immer so aus-
sieht, als komme er geradewegs vom Bau lebensgroßer,
windzerzausten Haares, und leicht verrutschter Kravatte,
unwillig über die Arbeitsstörung, Düttmann also hält
eine kurze, gut sitzende Empfangsrede. ˣ¹⁾

ˣ⁾ Nachtrag 1981: Düttmanns Ansprachen sind immer ein
Ereignis, sie scheinen improvisiert, sind vielleicht wirklich, haben aber immer einen Aufbau (na ja: ein
Architekt baut ja nicht nur Häuser) und immer großen Lach-
erfolg, da sie ungemein witzig sind.

unvergeßlich Düttmanns prompte witzige und gentlemanlike charmante Antwort auf die Frage der zum Treffen mit Heinemann viel zu spät (eine Stunde!) kommenden Elsa Wagner, ob sie zu spät komme: "Nein, gnädige Frau, das Essen ist erst um sieben, Sie kommen zu früh."
So etwas muß einem einfallen. Das ist eine Art von Genialität.

Ich wünsche Ihnen, lieber Herr Düttmann, daß Sie nie Bundes-Präsident werden, aber noch sehr sehr lange unser Akademie-Präsident bleiben.

Ihre Luise Rinser

Luise Rinser,
Brief an Werner Düttmann
zu seinem 60. Geburtstag 1981

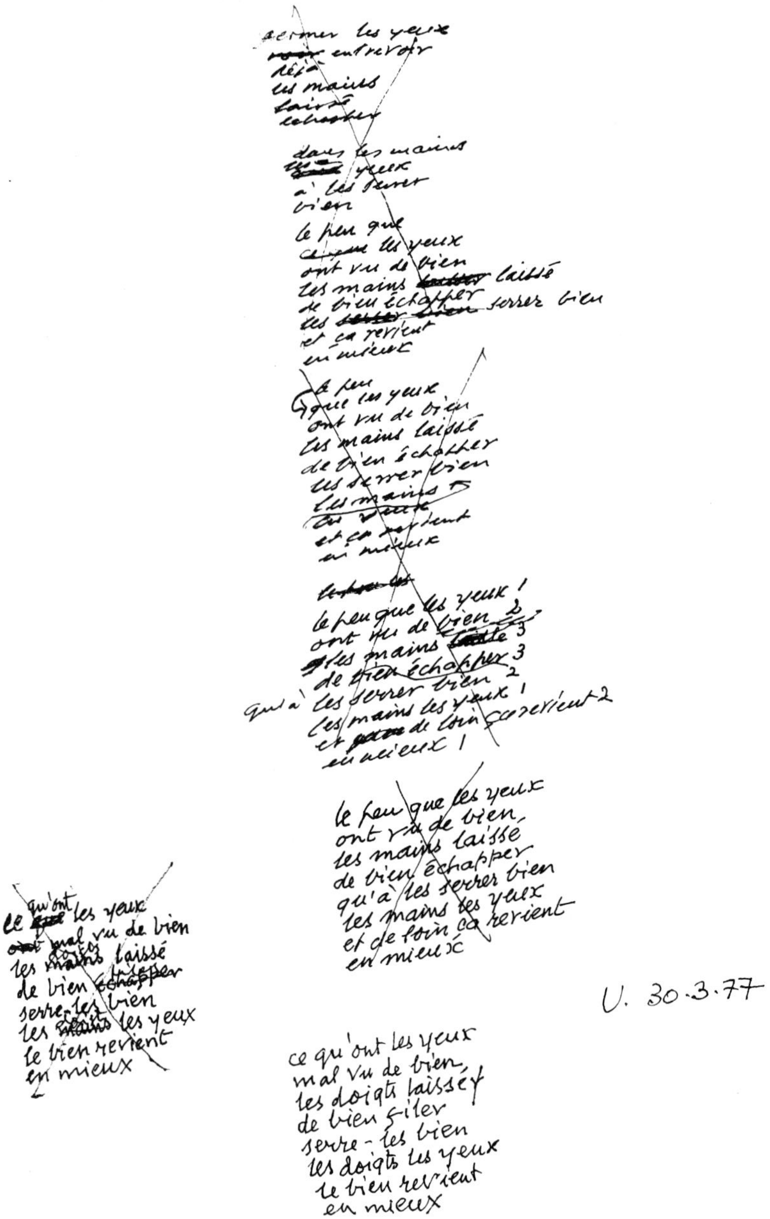

Samuel Beckett, manuscript draft (U. 30.3.77)

```
fermer les yeux
entrevoir
...
les mains
laisser
échapper

dans les mains
yeux
à les tenir
bien

le peu que
les yeux
ont vu de bien
les mains        laissé
de bien échapper   serrer bien
les
et ça revient
en mieux

le peu
que les yeux
ont vu de bien
les mains laissé
de bien échapper
les serrer bien
les mains
les yeux
et ça revient
au mieux

le peu que les yeux 1
ont vu de bien 2
les mains          3
de bien échapper 3
qu'à les serrer bien 2
les mains les yeux 1
et       de loin ça revient 2
en mieux 1

              le peu que les yeux
              ont vu de bien,
              les mains laissé
              de bien échapper
              qu'à les serrer bien
              les mains les yeux
              et de loin ça revient
              en mieux

                        U. 30.3.77

ce qu'ont les yeux
mal vu de bien,
les mains laissé
de bien échapper
serre-les bien
les mains les yeux
le bien revient
en mieux

              ce qu'ont les yeux
              mal vu de bien,
              les doigts laissés
              de bien filer
              serre-les bien
              les doigts les yeux
              le bien revient
              en mieux
```

Samuel Beckett,
Geschenk zum 60. Geburtstag

ce qu'il y a de [?] pour les sages
est d'être savants à demi – J.J.R

ce qu'a la tête
ce qu'il [?]

ce qu'a le cœur
ce qu'a le cœur
connue de [?] his
la tête
de [?] his

ce qu'a de his
le cœur
la tête [?]
de his se dire

le his

le his
en pire

ce qu'a de être
le cœur connue
la tête

ce qu'a de his
le cœur connue
la tête [?]
de his se dire
fais-les
ressusciter
le his revit
en pire

ce qu'a depuis
le cœur connue
la tête [?]
de his se dire
fais-les
ressusciter
le his revit
en pire

u . 31.3.77

pour Werner Düttmann
ces "Mirlitonnades"
avec mes pensées très amicales
Samuel Beckett
mars 1981

Dem Präsidenten der
Akademie der Künste
Werner Düttmann
gratuliert zum 60. mit diesen
Anfangstakten aus der musikalischen
Arbeit auf Becketts Worte „That time",
die seine Entstehung gemeinsamen Aufenthalt
in der Akademie verdankt

Wolf Fortner
1981

Wolfgang Fortner,
Geburtstagskomposition
zum 6. März 1981

Günter Grass,
Zeichnung für
Werner Düttmann
zu seinem 60. Geburtstag

**Ausgewählte Bauten
1971–1983**

Wohnpark Kleiner Wannsee
Berlin-Wannsee 1973–74

Haus Schiepe
Berlin-Grunewald 1975–77

Erweiterungsbau Museum
Samos 1971–87

Fassade Kaufhaus Wertheim
Berlin-Charlottenburg 1971

Bürogebäude am Ernst-Reuter-Platz
Berlin-Charlottenburg 1971–73

Wohn- und Geschäftshaus am Stuttgarter Platz
Berlin-Charlottenburg 1971–73

Betriebswohnheim
Hotel Schweizerhof
Berlin-Schöneberg 1974–77

Wohnhaus Gottschedstraße
Berlin-Wedding 1978–80

Wohnhaus Markgrafenstraße
Berlin-Kreuzberg 1976–81

Seniorenwohnanlage am Hubertussee
Berlin-Grunewald 1974–83

Borsig-Siedlung
Berlin-Heiligensee 1974–77

Bebauung Mehringplatz
Berlin-Kreuzberg 1966–75

Haus in Morsum/Sylt
Umbau 1977–79

Anbau Kunsthalle Bremen
1975–82

Wohnanlage Graefestraße
Berlin-Neukölln 1979–84

Mehringplatz 1966–1975

Justus Burtin
Vom Rondell zum Mehringplatz

Die charakteristische Kreisform des Platzes entstand im 18. Jahrhundert, sie gehört zu dem barocken Stadtkonzept Friedrich Wilhelm I., das die drei südlichen und westlichen Ausfallstraßen der Stadt in geometrischen Plätzen enden ließ: dem »Carrée« am späteren Brandenburger Tor, dem »Oktogon« als Leipziger Platz und – im Süden – dem »Rondell« vor dem Halleschen Tor. Am heutigen Mehringplatz werden die drei Nord-Süd-Erschließungen der neuen Stadterweiterung, der südlichen Friedrichstadt, zusammengeführt: Wilhelmstraße, Friedrichstraße und Lindenstraße. In der Mitte des Platzes erhebt sich die Friedenssäule Christian Rauchs, die an die Freiheitskriege erinnert. Bis zur Teilung Berlins lag dieser Platz in der Nähe des Mittelpunktes der Weltmetropole. Nur zehn Minuten Fußweg waren es von dort bis zum etwas nördlicher gelegenen Zentrum mit der Ecke Unter den Linden/Friedrichstraße.

Nur noch das heutige Berlin Museum (das ehemalige Kammergericht) gibt einen Eindruck vom gedachten Maßstab der Bauten: Der kreisrunde Platz ist das Ornament in einem Straßennetz mit niedriger, dreigeschossiger Randbebauung; die Häuser haben Gärten bis in die Tiefe der Blöcke.

Als Berlin gegen Ende des 19. Jahrhunderts innerhalb weniger Jahrzehnte zu einer Millionenstadt wird, kehrt sich das Bild um: Eine dichte, durchgehend fünfgeschossige Wohnbebauung füllt die Blöcke und läßt nur winzige, kaum belichtete Höfe übrig. Straße und Platz erscheinen wie ausgestanzt aus einer 20 m hohen Schicht von Mauerwerk. Das barocke Ornament der radial auf den Platz führenden Straßen wird zu einem Hindernis für den wachsenden Verkehr.

Die Bombardements des 2. Weltkriegs lassen davon nichts übrig. Die fast vollständige Zerstörung aller Gebäude wird auch als Chance zur Neuordnung des Stadtplans begriffen. Gerüst dieser Neuordnung wird ein Verkehrskonzept, das die Innenstadt mit vier autobahnähnlichen »Tangenten« umschließt, die wiederum in einen weiträumigen Autobahnring eingehängt sind. Die sogenannte Südtangente soll als sechsspurige Autobahn nördlich am Mehringplatz vorbeigeführt werden.

Obwohl die Teilung der Stadt die vollständige Verwirklichung dieses Konzepts verhindert, bleibt es verbindlich bis in die siebziger Jahre. Es ist auch Vorgabe für den Wettbewerb »Hauptstadt Berlin« von 1959, der die Neugestaltung der (ungeteilten) Innen-

Mehringplatz
Der runde Platz mit den Bauten des Innenringes und der Friedenssäule.
Im Hintergrund die Bauten des Außenringes und die blockschließenden hohen Scheibenhäuser

stadt zur Aufgabe hat. Sechs Preisträger dieses Wettbewerbs werden 1962 vom West-Berliner Senat zu Gutachten für die Bebauung des Mehringplatzes aufgefordert. Der ausgewählte Entwurf von Hans Scharoun bezieht sich auf die historische Form, er sieht eine doppelte, niedrige Kreisbebauung vor als End- und Ruhepunkt der Friedrichstraße, umgeben von locker an den Kreis angebundenen Hochhäusern und riesigen Parkpaletten. Da dieser südliche Teil des »City-Bandes« den zentralen Aufgaben der Wirtschaft vorbehalten sein soll, sind ausschließlich Büro- und Geschäftsnutzungen vorgesehen. Das gesamte etwa 12,5 ha große Areal ist frei von Verkehr und wird von den parallel zur Friedrichstraße abgebogenen Anschlüssen der Linden- und Wilhelmstraße erschlossen. Die neue sechsspurige Südtangente wird als Brücke über die Friedrichstraße geführt mit voluminösen kreuzungsfreien Abfahrten. Dieses Konzept wird Grundlage des neuen Bebauungsplanes, der das Areal als »Kerngebiet/GFZ 2,0« ausweist. Lindenstraße und Wilhelmstraße werden verlegt, die Brücken über den Landwehrkanal in der erforderlichen Breite neu gebaut. Die Trasse für die Stadtautobahn ist angelegt, die Grundstücke weitgehend arrondiert und enttrümmert. Scharoun wird 1966 mit dem ersten Bauabschnitt beauftragt: dem Neubau des AOK-Verwaltungsgebäudes, ein sechzehngeschossiges Hochhaus mit einem Teil der äußeren Ringbebauung.

Mit all diesen Vorgaben beginnt Werner Düttmann 1968 mit den Vorentwürfen zur weiteren Bebauung. Allerdings hat sich eine wesentliche inhaltliche Bedingung geändert: Statt eines Geschäftsviertels sollen nun ausschließlich Wohnungen gebaut werden. Seit 1961 ist die Stadt durch die Mauer geteilt. Niemand glaubt mehr an die öffentlich immer noch beschworene Wiedervereinigung der beiden Stadthälften. Erst die könnte ja dem Scharounschen »Lay-Out« und der großzügigen Verkehrsplanung Sinn geben.

Innerstädtisches »verdichtetes Wohnen« war damals kein zeitgemäßes Thema. Die großen, weitläufigen Neubausiedlungen lagen draußen vor der Stadt, und auch der Wiederaufbau zerstörter Innenstadtbezirke folgte dem Ideal der Vorkriegs-Moderne. Einzelne Baukörper in der Parklandschaft.

Das Gebiet um den Mehringplatz jedoch sollte dichter bebaut und höher ausgenutzt werden. Düttmanns Entwurf ist ein Versuch, zu einer neuen stadt-räumlichen Qualität zu kommen, Raum ist das Thema vieler seiner Bauten. Seine Antwort hier ist eine räumlich-plastische Komposition, die auf verschiedenen

Das Rondell
Idealentwurf um 1735
von Ditmar Dägen

Belle-Alliance-Platz
um 1930

Luftbild Richtung Berlin-Mitte

Erlebnisebenen wirken soll:
– auf der Ebene der Wohnungen, die sich nach innen, zum Hof hin, orientieren. Von jedem Balkon ist das Ganze erkennbar;
– auf der Ebene des Fußgängers, der durch die offenen Erdgeschosse das gesamte Gelände frei überqueren kann;
– aus den Waggons der Hochbahn;
– im Vorbeifahren auf der damals geplanten Autobahn, wo sich wie bei dem Schlitzverschluß einer Kamera die Friedrichstraße dem Blick geöffnet hätte;
– ja sogar aus dem Flugzeug, wenn die Maschine eine Westschleife dreht vor der Landung in Tegel, ist das Ensemble des Mehringplatzes deutlich als Marke im gleichförmigen Teppichmuster der Stadt zu erkennen.
Düttmanns Entwurf als Landmark.
Die hohen Riegel im Norden und Osten schirmen gegen den Verkehrslärm ab, der niedrige doppelte Ring mit seinen Anhängseln ist der Kontrapunkt dazu. In der Mitte ein ruhiger öffentlicher Platz, der sich, durch die offene Erdgeschoßzone geführt, bis zur Wand des Außenkreises dehnt. Die Fronten der Läden und Gaststätten markieren die alten Dimensionen des Platzes. Die Säule rückte wieder an ihre ursprüngliche Stelle.
Das Netz des Stadtgrundrisses ist wieder repariert. Unter den neuen Bedingungen, aber im Bewußtsein dessen, was einmal war. Es ist der Maßstab des Wohnens, der den Platz bestimmt. Alle Entfernungen sind wirklich nur so groß, daß man jeden gerade noch als Person erkennen und quer über den Platz hinweg anrufen kann; in der Wirkung aber erscheint der Platz noch kleiner, geborgener, weil die Häuser, bis auf einen einzigen Einschnitt der Friedrichstraße, ringsum einen geschlossenen Kreis bilden, weil der äußere Kreis den inneren umschließt und weil die hohen Bebauungsscheiben wie eine weitere Umhüllung wirken. Die gedachte Mischung aus Wohnen, Gewerbe, Büros und öffentlichen Einrichtungen konnte nicht erreicht werden. Die Finanzierung des Projekts hatte sich ausschließlich nach den Bedingungen des »Sozialen Wohnungsbaus« zu richten, die eben nur Wohnungen vorsahen. Auch für die notwendigen kommunalen Folgeeinrichtungen wie Kindergärten, Altenheime, Bücherei u.ä. gab es zunächst überhaupt keine Mittel. Erst während der Planung, teilweise erst während der Bauzeit konnten dafür Standorte, Programme und eine Finanzierung gefunden werden, mit völlig unzureichenden Kompromissen und um den Preis weiterer Verdichtung.

Die Bauordnung schrieb in jener autogläubigen Zeit – und sie tut das noch heute – für jede Wohnung einen Pkw-Stellplatz vor. Die Verhandlungen, diesen Schlüssel zu reduzieren, mit Hinweis auf die hervorragende Versorgung des Gebietes mit öffentlichen Verkehrsmitteln und auf den Anteil von ca. 30% Kleinwohnungen für Alleinstehende (die meisten ohne Auto), scheiterten. So mußten also – analog zur Wohnungszahl – ca. 1500 Parkplätze auf und unter den ohnehin schon beschränkten Freiflächen nachgewiesen werden.
Die Hochhausscheiben wurden in einem Fertigteilsystem gebaut, das vom Bauherrn vorgeschrieben war. In der äußersten Beschränkung auf wenige Bauteile und Wohnungstypen wurde ein Mittel der Kostensenkung gesehen (die Korruption der Bauträger ist ein eigenes Thema). Düttmann hat das schon damals angezweifelt, vor allem da diese Einsparungen – falls es sie je gegeben hat – ja weder der Qualität der Wohnungen noch der Höhe des Mietpreises zugute kam. Dennoch ist es Düttmann gelungen, mit Zähigkeit, Charme und Schlitzohrigkeit die engen Grenzen des damals Üblichen und Möglichen ein Stückchen zu erweitern.
Die niedrige Innenkreisbebauung, die dann noch auf Stützen steht, wurde erkauft mit den hohen Scheiben ringsum. Sie bilden zusammen mit der Hochbahn im Süden einen dreiseitigen, nach Westen offenen Rahmen um den inneren Ring. Als Antwort auf den hohen Verwaltungsbau von Hans Scharoun hat Düttmann die Gelenke zwischen den Rahmenbauten noch einmal erhöht.
Die großen Drei- bis Fünf-Zimmer-Wohnungen liegen im Innen- und im Außenring. Die Hochhausscheiben enthalten die kleineren Ein- bis Zwei-Zimmer-Wohnungen, deren Küchen sich meist zu den Balkonen, zum inneren Grünraum hin, orientieren. Die Brüstungen der Balkone sind hier so niedrig, daß man auch vom Inneren des Wohnraumes aus über sie hinweg nach unten sehen kann. Die Erdgeschosse, auch der Hochhäuser, sind frei durchgängig.
Wenn man heute das Gebiet um den Mehringplatz besucht, erkennt man die ausgewogene Mischung aus städtisch-steinernen und intimen, grünen Bereichen nicht mehr. Die gepflasterten Teile sind voller Kübelbäumchen und Müll, die Grünflächen sind verwahrlost und verkommen. Erste Maßnahmen zur »Wohnumfeldverbesserung« wurden im Sommer 1989 beschlossen. Aber: Die politischen Ereignisse lassen ganz neue Hoffnungen für diesen Platz zu. Denn er liegt noch immer nur zehn Minuten entfernt vom Zentrum Unter den Linden.

Platzinnenraum mit Blick auf das AOK-Hochhaus von Hans Scharoun

Bauten des inneren Ringes. Die Luftgeschosse verbinden den Platz mit der Einkaufsstraße zwischen den Ringen

Die Einkaufsstraße
zwischen den Ringen

Der Außenring nach Norden zur damals geplanten Stadtautobahn

Wohnhof zwischen Ringbauten und Scheibenhäusern

Isometrie der Gesamtanlage

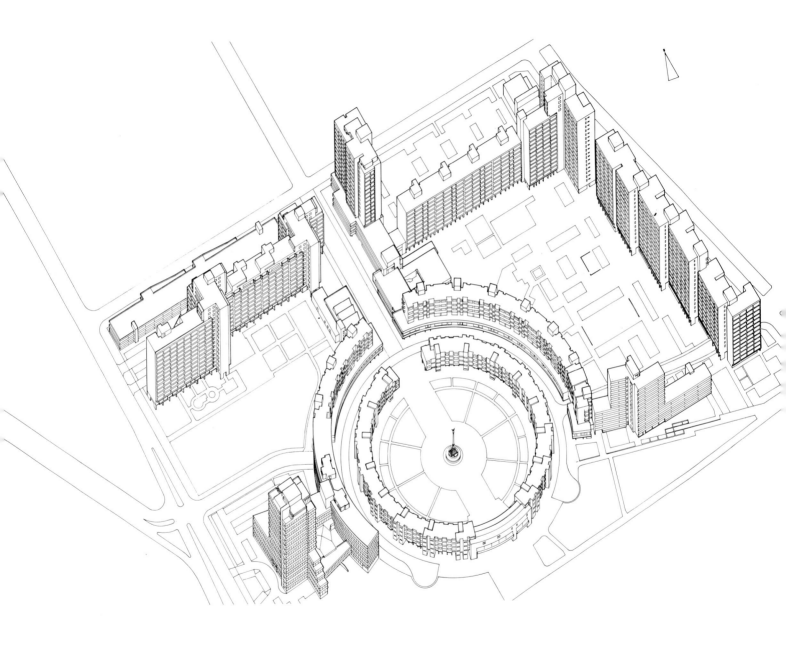

Grundrißausschnitt Innenring
Erdgeschoß und Obergeschoß
Maßstab 1:200

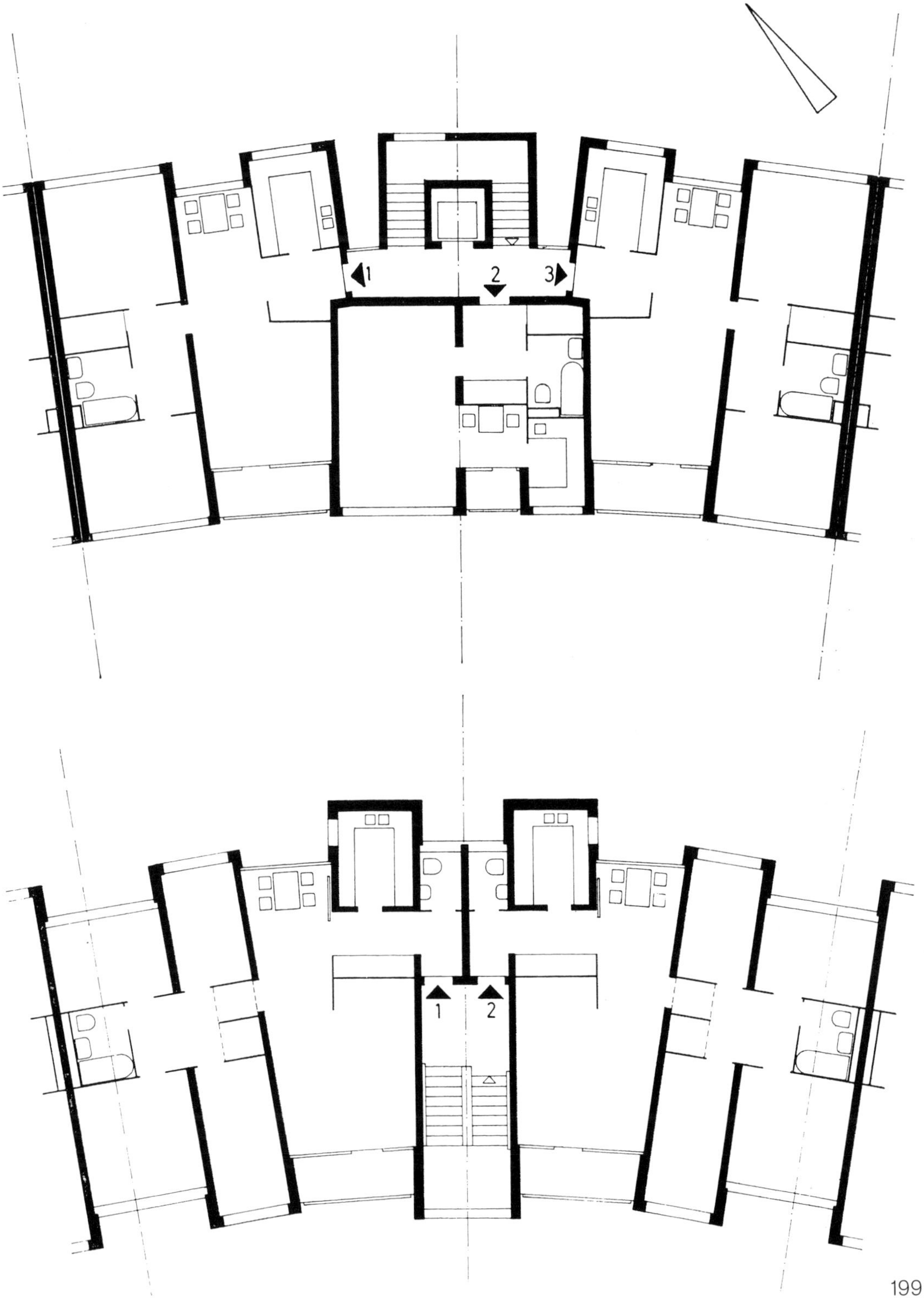

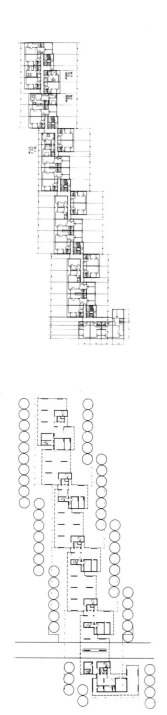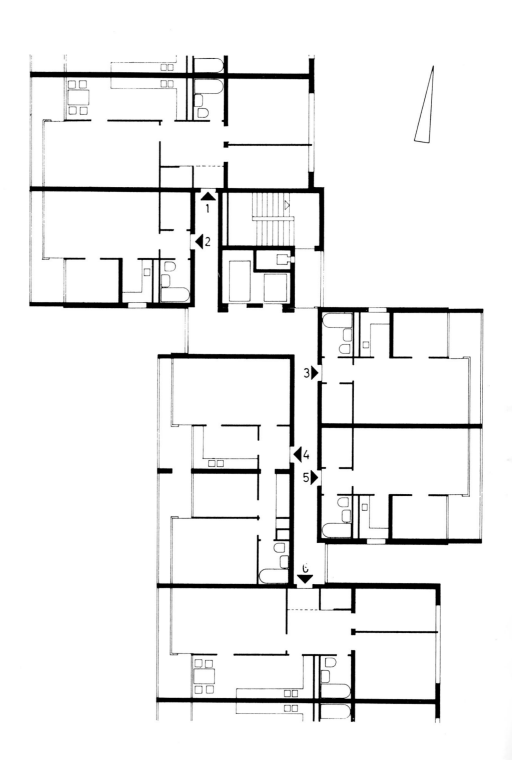

Links:
Scheibenhäuser im Westen
Grundrisse Erdgeschoß und Obergeschoß
Maßstab 1:1000
Obergeschoßausschnitt
Maßstab 1:200

Rechts:
Scheibenhäuser im Norden, links der Friedrichstraße
Grundriß Obergeschoß
Maßstab 1:1000
Obergeschoßausschnitt
Maßstab 1:200

Wohnbauten in der Hedemannstraße 1973–1975

Martina Düttmann
Bewohnbare Grundrisse

Das Wohnquartier im Karree aus Hedemannstraße, Friedrichstraße, Puttkamerstraße und Wilhelmstraße würde man heute nicht mehr einem einzigen Architekten in Auftrag geben. In den frühen siebziger Jahren gehörte es zu jenem riesigen Aufbauprogramm, das der Stadt lange Zeit rund 20 000 Wohnungen pro Jahr abverlangt hatte. Viele solcher Wohnungen hat Düttmann in der Stadt gebaut, und viele davon in Kreuzberg. Als dieses Wohnquartier entstand, war man gerade davon abgekommen, den Wohnungsbedarf durch jene hohen Neubauten zu decken, die neben der Straße ein Eigenleben führen durften, deren Orientierung sich ausschließlich aus Sonneneinfall und Abstandsflächen bestimmte. Man baute wieder im Block. Man hatte die geschlossene Straßenwand, den Straßenraum und den Hofinnenraum wiederentdeckt.

Noch sind die Fassaden sparsam und ganz seriell, die Grundrisse sind äußerst funktional, im Rahmen der gesetzlichen Bestimmungen und im Hinblick auf die Himmelsrichtungen aufs äußerste optimiert.

Düttmann war einerseits ein Preuße, andererseits einer, der das Leben üppig zu genießen verstand. Aus diesen beiden Eigenschaften sind seine Grundrisse gemacht, erklärt sich die Bewohnbarkeit seiner Wohnungen. Er legte nicht viel Wert auf Fassaden – auch die Zeit, in der er baute, tat es nicht –, aber er war stolz, während einer Fahrt mit Fremden durch Berlin, an irgendeiner Wohnungstür in irgendeinem Haus, das er gebaut hatte, zu klingeln und seine Wohnungen herzuzeigen. Und er fand immer freundlich gestimmte Bewohner vor, die seine Wohnung zu der ihren gemacht hatten und sie gern bewohnten.

Das Wohnquartier an der Hedemannstraße steht im Buch als Beispiel für die vielen Geschoßwohnungen, die Düttmann gebaut hat. Alle Grundrisse hat er sich so vorgestellt, als solle er selbst darin wohnen, deshalb finden sich viele Eigenschaften aus seinem eigenen Reihenhaus darin wieder. Das bequeme Sitzen am Eßtisch mit Ausblick war ihm wichtig, der Platz zum Skatspielen auf dem Balkon, das Durchwohnen von einer Himmelsrichtung zur anderen, eine gewisse Räumlichkeit, die er oft durch eingestellte Schränke und Wandscheiben anstelle von Türen löste. Die Wohnungen auf den folgenden Seiten sind Beispiele aus der Hedemannstraße. Es ist das Haus, in dem er versucht hat, die Benachteiligung der Erdgeschoßwohnungen durch große, von der Straße abgerückte Terrassen und Pflanztröge zu lindern.

Blick in die Hedemannstraße von der Kreuzung Wilhelmstraße

Fassadendetails aus Obergeschoß und Erdgeschoß

Stark gegliederte Fassade als Gegenüber zu der erhaltenen ebenen Fassade einer Häuserreihe um 1900

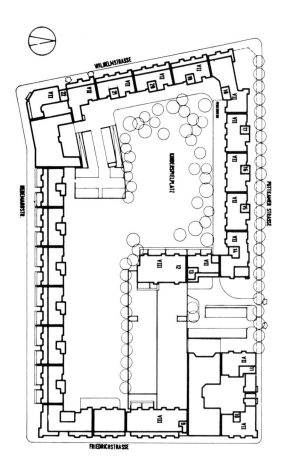
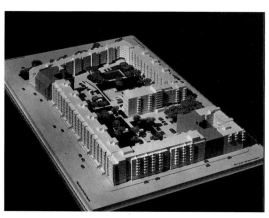
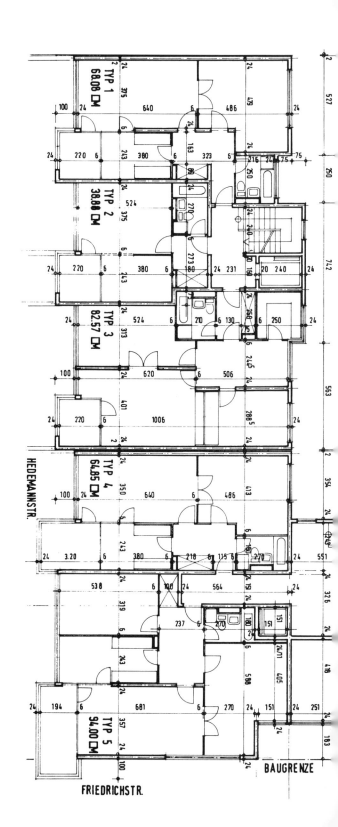

Lageplan des Blockes
Maßstab 1 : 10 000

Modellfoto

Grundrißausschnitt
Maßstab 1 : 200
mit den Wohnungen 1 bis 8

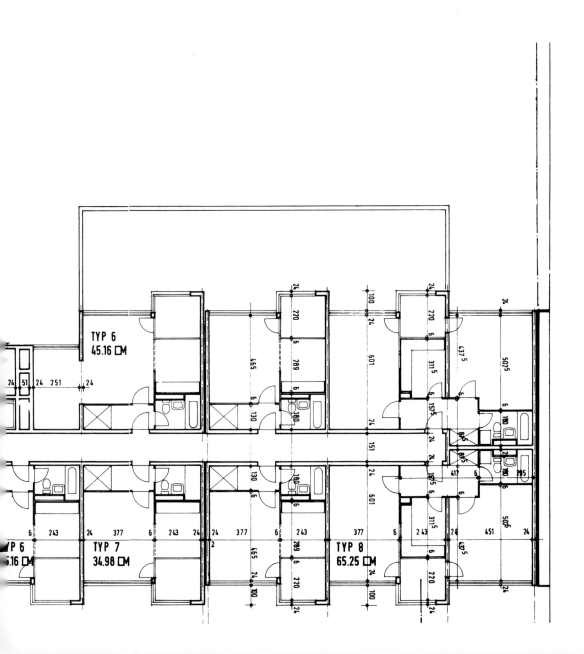

Typ 1: Zweizimmerwohnung
Nord-Süd-Typ, Maßstab 1 : 100.
Vergrößerte räumliche Diele durch Winkel,
der Abstellraum ist Garderobenschrank.
Doppelflüglige Tür zwischen Wohn- und
Schlafzimmer,
durch Wegnehmen entsteht ein riesiger durchgehender Raum, eine Bettnische bleibt.
Die gläserne Wand des Wohnraums nach Süden
ist durch breite Fensterpfosten geteilt;
der vorspringende Balkon auf der Südseite
erhält Schatten von dem darüberliegenden Balkon.

Typ 2: Einzimmerwohnung
Nord-Süd-Typ, Maßstab 1 : 100.
Sehr kleine Diele, großer Wandschrank/Abstellraum;
großes Bad;
üppige Küche mit Schiebetür;
geteilte Glaswand nach Süden;
über fünf Quadratmeter großer Balkon.
Kein Durchwohnen.

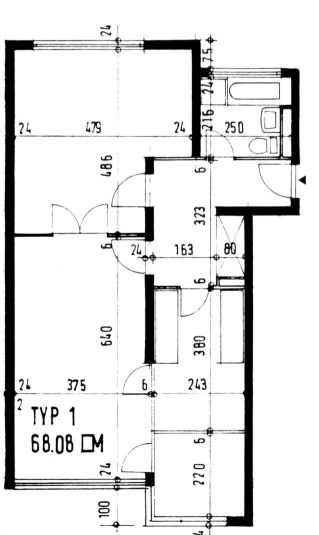

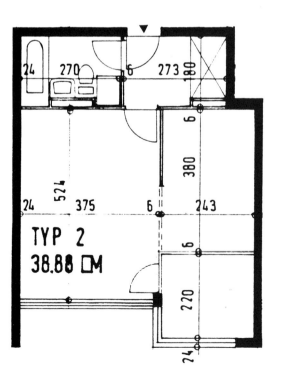

Typ 3: Dreizimmerwohnung
Nord-Süd-Typ, Maßstab 1 : 100.
Winziges Entree, Abstellraum als Garderobe;
riesige Diele, als Eßdiele verwendbar;
Küche auf der Nordseite, das um die Ecke geführte
Fenster – mit dem man wie beim bay window in England eine weite Sicht hat – ist ein typisches Detail,
das Düttmann aus seinem englischen Haus gelernt
und, wo immer möglich, angewendet hat;
Wohn- und Schlafzimmer sind durch Doppeltüren
verbunden und dadurch austauschbar.

Typ 4: Zweizimmerwohnung
Nord-Süd-Typ, Maßstab 1 : 100.
Breite, großräumige Diele, sonst die gleiche Art
des Durchwohnens wie in Typ 1;
die Zimmer sind schmaler, doch die Großzügigkeit
bleibt erhalten.
Ecktyp, der Balkon ist vergrößert,
die schützende Wand nach Osten fällt fort.

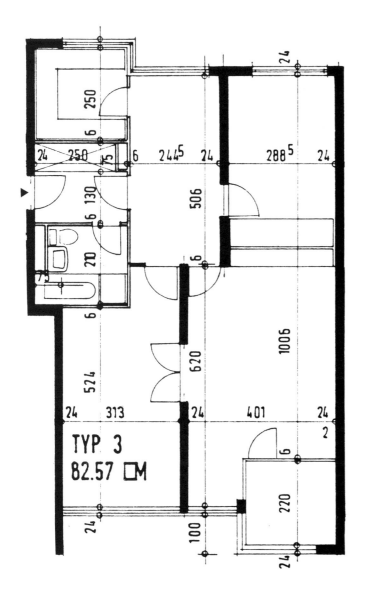

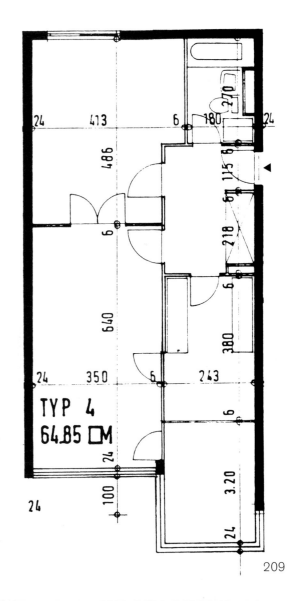

Typ 5: Dreizimmerwohnung
Ecktyp, Süd-Ost, Maßstab 1 : 100.
Übergroße Diele – 9,5 Quadratmeter;
Verbindung der zwei Hauptzimmer durch
doppelflügelige Tür;
das dritte Zimmer liegt neben Eingang und
Abstellraum, ein Konzept der sechziger Jahre,
um ein erwachsenes oder alt gewordenes
Familienmitglied abgetrennt zu beherbergen.
Durchwohnen von Süden nach Osten;
9 Quadratmeter großer Balkon.

Typ 6: Eineinhalbzimmerwohnung
Ost-Typ, Maßstab 1 : 100.
Winzige Diele, großer Wandschrank;
offene Verbindung zwischen
dem ganzen und dem halben Zimmer;
gestaffelte Verglasung, viel Licht.
Einzeilige Küche.
Kein Durchwohnen, großer Balkon.

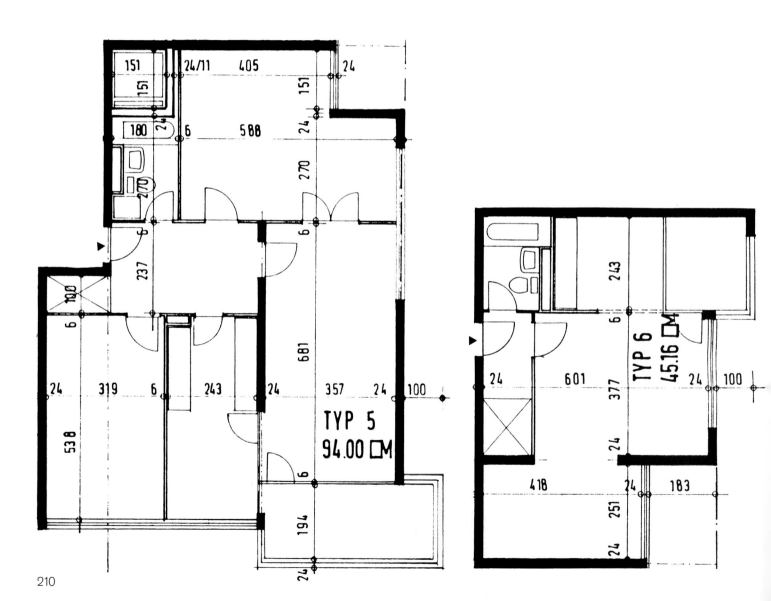

Typ 7: Einzimmerwohnung
Ost-Typ, Maßstab 1 : 100.
Kleinstmögliche Einzimmerwohnung;
winziges Entree, großer Wandschrank,
einzeilige Küche;
großer Balkon.
Durchgehende Glaswand nach Osten.
Kein Durchwohnen.

Typ 8: Zweizimmerwohnung
Ost-Typ, Maßstab 1 : 100.
Gestreckte Diele, winziger Abstellraum;
zwei große Räume mit durchgehender Verglasung;
Küche liegt zwischen beiden.
Der fast quadratische Balkon vor der Küche
ist von beiden Räumen zugänglich.
Kein Durchwohnen.

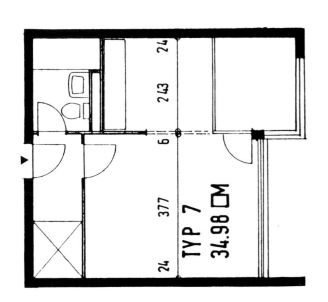

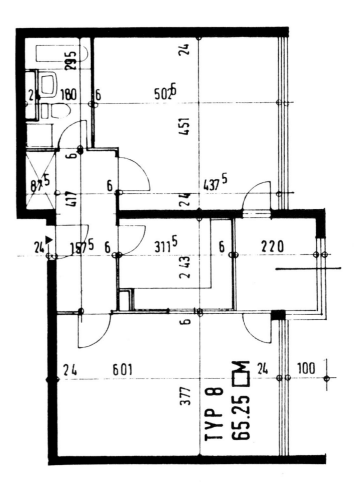

Museum auf Samos
1971–1987

Helmut Kyrieleis
Der Erweiterungsbau des Antikenmuseums

Seit vielen Jahrzehnten graben deutsche Archäologen im Heraion von Samos, und die Funde aus diesen Ausgrabungen bilden die bedeutendste Sammlung archaischer Kunst Ioniens. Seit Jahren waren sie im Museum der Hauptstadt der Insel untergebracht, einem hübschen klassizistischen Gebäude, das ursprünglich als Stadtarchiv gedient hatte. Aber die vier Räume dieses Museums waren schon lange viel zu klein, um die Fülle der neu ausgegrabenen Funde aus Marmor, Bronze, Elfenbein, Holz und Ton ausstellen zu können. Das Museum bedurfte dringend einer Erweiterung. Dieser Gedanke hat schon in den späten sechziger Jahren erste Gestalt angenommen und ist damals bis zu ersten Entwürfen gediehen.

Ich weiß nicht genau, wie die Verbindung des Deutschen Archäologischen Instituts zu Werner Düttmann zustandegekommen ist, doch scheint es so gewesen zu sein, daß der gelungene Neubau des Brücke-Museums in Berlin-Dahlem den Ausschlag gegeben hat. Die nüchterne und leichte Eleganz dieses Museums repräsentierte eine Stilrichtung, die auch für ein kleines Antikenmuseum auf einer griechischen Insel passend erschien. Und so lag es nahe, denselben Architekten zu Rate zu ziehen, als es darum ging, Vorstellungen von den Möglichkeiten und der Gestalt eines Museumsbaues auf Samos zu entwickeln.

An das vorhandene Gebäude unmittelbar anzuschließen war nicht möglich, da seitlich und auf der Rückseite kein Platz war und die klassizistische Fassade natürlich nicht beeinträchtigt werden durfte. Als Baugelände kam nur der Vorplatz des alten Museums in Betracht, ein relativ kleines Grundstück, das durch einen öffentlichen Treppenweg vom Museumsgebäude getrennt war. Düttmanns Entwurf von 1972 sah ein Gebäude vor, das diesen Platz weitgehend ausfüllte. Der kubische Baukörper sollte dem alten Museum ebenbürtig gegenüberstehen, zweistöckig, für mein Gefühl etwas zu massiv und komplett, vielleicht etwas zu mitteleuropäisch gedacht. Auch sollte dieser Bau direkt in den linken Teil der klassizistischen Fassade eingreifen. Ich glaube, Düttmann war damals noch gar nicht auf Samos gewesen. Zur Ausführung kam es zunächst sowieso nicht, weil keine Finanzierungsmöglichkeit in Aussicht war.

Das änderte sich erst, als die Stiftung Volkswagenwerk auf unseren Antrag hin 1979 dem Institut

Museum auf Samos
Der Eingang zum Neubau

800.000,– DM für den Erweiterungsbau auf Samos bewilligte – als Geburtstagsgeschenk zum 150. Gründungstag des Deutschen Archäologischen Instituts.

Inzwischen hatten wir ein anderes Konzept für die Museumserweiterung ins Auge gefaßt. Der Neubau sollte so angelegt werden, daß er mit dem alten Museum zusammen einen Hof oder Garten umschloß, ohne aber die symmetrische Fassade des Altbaus zu berühren oder zu verdecken. Außer Studien- und Magazinräumen, die bisher im Museum ganz gefehlt hatten, sollte er drei Säle zur Ausstellung der Marmorplastik haben. Dies war der leitende Gedanke. Die einzigartige Sammlung archaischer samischer Marmorskulpturen war bisher im Untergeschoß des alten Museums unter sehr ungünstigen Lichtverhältnissen aufgestellt. Sie erhielt von zwei Seiten durch tiefliegende Fenster Licht, so daß die subtile Plastizität, die gerade für diese Skulpturen so wesentlich ist, kaum zur Geltung kam. Diese Skulpturen waren ursprünglich für die Aufstellung im Freien geschaffen und entfalten erst in natürlichem Tageslicht ihre ganze Schönheit. Wo dies nicht möglich ist, weil die Skulpturen im Museum gesichert werden müssen, muß man wenigstens dafür sorgen, daß sie im wesentlichen indirektes Tageslicht von oben haben. Erst im Oberlicht treten die Feinheiten des Körper- und Gewandreliefs durch Licht und Schatten plastisch hervor. Die wichtigste Forderung an den geplanten Neubau war also diejenige nach viel indirekt von oben einfallendem Tageslicht. Zugleich sollte der Baukörper so dimensioniert und gegliedert sein, daß er nicht die relativ kleinteilige, teilweise noch klassizistisch geprägte Bebauung der unmittelbaren Umgebung dominierte.

Der neue Entwurf trug diesen Erfordernissen Rechnung. Düttmann plante einen dreiflügeligen Bau auf Π-förmigem Grundriß, der zur Front des alten Museums offen ist und einen Hof bildet. Durch einen kleinen Ausstellungsraum gelangt der Besucher in die beiden Hauptsäle und zu einem emporenartigen Studienraum, während Fundmagazine und Restaurierungswerkstätten im Kellergeschoß untergebracht sind. Die Belichtung der Skulpturensäle kommt in der Hauptsache von doppelten Sheds, die jeweils über die ganze Länge der Ausstellungssäle gezogen sind. Auf diese Weise fällt das Licht vor allem auf die „Seitenschiffe" der Säle, in denen die Skulpturen ausgestellt sind, während der Bereich unter der abgehängten Decke in der Längsachse des Saales für die durchgehenden Besucher gedacht ist. Durch die gegenständige Anordnung der Sheds ist der Eindruck eines „Fabrikdaches" vermieden: Nach außen treten nur die traditionell eingedeckten Dachflächen in Erscheinung, und die gespaltenen Giebel unterbrechen wirkungsvoll die großen Mauerflächen der Stirnseiten.

Die Ausschachtungsarbeiten hatten schon begonnen, als im Herbst 1980 ein unerwartetes Ereignis im letzten Augenblick zu einer Planänderung zwang: Bei den Ausgrabungen im Heraion waren wir auf den Torso einer riesigen marmornen Jünglingsfigur, eines sog. „Kuros", von etwa dreifacher Lebensgröße gestoßen, ein Meisterwerk der samischen Plastik aus dem frühen 6. Jh. v. Chr. In die Freude über diesen großartigen Fund mischte sich aber sogleich die Sorge, wie die Statue, die ursprünglich ca. 5 m hoch gewesen ist, in dem Museum unterzubringen wäre. Die vorgesehenen Räume, für die bisher vorhandenen Skulpturen geplant, waren zu niedrig, denn natürlich konnte niemand mit einer solchen Kolossalstatue rechnen! Zwar hätte die vorgesehene Raumhöhe knapp ausgereicht, um den Torso in originaler Höhe aufzustellen, doch hätte die Plastik bis dicht unter die Decke gereicht und dadurch unerträglich „eingesperrt" gewirkt. Auch hätte der für die Aufrichtung der tonnenschweren Figur notwendige Flaschenzug nicht mehr genügend Platz unter der Saaldecke gefunden. Ein Höherlegen des Daches und damit die Veränderung der Bauhöhe hätte ein neues Planungs- und Genehmigungsverfahren mit unkalkulierbaren Verzögerungen und finanziellen Weiterungen bedeutet. Das Ei des Columbus war deshalb Düttmanns Idee, den Fußboden in dem nördlichen, nicht unterkellerten Museumstrakt 1,5 m tiefer zu legen und damit innere Raumhöhe ohne äußere Veränderungen zu gewinnen. So war es möglich, das Stahlbetonfundament für den Koloß gleichzeitig mit den übrigen Fundamenten zu legen und das riesige Bildwerk in den Rohbau zu transportieren, bevor die Wände zugemauert wurden. Wäre der Kuros nur wenig später gefunden worden, so ist sehr schwer vorstellbar, wie er jemals im Museum von Samos hätte stehen können. Durch die zunächst nicht geplante Veränderung der Fußbodenhöhe ist schließlich aus der Not eine Tugend geworden, denn die Variation der Ebenen und die verbindende Treppe beleben den Raumeindruck und geben zudem die Möglichkeit, die große Statue von verschiedenen Ebenen aus zu sehen.

Nachdem die schwierige Aufstellung des Torso 1984 bewältigt war – zwischendurch hatte der Regierungswechsel in Griechenland erhebliche Verzöge-

Blick von der Straße auf das Museum

Gesamtanlage.
Der Neubau umschließt den
Platz vor dem alten
klassizistischen Museumsbau.

Der öffentliche Weg
zwischen Neubau und Altbau

rungen des Museumsbaues mit sich gebracht –, wurde allerdings ein weiteres Problem sichtbar: Wie schon erwähnt, waren die Beleuchtungsverhältnisse in dem Neubau so konzipiert, daß die Skulpturen entlang den Wänden stehen sollten, wo das indirekte Oberlicht am günstigsten einfällt. Der mittlere Durchgang dagegen lag unter der abgehängten Decke eher im Schatten. Da nun die monumentale Kuros-Statue nicht vor der Wand aufgestellt werden konnte, sondern die Mitte des Raumes einnehmen mußte, stand sie schließlich in dem Bereich mit dem schlechtesten Licht. Die diffuse Beleuchtung ließ nichts von dem herrlichen plastischen Relief der Oberfläche erkennen. Wir dachten zunächst daran, diesem Mißstand wenigstens teilweise durch ein zusätzliches hochliegendes Fensterband in der Südwand des Saales abzuhelfen. Doch wurden diese Überlegungen wieder hinfällig, als im Herbst 1983 auch noch der Kopf der Statue gefunden wurde! Hätte man diesen dem Torso angefügt, so wäre ausgerechnet das Gesicht der Statue an die dunkelste Stelle im ganzen Saal, dicht unter der Decke, geraten. Hier konnte nur eine neue Konzeption der Beleuchtungsverhältnisse durch radikale Veränderung der Saaldecke helfen. Dies war nur unter erheblichem Bau- und Kostenaufwand möglich, da die Unterzüge der Shed-Dächer zugleich integrale Bestandteile des Beton-Skeletts des ganzen Baues waren. Auf der anderen Seite wäre es falsch gewesen, nur aus Kostengründen eine Kompromißlösung zu wählen, die die einzigartige Statue optisch beengt und in ihrer Ausstrahlung beeinträchtigt hätte.

Während der Kuros stabil verschalt und das Gebäude durch Gerüste gesichert war, wurde die Mitteldecke abgebrochen. Die Unterzüge wurden durch Stahlträger ersetzt, auf denen ein Glasdach ruht. Durch diese weite Mittelöffnung des Daches fällt jetzt gutes natürliches Oberlicht, das die monumentale Gestalt und die plastische Schönheit der Kuros-Statue eindrucksvoll zur Geltung bringt.

Werner Düttmann war nicht mehr bei uns, als das Museum im Sommer 1987 durch den Bundespräsidenten Richard von Weizsäcker und die griechische Kultusministerin Melina Mercouri eröffnet wurde. Auch bei der endgültigen Aufstellung des Kuros und der dadurch bedingten Änderung der Decke konnten wir seinen Rat nicht mehr einholen. Aber er hat die Fertigstellung des Gebäudes, das sein letztes Werk sein sollte, noch erlebt, als er im Jahre 1982 wieder auf Samos war. Damals entwarf er die Gartengestaltung und legte letzte Einzelheiten fest. Ich erinnere mich noch an sein amüsiertes Entsetzen, als er die barocken Bronzebeschläge sah, die der griechische Tischler, in der Meinung, das Beste sei gerade gut genug, auf Fenster und Türen verteilt hatte!

Inzwischen sind schon viele Tausende von Besuchern durch das neue Museum gegangen, haben die einfachen, lichtdurchfluteten Räume dieses Baues bewundert oder gar nicht bewußt wahrgenommen. Denn diese Architektur drängt sich nicht auf, sondern läßt die antiken Skulpturen sprechen. Der neue Trakt bildet mit seiner zurückhaltenden Modernität einen reizvollen Kontrast zu den traditionellen Bauformen des alten Museums. Das Verbindende drückt sich in den schlichten, bodenständigen Baumaterialien aus: Mönch- und Nonne-Dächer, Kalkputz, Steinplattenböden, hölzerne Tür- und Fensterrahmen. Der Neubau schließt sich nach den Außenseiten ab und öffnet sich überwiegend zum Garten hin, der durch Treppen und Bepflanzung zum Altbau überleitet. Aber auch in diesem gemeinsamen Garten- oder Hofareal bleibt eine gewisse Distanz gewahrt durch die breite marmorgepflasterte Fläche des ehemaligen Durchgangsweges, die sich vor der Front des Altbaues hinzieht. Dieser Bereich hebt sich unaufdringlich von der neuen „Gartenlandschaft" des Neubaues ab und bewahrt der symmetrischen Fassade des Altbaues die eigene klassizistische Sphäre.

Im Anfang, als Düttmanns Entwurf vorlag und die Bauarbeiten begannen, hat es nicht an kritischen Stimmen gefehlt, vor allem in Samos selbst, wo in der lokalen Presse Bedenken angemeldet wurden: Ein moderner Museumsbau entwerte die klassizistische „Trias" von Kirche, Rathaus und Museum und passe überhaupt nicht zum Charakter des Ortes. Wenn schon ein neues Museum, so meinten andere, dann sollte es wenigstens im traditionellen Stil gebaut werden, wobei man wohl an die pseudo-klassizistischen Neubauten mancher griechischer Hotel- und Wohnbauten dachte! Seit der neue Museumstrakt fertig und eröffnet ist, ist diese Kritik verstummt. Wohl niemand – außer vielleicht Düttmann selbst – konnte sich vorstellen, wie gut sich dieser Bau der achtziger Jahre in eine mediterrane kleinstädtische Umgebung einfügen würde, die noch stark von den zugleich eleganten und bescheidenen Bauformen der bürgerlichen Neo-Klassik Griechenlands geprägt ist.

Der Raum für den Kuros

Der zentrale Ausstellungsraum mit und ohne Ausstellungsstücke

Treppe vom Kuros-Raum zur Hauptebene

Modellfoto

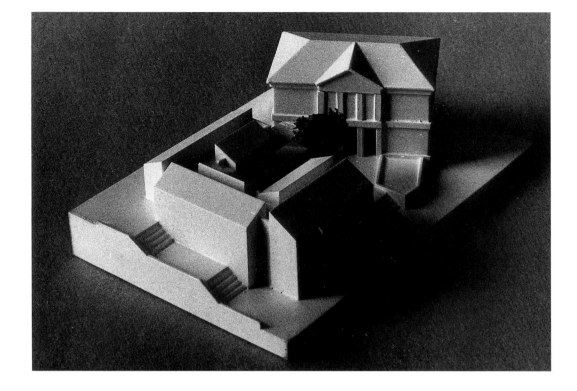

Schnitt Maßstab 1:200

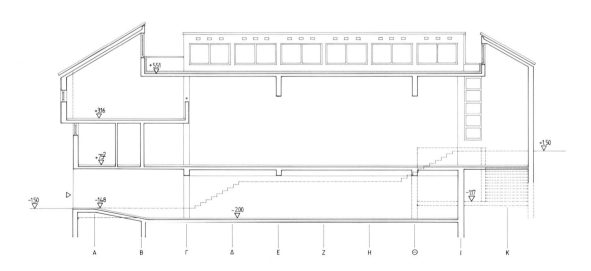

Grundriß Maßstab 1:200

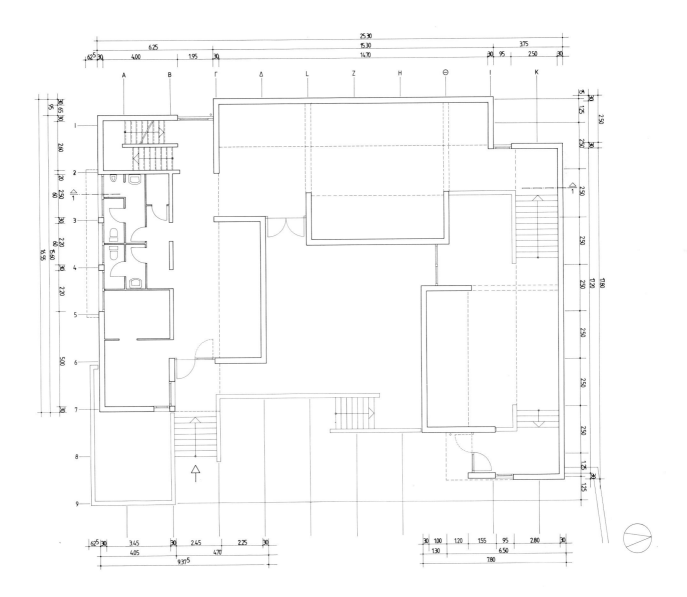

Kunsthalle Bremen
1975–1982

Werner Düttmann
**Kurzer Text
zu langen Aufenthalten**

Am 17. Dezember 1975 stand der Roland inmitten all der Zauberbuden auf dem Markt, der an diesem Tag ein Weihnachtsmarkt war. Über den Dächern hing der Mond, Vollmond. Ich lungerte herum zwischen Lakritze und Zuckerschaum. Am Morgen hatte ich meinen Entwurf für die Erweiterung der Kunsthalle der Jury erläutert, die sich vielleicht längst entschieden hatte und gegangen war. Ich war mit der Sieben-Uhr-fünfzehn-Frühmaschine von Berlin gekommen und hatte bis zum Sieben-Uhr-fünfzehn-Abendrück-flug noch eine gute Weile Zeit. Ich wußte noch nicht, daß mir dieses 12 Stunden-Zeitverbringen-Erlebnis zu einer Dauererfahrung werden würde. Sechs pralle Jahre lang. Denn in Berlin erwartete mich die Nachricht, daß mein Projekt ausgewählt worden war.
Der Entwurf sah auf dem ausgewiesenen Gelände im Süden ein flach gelagertes, in seiner Gliederung auf die Topographie eingehendes Gebäude vor, weit genug von der Kunsthalle abgerückt, um deren Architektur nicht zu beeinträchtigen, doch auf deren Eingangsebene durch eine transparente Brücke verbunden, die unmittelbar in die neue Ausstellungsebene führte. Die Ausstellungsräume waren um einen kleinen Skulpturengarten gruppiert, in den wiederum die hohen schönen Bäume der Wallanlagen hineinwirken sollten. Für den Besucher gab es Intervalle zwischen der Betrachtung der Kunstwerke in hellen, nach außen abgeschirmten, ineinander überleitenden Räumen und dem hier und da eingesetzten überraschenden Blick in die schöne Landschaft. Die gleiche Beziehung zum Park sollten die weiteren Räume haben, der museumspädagogische Dienst, die Büros, das Foyer und vor allem das am Wege gelegene Café mit seiner dem Wallgraben zugewandten Terrasse. Lediglich der Vortragssaal und die Magazinräume wurden unter die Erde verwiesen. Die Gestalt des Ganzen sollte schlicht sein, ein einfaches Gefäß für seinen Inhalt: Museum. Damit meine ich den Verzicht auf eine Konkurrenz zwischen der Architektur als Kunst oder Kunststück und dem, was sie birgt: die Bilder an der Wand. Denn das erleben wir auch bei großen Namen: wenn die dramatisch geschwungene Treppe, das Pathos des Raumes, ja selbst die chromblitzende Stütze herausgekehrter „Sachlichkeit" die Szene beherrscht, haben die Skulptur und das Bild keine Chance. Bilder brauchen Wände, die nichts anderes wollen als Bilder tragen. Skulpturen brauchen Raum. Und beide brauchen Licht, Tageslicht, wie der Himmel es liefert in wechselnder Farbe und wechselnder Helligkeit, Licht voller Sonne und die Schatten der ziehenden Wolken. Und die Räume müssen still sein, großzügig und intim zugleich.
Mir erschien es darüber hinaus angemessen, der vorhandenen Kunsthalle und ihrer eher anspruchsvollen Architektur mit Zurückhaltung zu begegnen, ihr den Vortritt zu lassen, ohne jedoch den Neubau zu verbergen.
Die ersten der vielen Zwölfstundenaufenthalte in Bremen galten dem Geld. Kann man ohne Gestaltverlust und ohne Beeinträchtigung von Funktion und Atmosphäre das Bauvolumen verringern? Man konnte. Alles schien klar, und die Ausführungsplanung konnte beginnen. Doch zwischen den Gesprächen blieb Zeit genug, das Gelände immer wieder zu durchwandern und zu betrachten, vom Hügel im Süden her, vom Zutritt im Westen, aus der Stadt kommend mit dem weiten Blick hinüber zur Weser und vom Gartenweg östlich des Wallgrabens unterhalb der gemütlichen Häuser.
So war ich zwar betroffen, aber eigentlich nicht über-

Kunsthalle Bremen
Blick vom Park auf den Neubau

rascht, als ich bei einem der nächsten Besuche erfuhr, daß die Bremer Bürger, die dort öfter als ich spazieren gehen, gegen den Bau protestierten. Sie hätten zwar nichts gegen die notwendige Erweiterung, aber nicht hier! Der Konflikt wurde von allen Beteiligten sehr ernst genommen und gab Anlaß, Lage und Art des Anbaues in Varianten des Entwurfes neu zu bedenken.

Die Erweiterung der Kunsthalle ist theoretisch an drei Seiten denkbar, nach Westen, im Süden und im Osten. Im Norden läuft die Straße. Das Projekt im Süden in der hier großräumigen Landschaft war lautstark in die Debatte geraten. Entwurfsstudien, die Erweiterung westlich der Kunsthalle anzusiedeln, konnten schnell beiseite gelegt werden. Sie würden keine geringeren Probleme für die Landschaft aufwerfen als der Versuch im Süden. So blieb als einzige Alternative zum bestehenden Entwurf das „Nichtbaugrundstück" im Osten, der nach Süden stark abfallende Hang zwischen Kunsthalle und dem Gerhard-Marcks-Haus. Auch dieser war äußerst empfindlich, schien er doch gerade breit genug, um die wünschenswerte Kontinuität der Wallanlagen von Nord nach Süd über die Straße hinweg zu signalisieren. Dennoch erwies sich die hier versuchte Lösung tragbar.

Nach langen Erörterungen auf vielen Ebenen fiel die Entscheidung zugunsten der Variante Ost, von einigen mitgetragen, von anderen nur geduldet als das geringere Übel. Roland der Riese stand nicht mehr im Weihnachtsgewühl, und der Mond blieb bedeckt. Auf die Aufenthalte zwischen siebenuhrfünfzehn früh und siebenuhrfünfzehn abends war ein Schatten gefallen. Mißverständnisse blieben nicht aus.

Das Entwurfskonzept für diese Stelle war nicht ganz einfach. Die Anweisung für den Entwurf könnte lauten: Packe alle im Programm geforderten Räume in eine Kiste und vergrabe dieselbe so tief du kannst, damit zum Ostertor allenfalls eine eingeschossige Wand erscheint, besser eine Gartenmauer, die von den Bäumen weit überragt wird. Im Süden dann darf die Kiste ein Haus sein. Und im übrigen müssen die Innenraumqualitäten des einst ausgewählten Entwurfs erhalten bleiben.

Ich hoffe, sie blieben nicht nur, sondern es ergaben sich reichere und innigere Verflechtungen mit dem Altbau, dessen östliche Außenwand keineswegs so distanzgebietend ist wie seine Südfront. Die ehemalige Außenwand wurde mit ihren Fenstern und Türen zur Innenwand, ein Haus im Haus sozusagen, das man in drei Etagen betreten kann durch Öffnungen, die immer schon da waren. Hier erschließt sich ein vielfältiges Raumangebot im ehemaligen Untergeschoß des Altbaues, das von Nutzen ist für vielerlei Wünsche.

Allmählich gewann der Rohbau Kontur, und mit ihm leider auch die Kosten, aber auch das Angebot von Innenraum. Der Vortragsraum zeigte zum erstenmal sein Volumen und seine Möglichkeiten, der Skulpturenhof war zum Haupt- und Mittelsaal geworden und unten, ins Café, blickten zaghaft Park und Schloßgraben.

Ziel aller Überlegungen war, ein Optimum an Innenraum zu schaffen, ohne den Außenraum schmerzhaft zu schmälern, und weiter, zwischen dem Ensemble der Ostertorbauten und der Kunsthalle keine Architektur zu errichten, sondern eine Gartenwand, die nur dem, der hier stehenbleibt, Einblick gewährt in das, was sie verbirgt.

Das Motto hieß: Am Anfang war der Park. Er soll es am Ende auch wieder sein. Über vieles wird Gras wachsen oder Efeu, wie auf den Terrassen der Böttcherstraße, so über die gesamte Bühne des Saales, die schon bald niemand mehr darunter vermuten wird.

Man kann Häuser bauen, abreißen oder eingraben. Wir haben gemeinsam in all diesen Möglichkeiten Erfahrungen gesammelt. Zweitausendundeine Nacht, die etwa inzwischen vergangen sind, haben zwar keine Märchen vollbracht, aber die Sorgen aller Beteiligten durch Hoffnung erleichtert.

Auf dem, ich weiß nicht wievielten, Anflug nach Bremen ging mir ein Spruch von Laotse durch den Kopf, der lautet: „Aus Wänden, Fenstern und Türen macht man Häuser – aber das Leere zwischen den Wänden wirkt das Wesen des Hauses." Wenn die Wände gefügt sind, die Fenster verglast und der Kummer vergessen, beginnt etwas Neues: Das Sicheinrichten und Inbesitznehmen, das Aus- und Anprobieren und Verändern, das Bewohnen.

Ein Haus für die Kunst hat viele Bewohner. Das Leere zwischen den Wänden wird sich ständig verwandeln durch den Geist derer, die es immer wieder neu einrichten, durch die Besucher, die es immer wieder neu wahrnehmen, vor allem aber durch die Kunst, die hindurchgeht.

Mein Flugzeug geht um siebenuhrfünfzehn am Abend. Ich schlendere über den Markt und habe noch eine gute Weile Zeit und denke an einige Mitstreiter, im Kunstverein, auf der Baustelle und in der Behörde, die durch die Jahre so etwas wie Freundschaft erkennen ließen, zurückhaltend zwar – eben bremisch – aber immer wieder ermutigend. Denen danke ich von Herzen und wünsche ihnen und dem Hause Glück.

Anbau an die alte Kunsthalle

Christel Heybrock
Rücksichtsvoll und gediegen bis unter die Erde

Der Neubau. Eine schöne, gediegene, in ihren Proportionen und ihrer einfachen Harmonie äußerst passende Stätte. Nicht klassizistisch, aber klassisch in einem guten Bauhaus-Sinne mutet sie an. (...) In Berlin und Bremen schuf Düttmann Museumsbauten, die aus klar gegliederten, kubischen Teilen bestehen, außen weiß verputzt in Berlin, in Bremen als Reverenz an den norddeutschen Backstein mit roten Ziegelwänden, die sich sanft und mit rücksichtsvollem Selbstbewußtsein von den sandgelben bis ergrauten Wänden des Altbaus abheben. Der Altbau in Bremen ist dreigeschossig, der Neubau auch, aber von wesentlich niedrigerer Geschoßhöhe. Er sollte den Altbau nicht überragen oder auch nur irgendwie in eine bauliche Konkurrenz zu ihm geraten. Um den ganzen Bau niedrig zu halten, um die Fassadenwirkung zur Straße hin nicht zu stören, grub Düttmann den Neubau vor lauter Rücksichtnahme tief in die Erde ein. Ein ansteigendes Gelände zur Straßenseite hin (Am Wall) führte dazu, daß er dort nur mit dem Obergeschoß aus dem Boden ragt. Man sieht ihn daher kaum, er wurde versteckt hinter Bäumen und Gebüsch, und so stört er nun auch nicht den Gebäuderhythmus Kunsthalle Gerhard-Marx-Haus mit dazwischenliegender Begrünung, woran die Bremer offenbar sehr hängen.

Erst an der Rückseite des ganzen Komplexes, zum Park hin mit schönem altem Baumbestand und Teich, sieht man, wie sich der rote neue unaufdringlich, aber nicht scheu an den alten graugelben Bau anfügt. Zum Park hin liegt auch das mittlere Geschoß oberirdisch, so daß die Cafeteria mit bewußt konstruierten Wandaufbrüchen eine Zone bildet, die innen und außen, Park und Sammlung, miteinander verbindet. Über die Cafeteria, in der man draußen und drinnen sitzen kann, ist der Neubau durch einen zweiten Zugang zu betreten.

Das dritte, unterste Geschoß liegt völlig unterirdisch. Es enthält einen Vortragssaal von nüchterner Ästhetik, der aber hervorragend eingerichtet ist. Er bietet 350 Besuchern Platz (...). Die Akustik ist beneidenswert. An der Rückwand des steil ansteigenden Raums befindet sich eine hochmoderne Projektionsanlage für Filme. (...)

Der Neubau soll in Bremen in erster Linie Ausstellungsplatz für Sonderveranstaltungen, nicht für die ständige Sammlung bieten. Zur Eröffnung freilich zeigt das Haus dort erst einmal einen Querschnitt durch den eigenen Besitz. (...) Das juwelenartige Leuchten und Blühen besonders der Gemälde ist Düttmanns Innenraumführung zu verdanken. Hier schuf er fast eine Replik des vor 15 Jahren entstandenen Brücke-Museums in Berlin: Der Besucher geht auf einem niedrig gedeckten Mittelgang an den Bildern vorbei. Die niedrige Decke über dem Weg des Besuchers öffnet sich über den Bilderwänden zu einer lichten Höhe, die von leicht geschrägten Sheddächern aufgefangen wird. Durch diese verglasten (bei Bedarf mit Sonnensegeln zu verdunkelnden) Dächer bekommen die Bilder, nicht die Besucher das Licht, so daß rechts und links von dessen leicht verschatteten Weg die Kunst vor weißen Wänden hell und fast etwas überirdisch aufstrahlen kann.

Die Gerichtetheit der „Gänge" wirkt nie öde, Düttmann läßt jeden Weg am Endpunkt in eine neue Öffnung laufen, durch die man wieder einen Weg betritt, der aber zum alten im rechten Winkel liegt. So schreitet man ständig auf ein Ziel hin und kommt doch irgendwann zurück. So ermöglicht schon der Raum ein Gefühl dafür, daß die Neugier des Sehens am Ende zu einer Bestätigung führt, zu einem Ergebnis, zu einer Erfahrung, zur Ruhe.

Das Beste zuletzt. Das größte Problem war wohl, den so anders aussehenden Neubau an den Altbau anzuschließen. (...) Düttmann verfuhr sehr bescheiden, rücksichtsvoll, zärtlich fast. Kein Wanddurchbruch. Der neue steht neben dem alten Bau, nur an einer schmalen Stelle mit ihm verzahnt, mit weißen Rampen an seine Wand gestützt. Zwischen Alt- und Neubau entstand ein Leerraum. Düttmann ließ die Wand des Neubaus hier einfach offen. Man stützt die Arme auf die weißen Rampen und steht so dicht vor der Mauer des Altbaus, daß man sie berühren möchte. Der Zwischenraum, der das verhindert, wurde nur mit einem gläsernen Sheddach überdeckt. Aus der Lücke wurde ein Innenhof, ein Lichthof, aus der Außenwand des klassizistischen Repräsentierhauses eine Innenwand, deren Nähe entzückt.

Düttmann hat ein Museum gebaut, das dienen, aber sich nicht verstecken will. Etwas nah heranzuholen, etwas zum Leuchten zu bringen, was vorher dem Leben etwas kalt und entrückt gegenüberstand, das ist ihm hier gelungen. Es wäre schön, wenn das in Bremen Auswirkungen haben könnte auch auf die Präsentation der anderen Bestände. Es scheint, als sei hier museumspädagogisch besonders viel nachzuholen – und als sei auch eine Lust erwacht, das zu tun.

(aus: Mannheimer Morgen, 2.8.1982)

Morsum, 9.8.82

Liebe Christel Heybrock,
Freunde aus dem Odenwald schickten mir die Feuilleton-Seite vom Montag, dem 2ten August, mit ihrem Beitrag über den Anbau der Kunsthalle Bremen, in mein acht-Tage-Feriendomizil, und ich möchte Ihnen nur sagen, wie sehr ich mich darüber gefreut habe. Bremen war eine lange und schmerzliche Erfahrung für mich seit fünfundsiebzig, als der Wettbewerb entschieden war, aber durch Ihren Aufsatz wird es auch zu einer glücklichen Erfahrung. Herzlichen Dank fürs Hinschauen und Sehen, und noch mehr Dank fürs Sagen, fürs so verständliche und freundliche Vermitteln. Ich habe mich, als alter Kater, zurückgezogen, um empfangene Wunden zu lecken. Sie haben Rosen darauf gelegt.
Herzlichen Dank!
Ihr Werner Düttmann

Nahtstelle zwischen alt und neu. Die Außenwand des Altbaus wird zur Innenwand des Neubaus.

Ausstelllungsräume am Übergang zwischen Altbau und Neubau

Rundgang durch die
Ausstellungsräume

Entwurfsskizzen für den Saal

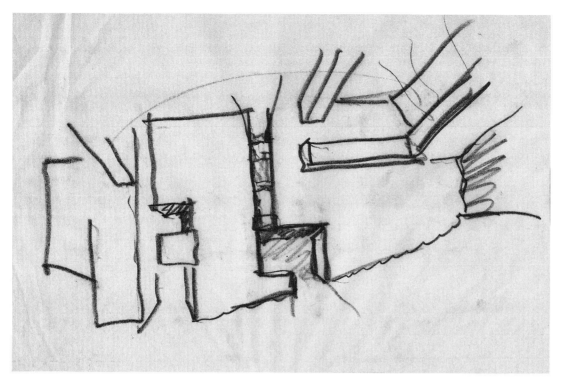

Der Vortragssaal im Rohbau

Der Vortragssaal nach der Fertigstellung

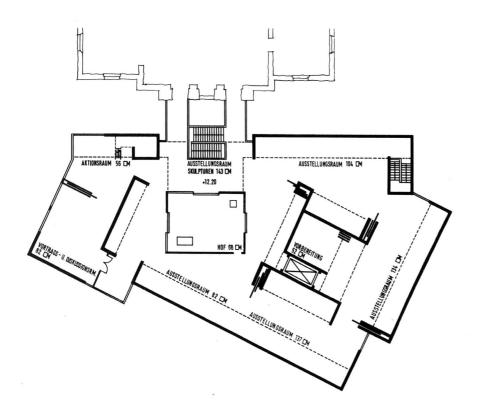

Wettbewerbsentwurf für eine südliche Erweiterung der Kunsthalle, 1. Preis. Grundriß Maßstab 1:500 und Lageplan

Variante für eine Erweiterung an der Westseite.
Grundriß Maßstab 1:500 und Lageplan

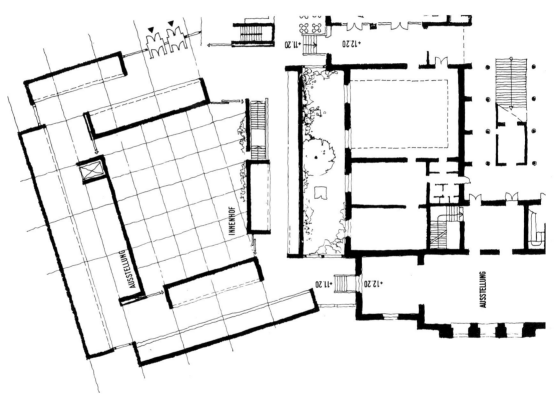

Erweiterung an der Ostseite.
Ausgeführter Entwurf

Lageplan

Dachaufsicht Neubau
Maßstab 1:500

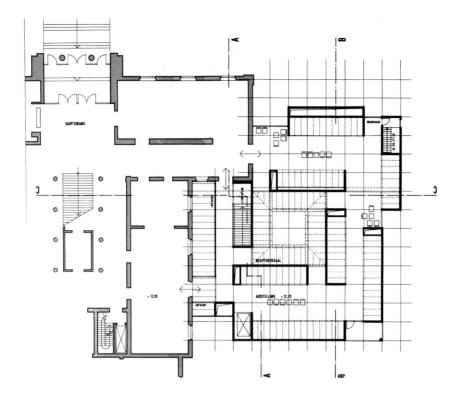

Grundriß Ausstellungsgeschoß
Maßstab 1:500

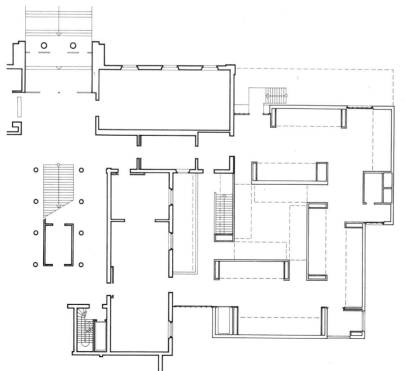

Grundriß Bürogeschoß
Maßstab 1:500

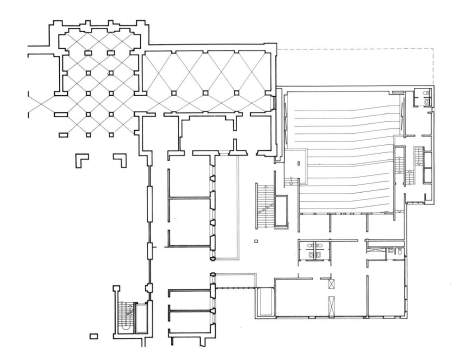

Grundriß Vortragssaal
Maßstab 1:500

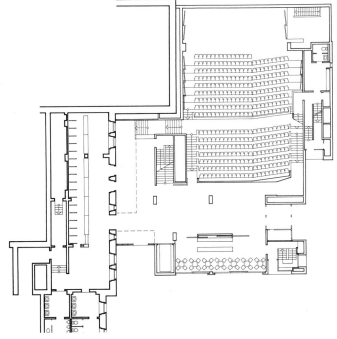

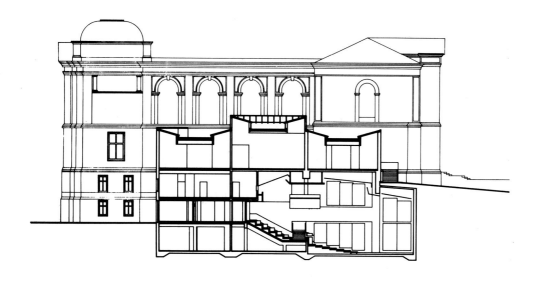

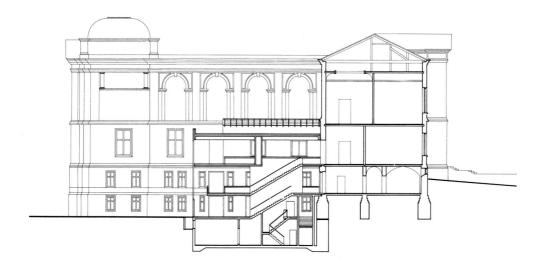

BDA-Preis 1982

Jurybeurteilung:

Der Erweiterungsbau konkurriert nicht in unangemessenem Originalitätsanspruch mit dem architektonischen Pathos des alten Hauptbaus. Die neue Baumasse ordnet sich diesem vielmehr auf bescheiden-selbstbewußte Weise unter. Dabei ist der Materialwechsel zum Fassadenmauerwerk des Neubaus, trotz der öffentlichen Meinungsverschiedenheiten über dessen Helligkeitsgrad, sehr sinnvoll. Im Inneren besticht die Lichtführung mit unterschiedlicher, natürlicher Belichtung und wechselnden, reizvollen Ausblicken auf die Wallanlagen. Eine gewisse Schwere der einzelnen Bauglieder verleiht freilich den Räumen einen allzu weihevollen Charakter und enthält ihnen damit etwas von jener Heiterkeit vor, die dem Kunst-Erlebnis keineswegs fremd zu sein braucht. Es wäre zu wünschen, daß die einstmals modernisierten Fenster des Altbaus gegen Fenster mit historischer Gliederung ausgetauscht werden, um den Unterschied von Alt und Neu auch an Einzelheiten sichtbar werden zu lassen.

Schnitte
Maßstab 1:500

Ansicht von Westen

Ansicht von Süden

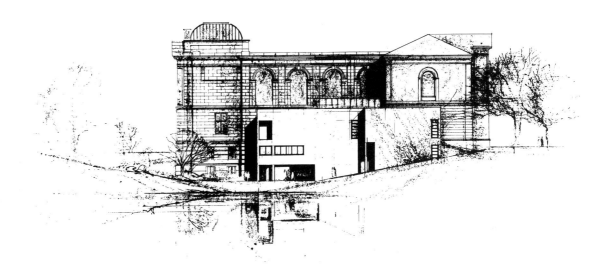

Farbgebung

Martina Düttmann
Die Farbigkeit der Häuser

Werner Düttmann wohnte in einem grauen Haus in einer grauen Straße. Grober Putz, weiße Fenster. Der Architekt des Hauses: unbekannt. Düttmann hat, als er die Teilruine 1952 wieder aufbaute, dem Haus nichts Eigenes hinzugefügt, kein erkennbares Detail, keine hervorstechende Farbe. Das Haus ordnet sich ein in die Reihe der anderen Häuser, unauffällig, wie immer schon dagewesen.

Der Umgang mit Farbe verrät viel von dem, wie ein Architekt arbeitet. Vertrauen in die auffällige Komposition oder Vertrauen ins beiläufige Understatement. Das Understatement in Düttmanns Architektur ist dasselbe wie das Understatement in seiner Farbgebung. Als hätte er sich jedesmal wieder vorgenommen: Das neue Haus soll aussehen wie immer schon dagewesen, es soll sich ducken unter großen Bäumen, es soll sich ruhig überwuchern lassen, es soll das Grün einlassen von allen Seiten, ohne daß sich dem eine Farbe in den Weg stellt, es soll sich geben wie etwas Natürliches, das es wie zufällig hierher verschlagen hat und das auf natürliche Weise älter werden darf.

Das Innere der Häuser füllt er statt mit Farbe mit Licht. Dem Licht traut er alles zu. Er lockt es auf unterschiedliche Art ins Haus hinein, durch raumhohe Glaswände, aufgestellte Sheds, senkrechte Schlitze, und die Räume unterscheiden sich durch ihre Lichtstimmung mehr als durch ihre Raumform. Die Materialien tun das ihre hinzu: Beton, Ziegel, weißer Putz an den Wänden, Schiefer, grauer Teppich, Holzpflaster auf dem Boden, kräftige Betonbalken, Holzraster an der Decke. Farben, im Sinne von entschiedener Farbigkeit, sind nicht zu benennen, aber das Licht, die Wärme des Holzes, der dunkle, erdige Boden schaffen in den Räumen die Stimmung eines warmen Herbstnachmittags. Das, was ausgestellt wird an der Wand (im Brücke-Museum, in der Akademie der Künste), ist das eigentlich Farbige, das die Aufmerksamkeit ohne besondere Vorkehrungen, ohne gerichtetes künstliches Licht, auf sich ziehen kann.

In den beiden Kirchen, St. Agnes in Kreuzberg und St. Martin im Märkischen Viertel, wächst diese gediegene Ruhe, das dienende Understatement, die Wirkung des versteckt von oben hereinfallenden oder seitlich auf die Altarwand geführten Lichts beinahe ins Erhabene. Bei den anderen Bauten bleibt es auf der Ebene des Selbstverständlichen, scheinbar zufällig Richtigen, ist nicht mehr als ein Wohlgefühl.

Brücke-Museum
Ausstellungsräume

Die Hansabücherei, die Akademie der Künste, das Haus am Kleinen Wannsee, die Villa in der Griegstraße – nirgends gibt es mehr Farbigkeit als das Grau des Betons, das dunkelrote Ziegelmauerwerk, das Grün, das darüber oder hinein wuchert, das Rahmenwerk der Fenster, mal weiß hervorgehoben, mal dunkel weggestrichen, einmal gelb getönt, damit der Beton lichter wird.

Die Anpassung der Häuser an ihre Umgebung – beinahe könnte man Unterordnung sagen – geht bis in den städtebaulichen Maßstab: Der Blick von oben auf die Akademie der Künste zeigt die grünen Kupferdächer von Studio und Ausstellungsräumen unter dem dichten Grün des Tiergartens. Das Ku'damm-Eck dagegen, am prominenten Ausgangspunkt des Kurfürstendamms, ist glänzend weiß und streifig umwickelt; denn an dieser Stelle würde jede Art von Bescheidenheit auffallen, hier ist das Auffällige das Angepaßte, Normale. Düttmann stellt es auch hier nicht mit Farben her, sondern mit einer allzu glatten Oberfläche, unterbrochen von der riesigen Tafel für Lichtwerbung, auf der veränderliche Farbigkeit als Nachricht über die Kreuzung blinken soll.

Farbe und Relief können einander ergänzende – oder einander ersetzende Gestaltungsmittel sein. Vorsprünge, Schlitze, Ecken, Kanten können die Farbflächen begrenzen und damit das Farbmuster vorgeben, sie können aber auch als Relief und Schattenrelief die Farbigkeit ersetzen. Düttmann hat immer dort, wo der Grundriß sich als starke Plastizität in der Fassade abbildete, auf jede zusätzliche Farbigkeit verzichtet. Selbst weiß war ihm, bei stark gegliederten, seriellen Fassaden, fast schon zuviel. Er ließ die Hauswand in Beton, strich die Fenster dunkel, ihm genügte das Relief als Merkmal des Hauses. Das Edinburgh House, das bei seiner späteren Renovierung in hellgrau und weiß gestrichen wurde, nahm sich ursprünglich mit seinen dunkelgrünen Brüstungen im grauen Beton viel mehr zurück. In der Hedemannstraße ergeben die Reihen der schweren, davorgehängten Balkons und die vorgeschobenen Terrassentröge der Erdgeschoßwohnungen ein einprägsames serielles Ornament; Farbigkeit erwartete Düttmann nur noch aus den Blumenkästen der Bewohner.

Manchmal, selten, gibt es farbigen Putz. Der runde Mehringplatz ist backsteingelb gestrichen, vielleicht, weil der Idealentwurf für das ehemalige Rondell, um 1735, einen Ring gelber Häuser zeigt, vielleicht aber auch, weil Düttmann den gelben Backstein als eine sehr preußische, zu Berlin gehörende Farbigkeit empfand und keine Scheu hatte, ihn im Arme-Leute-Putz zu imitieren. Farbigen Putz gibt es nie in den ganz großen Wohnsiedlungen, bei denen das Serielle dominiert, farbigen Putz gibt es in den kleineren Wohnanlagen, die in einem Stück Landschaft liegen, aber zu groß sind, um sich ganz darin zu verbergen. Die Altenwohnungen am Hubertussee sind blaßrosa verputzt und haben blaßblaue Fenster; die Borsigsiedlung in Berlin-Heiligensee leuchtet in verschiedenen Farbtönen, ihre Fenster, oft um die Ecke geführt, heben sich dagegen weiß ab.

Wenn die Häuser so groß werden, daß sie ihre Fremdartigkeit zur Umgebung nicht mehr leugnen können, dann wären Zurückhaltung, Anpassung nur noch Vertuschung, Lüge. So sind die großen Wohnsiedlungen, an der Heerstraße, am Wassertorplatz, im Märkischen Viertel hohe, starre, weiße oder betongraue Wände, unübersehbar vor den Horizont gestellt, und die kontrastierenden Signalfarben rot und blau, im Sockel und an Fensterrahmen, sind entsprechend laut. Wenn man von weither kommt, sinken selbst diese Signalfarben in die riesige Wandoberfläche zurück, von nahem sind sie überdeutlich, sie betonen die Einschnitte, die Türen und die Fenster, sie nehmen den schweren hohen Wänden ihre starre Dominanz.

Düttmanns Sache war das Karge, Herbe, Modeste, Preußische, so sehr, daß manche seiner Bauten von außen beinahe abweisend erscheinen. Erst das Innere empfängt den Besucher, der sich überrascht der warmen Farbigkeit, dem Licht und den Ausblicken, dem Wohlbehagen rundum ganz hingibt. Im Erläuterungsbericht zu einem seiner verlorenen Wettbewerbe schreibt Düttmann, er bekenne sich ganz „zu seiner Vorliebe für das scheinbar Beiläufige, dessen Überraschungen sich erst im Gebrauch entfalten."

Akademie der Künste
Ausstellungsräume

Kirche St. Agnes
Innenraum

Kirche St. Martin
Innenraum

Akademie der Künste
Oberer Innenhof

Hansabücherei
Blick in den Innenhof

248

Wohnpark Kleiner Wannsee
Gartenseite

Haus Schiepe
Straßenseite

Akademie der Künste
Blick auf die Gesamtanlage

Ku'damm-Eck
Blick auf die Gesamtanlage

Betriebswohnheim
Hotel Schweizerhof

Edinburgh House
am Theodor-Heuss-Platz

Wohnanlage in der Hedemannstraße

Seniorenwohnanlage am Hubertussee

Borsig-Siedlung Fassadendetail

Wohnhäuser am Mehringplatz

Wohnhochhaus
am Wassertorplatz

Mensa der TU
Straßenfront

Gemeindezentrum St. Martin
Erdgeschoßfenster

Wohnbauten
im Märkischen Viertel

Bildende Kunst

Haila Ochs
Malerei und Graphik

»Kurzgeschichten für das Auge« nannte Albert Buesche seinen Artikel im Berliner Tagesspiegel vom 2. Juli 1952, in dem er die Ausstellung von Bildern und Plastiken Werner Düttmanns in der Buchhandlung Wasmuth beschrieb. Wie darin zu lesen ist, hat Düttmann sich während des Krieges und in der langen Zeit in englischer Kriegsgefangenschaft mit Malerei, Graphik und Plastik auseinandergesetzt. In seinem Nachlaß befinden sich aus dieser Zeit unzählige Zeichnungen, Holz- und Linolschnitte, Aquarelle; die ersten datiert mit 1937, die meisten aus den Jahren 1946 bis 1948. Einige dieser Arbeiten wurden in Literaturzeitschriften der Nachkriegszeit veröffentlicht, wie z.B. der Holzschnitt »Ruinen« (siehe S. 265) in der »Neuen Auslese« vom Mai 1947 zusammen mit einem Artikel über »Graphische Arbeiten deutscher Kriegsgefangener«. Düttmanns Themen waren neben religiösen Motiven Landschaften, Stadtbilder, Portraits und Szenen aus Krieg und Gefangenschaft. Die herbe und kraftvolle Sprache dieser Bilder, die knappe, sehr persönliche Erzählweise, wie sie auch Albert Buesche beschreibt, ist allen gemeinsam. Sie seien, schreibt er, »suggestiv und sofort verständlich«, eben »wie eine packende Kurzgeschichte für das Auge«.

In den fünfziger Jahren entstanden größere Aquarelle und Ölbilder. Düttmann malte Straßenszenen, Blicke aus den Fenstern seiner Wohnung und denen seiner Freunde, portraitierte seine Familie und sich selbst, mal in zartem Pastell, mal in kräftig leuchtenden Farben (siehe S. 263 u. 264). Der Strich wurde heftiger, und es gibt, vor allem aus den sechziger Jahren, mehr und mehr abstrakte Kompositionen, in denen er sein Gefühl für Farben und Formen ausdrückte. Geblieben sind auch in dieser Zeit religiöse Themen; immer wieder die Maria mit dem Kind, wie auf dem Bild, das Werner Düttmann für die Kirche St. Agnes gemalt hat (siehe S. 267).

Die Arbeit als Architekt und ab 1973 als Präsident der Akademie der Künste ließ ihm jedoch immer weniger Zeit zu malen. Bilder aus den siebziger Jahren gibt es nur wenige. Bis zum Schluß beibehalten hat er aber, seinen Freunden zu Weihnachten selbstgemalte Karten in Form eines Weihnachtsmannes zu schenken (siehe S. 18).

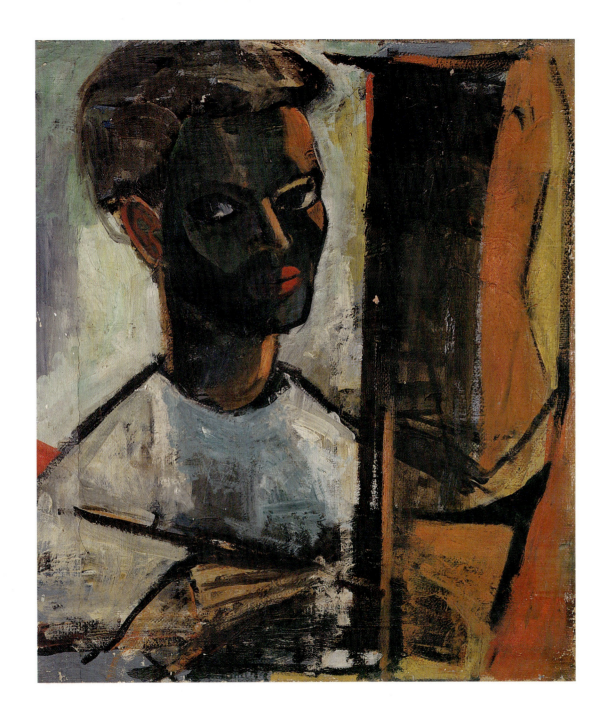

Selbstportrait 1957
Öl auf Leinwand

Straßenbild 1949
Aquarell

Ruinen 1947
Holzschnitt

Blick aus dem Fenster 1951
Öl auf Leinwand

Maria mit Kind 1967
Öl auf Leinwand
(Kirche St. Agnes)

**Katalog der Bauten
1952–1983**

Der Katalog der Bauten zeigt weitgehend vollständig die ausgeführten Bauten und eine Auswahl der Projekte und Wettbewerbe mit Angaben zu den Mitarbeitern und Literaturhinweisen. Die Werkliste im Anhang führt darüber hinaus alle bisher auffindbaren Bauten, Projekte und Wettbewerbe Werner Düttmanns auf. Alle Angaben wurden so sorgfältig wie möglich recherchiert und zum großen Teil von ehemaligen Mitarbeitern aus dem Büro Düttmann überprüft. Das Archiv Werner Düttmann liegt seit März 1990 in der Akademie der Künste Berlin, Hanseatenweg 10, 1000 Berlin 21. Haila Ochs

George-C.-Marshall-Haus mit ERP-Pavillon
Berlin-Charlottenburg
1950

Architekt: Bruno Grimmek mit Werner Düttmann

Stahlskelettbau. Ausstellungsgebäude der USA auf dem Messegelände am Funkturm, ausgestattet mit Gaststätte, Bücherei und Kinosaal. Im Inneren der großen Halle auf drei Seiten geschwungene Galerie, zu der eine freitragende Treppe hinaufführt. Eine verglaste Brücke verbindet die Halle mit dem Pavillon.

Literatur:
– Berlin und seine Bauten, Teil IX, Industriebauten, Berlin 1971, S. 21 u. 31
– Die Bauwerke und Kunstdenkmäler von Berlin, Stadt u. Bezirk Charlottenburg, bearb. v. Irmgard Wirth, Berlin 1961, S. 547–548, Abb. 739–741

(Nachlaß Düttmann Inv. Nr.: 1)

Altersheim Schulstraße
Berlin-Wedding
1952/53

Mitarbeiter: Sabine Schumann, Fritz Ehlen (Bauleitung)
Bauherr: Bezirksamt Wedding

Text und Abbildungen Seite 36

Literatur:
– Der Wettbewerb um ein Altersheim für Berlin-Wedding, in: Neue Bauwelt, 15/1952, S. 232–234
– Annemarie Lancelle, Altersheim in Berlin-Wedding, in: Architektur und Wohnform, Dez. 1955, S. 58–65
– Klaus Landsberg, Altersheim Berlin-Wedding, in: die Innenarchitektur, 12/1956, S. 755–760
– Maison de Retraite pour Vieillards à Berlin, Allemagne, in: L'Architecture d'aujourd'hui, 66/Juli 1956, S. 70–72
– Altersheim in Berlin-Wedding, in: Deutsche Bauzeitung 12/1956, S. 1404–1409

(Nachlaß Düttmann Inv. Nr.: 2)

**Jugendheim
Berlin-Zehlendorf
1953/54**

Mitarbeiter: Abtlg. VII, Senator
für Bau- und Wohnungswesen
Bauherr: Bezirksamt Zehlendorf

Jugendfreizeitheim an der
Sundgauer Straße mit Veranstaltungsräumen, Lesesaal,
Werkstätten und Räumen für
Jugendgruppen und -verbände.
Teil eines geplanten (aber nicht
realisierten) Ensembles aus Jugendheim, Kindergarten, Hort,
Krippe und Schule. Dreiflügelige Anlage am Rande eines
Sportplatzes, die sich hufeisenförmig um einen Gartenhof im
Südosten legt. An den mittleren
zweigeschossigen Bauteil
schließen sich links ein Saalbau
und rechts der Werkstattflügel
mit Heimleiterwohnung im
stumpfen Winkel an. Große
Fensterflächen über rotem
Spaltklinkersockel im Erdgeschoß. Im Mitteltrakt zum Garten hin fünf breite Glasfelder, im
Obergeschoß elf kleinere gelbgrau lackierte Stahlfenster mit
Sohlbänken aus schwarzem
Kunststein, Wände weiß verputzt, das Dach mit hellgrauem
Eternit gedeckt.
Im Inneren die typische Farbigkeit der 50er Jahre: im Bühnensaal grau-roter Fußboden
und türkisfarbene Decke, im
Lesesaal Wände blaue, gelbe
Decke und rote Sofas, im Flur
türkisfarbener Boden, Treppenhalle Wände zartgrau und altrosa, Vorhänge stahlblau und
Möbel gelb-schwarz-grau.
Die Treppe in der Halle mit eingespannten Betonfertigstufen
und Sichtflächen aus Basalt
und Quarz.

Literatur:
– Das Jugendheim in Berlin-
Zehlendorf, in: Bauwelt
45/1954, S. 885–889
– Klaus Landsberg, Ein Treffpunkt der Jugend, in: Die Innenarchitektur 6/1955, S. 338 ff.

(Nachlaß Düttmann Inv. Nr.: 3)

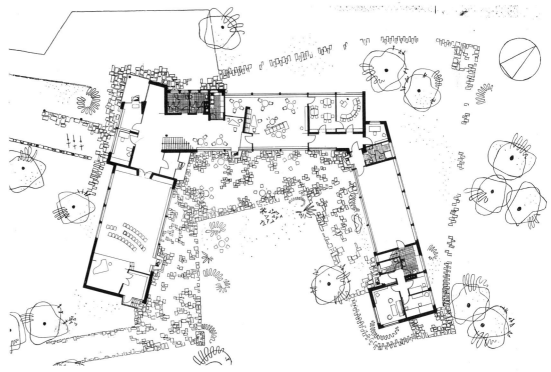

Buchhandlung Wasmuth
Berlin-Charlottenburg
Ausbau 1956

Neugestaltung von Inneneinrichtung und Eingangsbereich der Buchhandlung in der Hardenbergstraße. Erweiterung der Ladenfläche durch ein vorgelagertes Podest, das rechts mit der vorspringenden Hauswand abschließt. Über einem mit Mosaiksteinchen verkleideten Sockel großes, ungeteiltes Schaufenster, das zugleich verglaster Eingangsbereich ist. Inneneinrichtung im Stil der 50er Jahre: Tütenlampen, dunkle Metallgitter, Büchergestelle und Tische mit schräg gestellten Beinen, Neon-Leuchtschrift über dem Eingang.

Literatur:
– Einladender Ladeneingang, in: Bauwelt 46/1956, S.1089–1090
– Berlin und seine Bauten, Teil VIII, Bd. A, Berlin 1978, S. 210 und 244

(Nachlaß Düttmann Inv. Nr.: 5)

Pädagogische Akademie
Paderborn
Wettbewerb 1956

Bauherr: Land Nordrhein-Westfalen

Gefordert war ein Neubau auf einem Grundstück mit vorhandenem Altbau, einem Teich und altem Baumbestand. Der Entwurf Werner Düttmanns wurde angekauft. Wichtigste Merkmale: Kompakte Anlage zur Erhaltung möglichst großer Freiflächen. Viergeschossiger Hauptbau, der im Norden durch einen zweigeschossigen Gang an den Altbau anschließt. Im Süden gesonderte Gebäudegruppe für Aula und Sporträume.

Literatur:
– Neubau einer Pädagogischen Akademie in Paderborn, Ergebnis eines Wettbewerbs, in: Die Bauverwaltung, hrsg. v. Bundesminister der Finanzen, Düsseldorf, 7/1956, S. 291 ff.

(Nachlaß Düttmann Inv. Nr.: 74)

**Kongreßhalle
Berlin-Tiergarten
1956/57**

Architekt: Hugh Stubbins,
Cambridge/Mass.
Kontaktarchitekten: Werner
Düttmann und Franz Mocken
Bauherr: Benjamin-Franklin-
Stiftung

Beitrag der USA zur Internationalen Bauausstellung INTERBAU 1957.
Internationale Tagungsstätte. Großes Auditorium mit geschwungenem Betondach über quadratischem Sockelbau mit Konferenz-, Empfangs- und Ausstellungsräumen, Verwaltung, Restaurant und Bücherei. Das Dach mit einer Fläche von rund 3600 m² hängt zwischen zwei Stahlbetonbögen und liegt auf einem inneren Ringbalken oberhalb der Auditoriumswand. Es berührt die Plattform an zwei Punkten, dort, wo die beiden auseinandergeneigten Bögen sich gegen Widerlager aus Stahlbeton stützen. Dicke der Dachhaut 6 cm, Spannweite 60 m.
Am 21. Mai 1980 Einsturz des Daches. Heftige Diskussionen um Konstruktion und Wiederaufbau. 1987 Rekonstruktion der Kongreßhalle in ihrer ursprünglichen Form, jedoch mit leicht veränderter Statik durch die Architekten Peter Störl und Wolf Rüdiger Borchardt.

Literatur:
– Bauwelt 49/1955, S. 999, 42/1956, S. 999 f., 24/1957, S. 590 und 1/1958, S. 7–10
– Die neue Berliner Kongreßhalle, in: Bauen + Wohnen 7/1957, S. 218 f.
– Hugh A. Stubbins, Kongreßhalle, in: Wiederaufbau Hansaviertel Berlin, Interbau Berlin 57, hrsg. v. SenBauWw, Berlin 1957, S. 138–141 und Abb. S. 279
– L'Architecture d'aujourd'hui 75/1958, S. 33–40
– baukunst und werkform 1/58, S. 13–46
– Berlin und seine Bauten, Teil IX, Industriebauten/Bürohäuser, Berlin 1971, S. 250 ff.

(Nachlaß Düttmann Inv. Nr.: 6)

GARTENANSICHT

**Entwurf für zweigeschossige Einfamilienhäuser Objekt Nr. 33 für die Internationale Bauausstellung 1957
Berlin-Tiergarten
1956/57**

Architekt: F. R. S. Yorke, London, mit Werner Düttmann
Mitarbeiter: Franz Mocken, Siegfried Böhmer
Bauherr: Senat von Berlin

Vorgesehen waren vier aneinandergebaute Einfamilienreihenhäuser in der Gruppe der niedrigen Bebauung im Nordosten des Hansaviertels als Mauerwerksbauten mit Stahlbeton-Rippendecken. Sägeförmige Anordnung der Häuser und Orientierung nach Süden mit Aussicht auf den Tiergarten. Vorgelagerte Terrassen sind so vor Einblicken geschützt. Trotz äußerlicher Ähnlichkeiten unterschiedliche Raumaufteilungen im Inneren. Mauerwerk außen weiß geschlämmt und innen geputzt. Fußbodenbelag für den Wohnraum Kleinparkett, für die Räume im Obergeschoß Linoleum auf schwimmendem Estrich. Fußböden in Diele und Küche Solnhofener Platten. Die Bauten, die für diesen Teil des Hansaviertels geplant waren, wurden nicht ausgeführt. An dieser Stelle wurde die Akademie der Künste gebaut.

Literatur:
– Interbau Berlin 1957, Amtlicher Katalog der Internationalen Bauausstellung Berlin 1957, S. 50, 53, 118 f.
– Wiederaufbau Hansaviertel Berlin, Interbau Berlin 57, hrsg. v. SenBauWw und BDA Berlin 1957, S. 178 ff.

(Nachlaß Düttmann Inv. Nr.: 76)

Bücherei und U-Bahnhof Hansaplatz
Berlin-Tiergarten
1956/57

Mitarbeiter: Siegfried Böhmer, Bezirksamt Tiergarten, Amt für Hochbau (Bauleitung)
Bauherr: Senat von Berlin

Text und Abbildungen Seite 48

Literatur:
– Werner Düttmann, Hansabücherei, in: Wiederaufbau Hansaviertel, Interbau Berlin 57, hrsg. v. SenBauWw und BDA, Berlin 1957, S. 116–119
– Baukunst und Werkform 6/1958, S. 310 f.
– Glasforum 4/1958, S. 14–17
– Informes de la Construccion 112, Jun./Juli 1959, S. 142–18
– Progressive Architecture, Aug. 1960, S. 130–134
– Michael Brawne, Bibliotheken. Architektur und Einrichtung, Stuttgart 1970, S. 46 ff., 130, 164, 166/67

(Nachlaß Düttmann Inv. Nr.: 7)

Jugendheim
Hamburg-Rissen
Projekt 1957

Der Entwurf ist, ganz ähnlich dem Altersheim Wedding und dem Jugendheim Zehlendorf, eine mehrflügelige Anlage, um zwei Höfe geordnet.
Im Mittelbau: Halle der Begegnung (Ansicht A von Süden, C von Norden), daran angebunden zwei Schlafflügel im Osten, im Westen ein großer Saal und der Küchentrakt.
Über die Geschichte des Projekts ist nichts bekannt.

(Nachlaß Düttmann Inv. Nr.: 77)

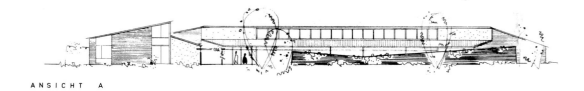

ANSICHT A

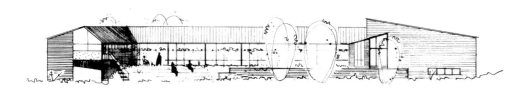

ANSICHT C

**Palais am Funkturm
Berlin-Charlottenburg
1957**

Architekt: Bruno Grimmek mit Werner Düttmann und Werner Klenke

Hauptgaststätte auf dem Messegelände. Kombinierte Stahlbeton- und Stahlskelettbauweise mit farbig gestalteten Wandflächen. Südseite fast vollständig verglast. Blockhafte Architektur des Äußeren, innen zwei freitragende Treppen aus Stahlblech (die östliche ist versenkbar) zum galerieartig ausgebildeten Obergeschoß. Öffnungen in der Erdgeschoßdecke bilden einen Kreis und eine 17 m lange Parabel.

Literatur:
– Die Bauwerke und Kunstdenkmäler von Berlin. Stadt und Bezirk Charlottenburg, bearb. v. Irmgard Wirth, Berlin 1961, S. 549, Abb. 742–744
– Berlin und seine Bauten, Teil VIII, Bd. B, Berlin 1980, S. 92 f., 120
– Bauwelt 1957, S. 904
– Die Bauverwaltung 1959, S. 150–156
– Der Baumeister 1957, S. 1–5

(Nachlaß Düttmann Inv.Nr.: 8)

Wohnhaus Bellermannstraße
Berlin-Wedding
1957/58

Mitarbeiter: Franz Mocken
Bauherr: Lichtner & Hauffe

Fünfgeschossiger Wohnhausbau mit zwanzig Wohneinheiten an der Ecke Bellermannstraße/ Stettiner Straße. Flach geneigtes Satteldach, glatter kubischer Baukörper mit vier Balkonreihen als vertikale Achsen der Straßenfassade.
Die erhaltenen Pläne entsprechen nicht dem ausgeführten Bau. Die acht verschiedenen Planungsstadien sahen eine aufgelockerte, zum Teil in der Höhe gestaffelte Eckbebauung mit Garten vor.

(Nachlaß Düttmann Inv. Nr.: 9)

Schnellstraßenbrücke
Berlin-Schmargendorf
1958

Konstruktiver Entwurf: Wilhelm Schließer, Abt. VII, SenBauWw
Ausführung: Philipp Holzmann AG

Stahlbeton-Brücke der Stadtautobahn Süd über die Mecklenburgische, entlang der Rudolstädter Straße.
Während seiner Tätigkeit als Baurat in der Abteilung Hochbau beim Senator für Bau- und Wohnungswesen war Werner Düttmann verantwortlich für die Gestaltung von Verkehrsanlagen (Brücken, Wartehäuschen an der Stadtautobahn, öffentliche Toiletten usw.). Prominentestes Beispiel ist die Mehrzweckanlage mit Verkehrskanzel am Joachimstaler Platz, die er zusammen mit Werner Klenke und Bruno Grimmek entwarf.

(Nachlaß Düttmann Inv. Nr.: 10)

**Ostpreußenbrücke
Berlin-Charlottenburg
1958–60**

Konstruktiver Entwurf: Abt. VII, SenBauWw
Ausführung: Philipp Holzmann AG

Im Zuge der Neuen Kantstraße/Masurenallee enstand 1913–15 die eiserne Brücke über die Ringbahn, gleichzeitig als Zugang zum Bahnhof Witzleben. Durch den Bau der Berliner Stadtautobahn, die rechts und links an der Ringbahn entlanggeführt wurde, Verlängerung der alten Ostpreußenbrücke auf 92 m und Verbreiterung auf 37 m in Stahlbeton. Die Gestaltung der neuen Brücke stammt von Werner Düttmann.

Literatur:
– Die Bauten und Kunstdenkmäler von Berlin. Stadt und Bezirk Charlottenburg, bearb. v. I. Wirth, Berlin 1961, S. 530

(Nachlaß Düttmann Inv. Nr.: 11)

**Akademie der Künste
Berlin-Tiergarten
1958–60**

Mitarbeiter: Sabine Schumann, Klaus Bergner, Ingrid Biergans, Otto Herrenkind, Christa Kock
Gartenarchitekt: Walter Rossow
Bauherr: Henry H. Reichold

Text und Abbildungen Seite 60

Literatur:
– Bauwelt 39/1960, S. 1131 ff.
– Die Innenarchitektur 12/1960, S. 922–925
– werk 9/1960, S. 335–337
– Deutsche Bauzeitung 12/1961, S. 930–935
– Arkitekten 18/1961, S. 321–332
– Bouwkundig Weekblad 15/1961, S. 300–304
– moebel interior design 2/1961, S. 57–62
– werk 4/1962, S. 130–132
– Achitektur und Wohnform 4/1962, S. 144–151
– Bouw 20/1966, S. 750–754

(Nachlaß Düttmann Inv. Nr.: 12)

**Mehrzweckbau
Ingolstadt
Wettbewerb 1959**

Wettbewerb für einen Mehrzweckbau mit Theater, Festsaal, Gaststätte, Hallenbad und Bibliothek. Im Januar 1960 wurden zwei zweite Preise an H.-W. Hämer, Berlin, und W. Mayer, Nürnberg, vergeben. Ausgeführt wurde der Bau ohne Hallenbad und Bibliothek von H.-W. Hämer 1963–66.

Literatur:
– Bauwelt 19/1966, S. 544

(Nachlaß Düttmann Inv. Nr.: 79)

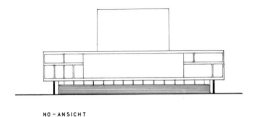
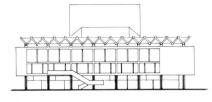

**Ernst-Reuter-Platz
Berlin-Charlottenburg
1960**

1953–56 Bebauungsplan für die Anlage des Verkehrsknotenpunktes durch Bernhard Hermkes und Umbenennung des ehemaligen »Knies« in Ernst-Reuter-Platz. Maße von Nord nach Süd 117 m, von West nach Ost 130 m. Runde Mittelinsel von Düttmann als Grünfläche mit zwei Wasserbecken (30 x 30 und 20 x 20 m) und 41 Springbrunnen gestaltet, durch einen Fußgängertunnel zu erreichen. Einweihung am 15. September 1960.

Literatur:
– Die Bauten und Kunstdenkmäler von Berlin. Stadt und Bezirk Charlottenburg, bearb. v. I. Wirth, Berlin 1961, S. 512
– Verloren gefährdet geschützt. Baudenkmale in Berlin, hrsg. v. Norbert Huse, Berlin 1989, S. 222 f.

(Nachlaß Düttmann Inv. Nr.: 15)

**Edinburgh House
Berlin-Charlottenburg
1960/61**

Mitarbeiter: Siegfried Böhmer,
Horst Müller
Horst Rieger (Statik)
Bauherr: Bundesamt für
Besatzungslasten

Gästehaus der Britischen Militärregierung mit fünfzig Zimmern am Theodor-Heuss-Platz. Sechsgeschossiger Stahlbetonskelettbau mit Dachterrasse. Konstruktion Sichtbetonraster und Ausfachung mit weißen Ziegelsteinen. Brüstungen der Fenster und der Dachterrasse blau-grün, Balkonblenden weiß gestrichen, Erdgeschoß verglast.
Bei Renovierungsarbeiten 1989 Veränderung der Farbgestaltung und Anbau eines Fahrstuhlturmes.

Literatur:
– Berlin und seine Bauten, Teil VIII, Bd. B, Berlin 1980, S. 47
– Berliner Morgenpost, 7.7. 1960

(Nachlaß Düttmann Inv. Nr.: 16)

Erweiterungsbauten Kriminalgericht Moabit
Berlin-Moabit
1960/61

Mitarbeiter: Gerhard Rümmler, Abtlg. VII, SenBauWw

Nach dem ersten Erweiterungsbau von Fritz Gaulke 1957/58 an den historischen Gerichtsbau von 1902–06 wurden 1960–61 zwei weitere Teile von Werner Düttmann angebaut. An der Wilsnacker Straße entstand ein flacher Saalbau mit einem im rechten Winkel anschließenden achtgeschossigen Bauteil. Stahlbetonskelettbauten, Brüstungselemente aus schalungsrauhem Beton.
Pläne der Bauten sind im Nachlaß nicht vorhanden.

Literatur:
– Berlin und seine Bauten, Teil III, Berlin 1966, S. 74 ff.

(Nachlaß Düttmann Inv.Nr.: 21a)

Bühnenhaus Deutsche Oper
Berlin-Charlottenburg
1960–63

Bauherr: Senator für Kulturelle Angelegenheiten

Fundushaus mit Malerräumen und Werkstätten. Anbau an die 1957–61 von Fritz Bornemann gebaute Deutsche Oper. Fassadenverkleidung Spundwandprofile aus hellgrauen Eternit-Platten auf Lattenrosten.

Literatur:
– Bauen in Berlin 1900–1964, Katalog der Akademie der Künste, Berlin 1964, S.128

(Nachlaß Düttmann Inv. Nr.: 17)

Polizeiinspektion
Berlin-Spandau
1960–63

Mitarbeiter: Hans-Joachim Lorenz, Abtlg. VII SenBauWw
Bauherr: Senator für Inneres

Polizeigebäude an der Moritzstraße, Ecke Altstädter Ring. Zwei Gebäudeteile für Polizeiinspektion (Haus A) und Einsatz-Kommando (Haus B). Stahlbetonskelettbauten mit Mauerwerksausfachung.

Literatur:
– Berlin und seine Bauten, Teil III, Berlin 1966, S. 88.

(Nachlaß Düttmann Inv. Nr.: 19)

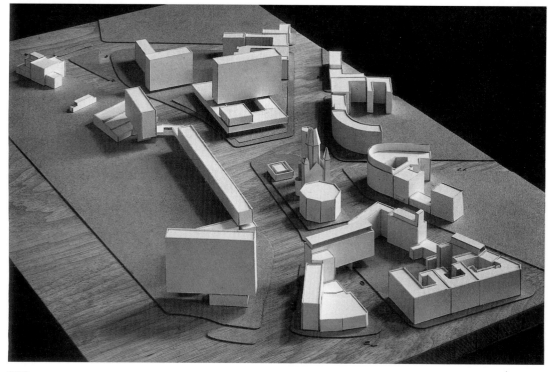

Breitscheidplatz
Berlin-Tiergarten
Projekt 1961

Bauherr: Karl Heinz Pepper

Bebauungsvorschlag und städtebaulicher Rahmen für das Europa-Center am Breitscheidplatz (1963–65 Hentrich & Petschnigg; Düttmann und Egon Eiermann künstlerische Beratung).
Düttmanns Entwurf sah bereits die Struktur einer niedrigen Sockelbebauung – die Traufhöhe entspricht der Altbebauung – mit einem Hochhausteil vor. Er ist jedoch im unteren Teil geschlossener, und der höhere Baukörper kragt in seinem quer-rechteckigen Format über den Sockel an der Tauentzienstraße hinaus.

Literatur:
– Berlin und seine Bauten, Teil IX, Berlin 1971, S. 177 ff. und 213
– Bauwelt 34–34/1965, S. 962–969

(Nachlaß Düttmann Inv. Nr.: 82)

**Überseehaus
Berlin-Tiergarten
Projekt 1961–65**

Mitarbeiter: Klaus Bergner,
Heinz Nicklisch (Statik)

Planung eines »Überseehauses« am Lützowplatz als Zentrum für wirtschaftliche Beziehungen mit den Ländern Asiens, Afrikas und Südamerikas durch den Berliner Senat. Bebauung des Grundstücks erst 1988 mit einem Hotel von Jürgen Sawade.
Schematischer Vorentwurf von Düttmann: Dreiteiliger Gebäudekomplex mit bis zu 10 Stockwerken, bestehend aus Wohn-, Lehr- und Verwaltungstrakt. Verbindung der drei Teile im unteren Bereich durch Restaurant, Klubräume, Bibliothek und Ausstellungshalle. In der Mitte großer Saal für 500 Personen.

Literatur:
– Bauwelt 36/1962, S.1002

(Nachlaß Düttmann Inv. Nr.: 83)

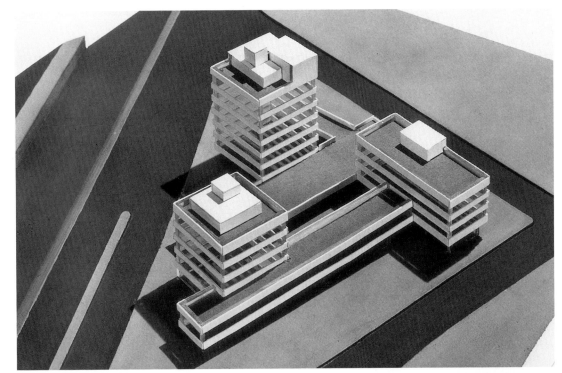

**Feuerwache Buckow
Berlin-Neukölln
1962**

Mitarbeiter: Abtlg. VII Sen-BauWw
Bauherr: Senator für Inneres

Feuerwache an der Rudower Straße, Ecke Johannisthaler Chaussee. Stahlbetonbau. Eingeschossiger Eingangsbereich und Wagenhalle mit fünf Toren zur Johannisthaler Chaussee, Klinkerverblendung. Hauptbau im rechten Winkel, parallel zur Rudower Straße, über den Flachbau gestelzt mit weiteren drei Geschossen. Rasterfassade mit Putzflächen. Auf dem Hof Werkstattgebäude und viergeschossiger Steigeturm.

Literatur:
– Berlin und seine Bauten, Teil X, Bd. A, (1) Feuerwachen, Berlin 1976, S.51

(Nachlaß Düttmann Inv.Nr.: 21)

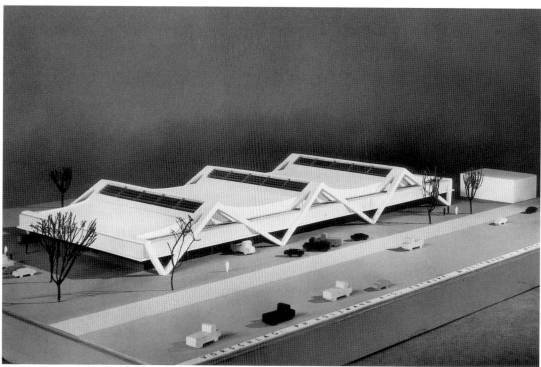

**Blumenhalle
Berlin-Kreuzberg
Projekt 1962**

Mitarbeiter: Franz Mocken
Vorschlag und Statik: Philipp Holzmann AG

Außer Entwurfsskizze und Modellfoto sind im Nachlaß keine weiteren Unterlagen vorhanden.

(Nachlaß Düttmann Inv.Nr.: 84)

**Städtebauliche Gesamtkonzeption Märkisches Viertel Berlin-Wittenau
1962**

Zusammen mit Georg Heinrichs und Hans C. Müller

Sanierungsmaßnahme für ein ehemaliges Kleingartengebiet im sozialen Wohnungsbau als Großsiedlung für ca. 18 000 Wohneinheiten. Neue Stadtlandschaft durch Abkehr von der Flächenbebauung hin zu hohen, kontinuierlichen Baukörpern, die sich durch ein Netz verästelter Grünflächen ziehen und Einzelhausgebiete umschließen.

Literatur:
– Bauwelt 14–15/1963, S. 390 ff.
– Deutsche Bauzeitung, 1/1966, S. 13 ff.
– Berlin und seine Bauten, Teil IV, Bd. A, Berlin 1970, S. 216 ff., 447 ff.

(Nachlaß Düttmann Inv. Nr.: 20)

**Staatsbibliothek
Berlin-Tiergarten
Vorentwurf 1962**

Mitarbeiter: Klaus Bergner, Ingrid Biergans

Vorentwurf für die »Staatsbibliothek Preußischer Kulturbesitz«. 1963/64 Architektenwettbewerb auf der Grundlage dieses Entwurfes. 1. Preis für den Beitrag von Hans Scharoun (1967–76 ausgeführt). Düttmanns Projekt sah drei nach Größe und Funktion verschiedene Bauteile vor: ein zweigeschossiges Eingangsgebäude mit Ausstellungsräumen, Vortragssaal, Restaurant u.a. Ein viergeschossiges Lesesaalgebäude und das 18-geschossige Buchmagazin. Die drei Trakte sollten durch flache Bauten verbunden werden und begrünte Innenhöfe umschließen.

Literatur:
– Bauwelt 5–6/1962, S. 140 ff.

(Nachlaß Düttmann Inv.Nr.: 85)

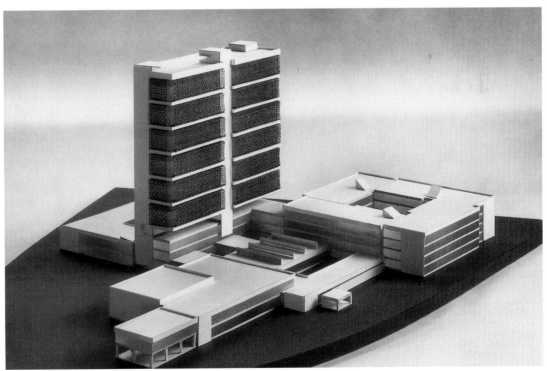

**Haus Salzenbrodt
Berlin-Tegel
1962/63**

Mitarbeiter: Wilhelm Schließer, Siegfried Böhmer, Dieter Berger
Bauherr: Rolf Salzenbrodt

Neubau eines Einfamilienhauses in der Wachstraße 4. Ein- und zweigeschossiger Stahlbetonskelettbau mit Ziegelausfachung. Gestaffelter kubischer Baukörper mit Sichtbetonstreifen. Zur Straße geschlossene Fassade mit schmalen liegenden Fenstern. Gartenseite große Fensterflächen und Ausgang zu Terrasse und Garten. Innenraumgestaltung durch feste Einbauten. Wände Sichtmauerwerk oder weiß verputzt.

Literatur:
– Berlin und seine Bauten, Teil IV, Bd.C, Berlin 1975, S. 287
– Bauen in Berlin 1900–1964, Katalog Ausstellung AdK, Berlin 1964, S.140

(Nachlaß Düttmann Inv. Nr.: 26)

**Brücke-Museum
Berlin-Dahlem
1964–67**

Mitarbeiter: Hans-Joachim Lorenz, Siegfried Böhmer, Dieter Berger
Bauherr: Land Berlin

Text und Abbildungen Seite 104

Literatur:
– Bauwelt 44/1967, S.1104 ff.
– architektur und wohnform 1/1968, S. 40–43
– Deutsche Bauzeitschrift 1/1969, S. 33–36
– Bauten für Bildung und Forschung. Museen, Bibliotheken, Institute, hrsg. v. S. Nagel/S. Linke, Gütersloh 1971, S. 44 ff.
– Bouw 44/1972, S.1411–1413
– Museumsbauten. Projekte und Entwürfe seit 1945, Dortmunder Architekturhefte Nr.15, Dortmund 1979
– Berlin und sein Bauten, Teil V, Bd. A, Berlin 1983, S. 44 f. und 61

(Nachlaß Düttmann Inv. Nr.: 33)

**U-Bahnhöfe der Linie 7
Berlin-Neukölln
1963/64**

Mitarbeiter: Rainer G. Rümmler, Hans-Joachim Lorenz, Norman Barthel, Victor Seist, Dieter Berger
Bauherr: Senator für Bau- und Wohnungswesen

Ausbau der U-Bahn-Linie 7 nach 1950: Verlängerung der Strecke bis Rudow im Südosten und bis Rathaus Spandau im Nordwesten Berlins. Drei neue Bahnhöfe im südlichen Bereich von Werner Düttmann gestaltet: Britz-Süd, Parchimer Allee und Blaschkoallee. Stahlbetonskelettbauten mit Mauerwerksausfachung und Klinkerverblendung. Die Bahnsteighallen in unterschiedlicher Farbgebung: Blaschkoallee Wände weiß, Sockel blau und Stahlrahmen-Einbauten mit blaugrünen Holzfüllungen. Parchimer Allee Wände blaugrau, Sockel hellgrau, Stützen weiß, Einbauten rot. Britz-Süd Wände gelbgrau, Sockel hellgrau, Stützen dunkelgrau, Einbauten grau.
Andere Bauten für die Berliner U-Bahn von Werner Düttmann sind der Bahnhof Hansaplatz und der Eingang zum U-Bahnhof Deutsche Oper.

Literatur:
– Berlin und seine Bauten, Teil X, Bd. B (1), Berlin 1979, S. 159 und Abb. 173–176

(Nachlaß Düttmann Inv. Nr.: 23)

**Haus Dr. Dienst
Berlin-Grunewald
1964/65**

Mitarbeiter: Peter Münzing
Bauherr: Prof. Dr. Hans Dienst

Büro- und Wohnhaus an der Bismarckallee 21a. Dreieckiges Grundstück an einer spitzen Straßenecke, dessen Form das Haus aufnimmt und in der Gestaltung der Ecke besonders deutlich macht. Im niedrigen, fast geschlossenen Sockelgeschoß Eingangsbereich, Garage und Sanitärräume für die Angestellten. Grundstücks- und Beeteinfassungen in Sichtbeton gliedern den Außenbereich. Darüber das vorkragende erste Obergeschoß mit dem Ingenieurbüro des Bauherrn. Im wieder stark zurückgesetzten zweiten Obergeschoß eine kleine Wohnung. Stahlbetonskelettbau mit Ziegelausfachung. Weiß profilierte Fensterbänder, die in die Mauer eingeschnitten sind, verlaufen über die gesamte Länge der beiden Dreiecksschenkel im Bürogeschoß.

Literatur:
– Berlin und seine Bauten, Teil IV, Bd. C, Berlin 1975, S. 269
– Rave/Knöfel, Bauen seit 1900 in Berlin, 1968, Nr. 118

(Nachlaß Düttmann Inv. Nr.: 28)

**Haus Dr. Menne
Berlin-Kladow
1964–66**

Mitarbeiter: Peter Münzing
Bauherr: Dr. Walter Menne

Text und Abbildungen Seite 118

Literatur:
– Architektur und Wohnform
5/1969, S. 238–241
– Berlin und seine Bauten, Teil
IV, Bd. C, Berlin 1975, S. 32 f.,
263 ff.

(Nachlaß Düttmann Inv. Nr.: 29)

**Kirche und Gemeindezentrum St. Agnes
Berlin-Kreuzberg
1964–67**

Mitarbeiter: Klaus Bergner,
Peter Münzing,
Heinz Nicklisch (Statik),
Hans-Joachim Zemke (Akustik)

Text und Abbildungen Seite 130

Literatur:
– architektur und wohnform
5/1968, S. 250–253
– Deutsche Bauzeitung
8/1968, S. 578 f.
– Kirchenbau in der Diskussion,
Katalog Ausstellung Münchner
Stadtmuseum, München 1973,
S. 78 f.
– Gebhard Streicher/Erika
Drave, Berlin Stadt und Kirche,
Berlin 1980, S. 90, 96, 163 f.,
284 f.

(Nachlaß Düttmann Inv. Nr.: 22)

**Bürohaus an der Urania
Berlin-Schöneberg
1964–67**

Mitarbeiter: Karlheinz Fischer, Klaus Bergner

Sechs- bis elfgeschossiges Bürohaus Ecke Kurfürstenstraße/ An der Urania. Kreuzförmiger Grundriß mit zentralem Verkehrskern. Ein verlängerter, in drei Teilen abgestufter Arm. Stahlbetonskelettbau. Brüstungselemente Waschbeton mit Carrarasplitt-Zusatz, Fensterbänder Holz, blau gestrichen. Sonnenblenden: Lamellen aus Sichtbeton.

Literatur:
– Rave/Knöfel, Bauen seit 1900 in Berlin, 1968, Nr. 5
– Linke/Nagel, Verwaltungsbauten, Gütersloh 1969, S. 151 ff.
– Der Deutsche Baumeister 1/1970, S. 27–29
– Verwaltungsbauten, hrsg. v. P. Peters, München 1973, S. 60

(Nachlaß Düttmann Inv. Nr.: 30)

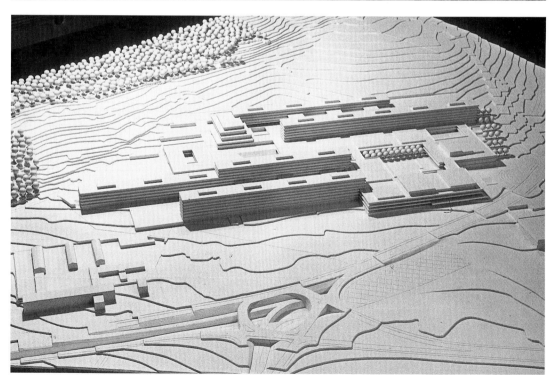

**Universität
Zürich
Wettbewerb 1965/66**

Mitarbeiter: Dieter Fischbach
Ausschreibung: Direktion der öffentlichen Bauten Zürich

Ideenwettbewerb für die Überbauung des Strickhofareals zur Erweiterung der Universität Zürich als Standort für die Unterstufe der Medizinischen Fakultät und für die Naturwissenschaftliche Fakultät. Entscheidung des Preisgerichts im Juli 1966. Kein Preis, kein Ankauf.

Literatur:
– Bauwelt 11/1968, S. 333

(Nachlaß Düttmann Inv. Nr.: 86)

Mensa der Technischen Universität Berlin-Charlottenburg 1965–67

Mitarbeiter: Siegfried Böhmer, Hans-Joachim Lorenz, Dieter Berger

Mensa des Studentenwerks Charlottenburg an der Hardenbergstraße. Im Erdgeschoß Foyer als Durchgang mit Cafeteria, Garderobe, Kasse usw. Eigentliche Mensa im Obergeschoß. Zweigeschossiger, von einer Galerie eingefaßter Raum mit Podiumsbühne mit insgesamt 1400 Sitzplätzen. Im 2.OG Küche, die durch Transportbänder mit dem Saal verbunden ist.

Literatur:
– Deutsche Bauzeitschrift, 11/1968, S.1863–1866
– Mensen. Eine vergleichende Darstellung, hrsg. v. Finanzministerium Baden-Württemberg, Stuttgart 1976, S. 38 f.

(Nachlaß Düttmann Inv. Nr.: 31)

Fabrikgebäude Collonil Berlin-Reinickendorf 1965–1980

Mitarbeiter: Wilhelm Schließer, Siegfried Böhmer, Dieter Berger, Hans Joachim Lorenz (1965), Hans Düttmann (1977), Dirk Winter, Peter Münzing (1980)
Bauherr: H. u. R. Salzenbrodt

Für die Firma Collonil, Hersteller von Schuhpflegemitteln, baute Werner Düttmann zwischen 1965 und 1980 verschiedene Bauteile auf dem Werksgelände in der Hermsdorfer Straße.
1965 dreigeschossiger Sheddachbau für Fertigung und Versand. Hier abgebildet: 1968 Hauptgebäude mit Eingang, Lagerräumen und umgebauter Kantine (Wilhelm Schließer). 1969–71 Lagergebäude. 1977 Fabrikgebäude mit Labor (Hans Düttmann). 1979/80 Erweiterungsbau und Kantine.

(Nachlaß Düttmann Inv. Nr.: 39)

Hotel und Kongreßzentrum München
Entwurf 1966

Gutachterverfahren mit sechs Teilnehmern (Werner Düttmann, Gerhard Krebs, Alexander Frhr. von Branca, Peter Neufert, Josef Becvar, P.F. Schneider) für ein Hotel und Kongreßzentrum Am Gasteig in München. Das Zentrum wurde erst in den achtziger Jahren gebaut. Düttmanns Entwurf sieht zwei getrennte Komplexe vor: den zum Gasteig orientierten Baukörper für das Kongreß- und Konzertzentrum als viergeschossigen, geschlossenen Rechteckbau und den zurückliegenden Komplex für Verwaltung, Hotel und Bildungseinrichtungen als niedrigen Sockelbau mit Hochhausteil von 25 Geschossen und vorgelagertem Museum.

(Nachlaß Düttmann Inv. Nr.: 87)

Haus Vogel
Berlin-Spandau
1966/67

Mitarbeiter: Wilhelm Schließer, Siegfried Böhmer, Dieter Berger, Hans-Joachim Lorenz
Bauherr: Annemarie Vogel

Neubau eines Mehrfamilienhauses am Weinmeisterhornweg 31. Zweigeschossiger Bau mit fünf kleinen Wohnungen. Zur Straße dreifach gestaffelter, kubischer Baukörper mit geschlossenen, weiß verputzten Wandflächen und flachen Fensterbändern. Die schmale Straßenfront wird dominiert von der großen Fläche eines dreiteiligen Garagentores. Das Haus zieht sich in die Tiefe des Grundstücks hinein und öffnet sich zum Garten. Im Erdgeschoß direkter Zugang durch große Glastüren, im Obergeschoß Balkon, der tief in einen vorspringenden Rechteckblock eingeschnitten ist.

(Nachlaß Düttmann Inv. Nr.: 32)

**Mehringplatz
Berlin-Kreuzberg
1966–1975**

Mitarbeiter: Justus Burtin, Carl-August von Halle, Renate Scheper, Siegfried Hein, Eckhard Grassow
Städtebauliche Planung: Hans Scharoun
Bauherr: H. Mosch KG und Neue Heimat

Text und Abbildungen Seite 190

Literatur:
– Bauwelt 5/1963, S.127 und 41/1966, S.1135 f.
– neue heimat, 4/1971, S.1–12
– Berlin und seine Bauten, Teil IV, Bd. B, Berlin 1974, S.594 ff.
– Stadt und Wohnung 4/1975, S.1–6
– Rave/Knöfel, Bauen der 70er Jahre in Berlin, Berlin 1981, Nr. 288
– M. Wörner/D. Mollenschott, Architekturführer Berlin, Berlin 1989, Nr. 247

(Nachlaß Düttmann Inv. Nr.: 34)

**Universität
Bremen
Wettbewerb 1967**

Mitarbeiter: D. Hassenstein, T. Kälberer, P. Kuhlen, J. P. Schmidt-Thomsen

Wettbewerb für die neugegründete Universität Bremen nach einem Raumplanungsprogramm von 1966 als Campus-Universität für sechs- bis siebentausend Studenten.
Der Entwurf Düttmanns entstand während seiner Zeit als Honorar-Professor an der Technischen Universität Berlin. Er zeigt die städtebauliche Anlage und die Gestaltung der Einzelbereiche.

Literatur:
– Bauwelt 24/1966, S.715 und 42–43/1967, S.1053–1075

(Nachlaß Düttmann Inv. Nr.: 88)

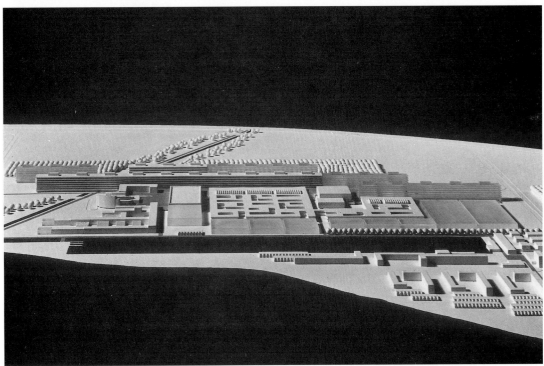

Wohnbauten im Märkischen Viertel Berlin-Wittenau 1967–70

Mitarbeiter: Wolf Jessel und Peter Werner
Bauherr: Deutsche Bau- und Siedlungsgesellschaft

13–16-geschossige Wohnhochhäuser im Südosten des Märkischen Viertels am Dannenwalder Weg. 865 Wohnungen im Sozialen Wohnungsbau. Die Häuser liegen, in zwei größeren Komplexen zusammengefaßt, entlang der Straße und bilden Höfe, die nach allen Richtungen offen sind. Ein Teil besteht aus zwei niedrigeren, hakenförmigen, gegeneinander versetzten Zeilen, der andere aus zwei hohen gestaffelten Scheiben. Stahlbetonbauten in Großtafelbauweise. Fassade Carrara-Sandwichplatten. Mittelganghaus mit acht Wohnungen pro Etage. Sieben verschiedene Wohnungstypen mit 52 bis 98 m². Jede Wohnung hat einen Balkon, innenliegende Badezimmer, WCs und Abstellräume. Die Wohnungen sind großzügig und durchdacht geschnitten und ausgestattet.

Literatur:
– Bauwelt 46–47/1967, S. 1208 f.
– Rave/Knöfel, Bauen seit 1900 in Berlin, Berlin 1968, Nr. 228, 15
– Das Märkische Viertel, Berliner Forum 1/1971, hrsg. v. Presse- und Informationsamt des Landes Berlin
– Plandokumentation Märkisches Viertel, hrsg. v. Senator für Bau- und Wohnungswesen, Berlin 1972
– Berlin und seine Bauten, Teil IV, Bd. B, Berlin 1974, S. 826 ff.
– Stadt und Wohnung 1/1983, S. 1–5
– A. Wilde, Das Märkische Viertel, Berlin 1989

(Nachlaß Düttmann Inv. Nr.: 35)

NORMALGESCHOSS

1 WOHNRAUM
2 ESSPLATZ
3 KÜCHE
4 KINDERZIMMER
5 SCHLAFZIMMER
6 ABSTELLRAUM
7 BALKON
8 BAD
9 WC

Haus Meyer-Belitz
Berlin-Spandau
1967/68

Mitarbeiter: Wilhelm Schließer
Bauherr: Klaus Meyer-Belitz

Neubau eines Einfamilienhauses im Falstaffweg 56. Ein- und zweigeschossig. Weiß verputzter, kubischer Baukörper. Zur Straße geschlossene Wandflächen, die nur durch den Eingang, ein schmales Fensterband und das große, leuchtend rot gestrichene Garagentor durchbrochen sind. Auf der Rückseite große Glasflächen als Durchgang in den Garten.

(Nachlaß Düttmann Inv. Nr.: 41)

Wohnbauten Heerstraße
Berlin-Staaken
1967–71

Mitarbeiter: P. Werner, Dieter Schiffczyk, Eckhard Grassow, Heiner Krumlinde, Gudrun Wolf
Bauherr: Berliner Wohnungsgesellschaft

4- bis 8-geschossige Wohngebäude in der Großsiedlung Heerstraße-Nord. Große Blockbebauung mit innenliegendem Hof an der Heerstraße, im Nordosten offen und versetzt zur Baureihe des Architekten Wolff-Grohmann.
Weiß verputzte Mauerwerksbauten mit roten Balkonbrüstungen. Anlage mit insgesamt 501 Wohnungen im sozialen Wohnungsbau, Läden und Gaststätte. Drei Wohnungstypen mit 2 und 2 1/2 Zimmern.

Literatur:
– Berlin und seine Bauten, Teil IV, Bd. B, Berlin 1974, S. 658

(Nachlaß Düttmann Inv. Nr.: 36)

Wohnanlage Heerstraße
Berlin-Charlottenburg
1967–71

Mitarbeiter: Peter Werner, Werner Schulze zur Wiesche, Eckhard Grassow, Alexander Kleinloh, Gudrun Falke
Bauherr: H. Klammt AG, Tempelhofer Feld AG, Erich Werner Spitzer, Heerstraße Bau GmbH, Pfaff Wohnungsbau KG

6- bis 21-geschossige Wohnanlage zwischen Heerstraße und Angerburger Allee. Steuerbegünstigter Wohnungsbau. Stahlbetonkonstruktion in Schottenbauweise mit vorgefertigten Balkonelementen. Weiß verputzt mit Sichtbetonstreifen und blauen Fensterprofilen. Verschiedene Wohnungstypen von 44 m² bis zu 220 m² großen Maisonnette-Wohnungen.

Literatur:
– Berlin und seine Bauten, Teil IV, Bd. B, Berlin 1974, S. 638 f.

(Nachlaß Düttmann Inv. Nr.: 37)

Haus Salzenbrodt
Berlin-Frohnau
Umbau 1968/69

Mitarbeiter: Wilhelm Schließer, Siegfried Böhmer, Dieter Berger, Hans-Joachim Lorenz
Bauherr: Hans Salzenbrodt

Umbau eines Doppelhauses in der Schönfließer Straße 20 zu einem Einfamilienhaus. Innenausbau, Dachneubau und Anbau eines Schwimmbades. Durch den Schwimmbadanbau und den Neubau einer Sommerlaube im Garten entsteht eine u-förmige Gesamtanlage.

(Nachlaß Düttmann Inv. Nr.: 26)

Wohnbauten Wassertorplatz
Berlin-Kreuzberg
1968–70

Mitarbeiter: Dieter Fischbach
Bauherr: Gemeinnützige Wohnungsbau AG

Sanierungsgebiet am Wassertorplatz: Bebauungsplan 1962, vier Bauabschnitte und Altersheim Prinzenstraße von Werner Düttmann.
Bauteil 1 und 2: 5- bis 17-geschossiges Wohngebäude an der Bergfriedstraße, überbrückt die Wassertorstraße. Zentrales Heizhaus. Mittelganghaus mit 2- und 2 1/2-Zimmer-Wohnungen (drei verschiedene Typen, 56 bis 74 m^2), 4 Treppenhäusern und 2 Fahrstuhleinheiten.

Literatur:
– Berlin und seine Bauten, Teil IV, Bd. B, Berlin 1974, S. 598 f.

(Nachlaß Düttmann Inv. Nr.: 38)

Wohn- und Geschäftshaus
in der Friedrichstraße
Berlin-Kreuzberg
1968–71

Mitarbeiter: Werner Schulze zur Wiesche
Bauherr: Rolf Frieser GmbH

Blockrandbebauung mit 72 Wohnungen und Ladenräumen im Erdgeschoß. Regelmäßige, durch tiefe Einschnitte und vorspringende Gebäudeteile vertikal gegliederte Fassade. Die Betonplattenverkleidung zieht horizontale Bänder darüber. Fensterhölzer gelb, Sockel Ortbeton.

(Nachlaß Düttmann Inv. Nr.: 40)

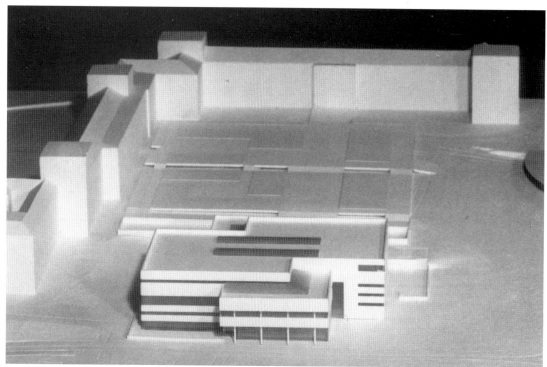

Mensa
Mannheim
Wettbewerb 1969

Mitarbeiter: Siegfried Böhmer, Dieter Berger, Hans-Joachim Lorenz

Der Entwurf zeigt die Anlage für eine Universitäts-Mensa mit einer ähnlichen Organisation wie die Mensa der TU Berlin. Kreuzförmiger Grundriß mit großem Kernbereich und kurzen Flügeln. Großräumiges Eingangsgeschoß mit Studentenwerk, Lesetischen, Post und Telefon. Zwei breite doppelläufige Treppen zum Mensageschoß, Tische in allen vier Flügeln. Unten ein Gartengeschoß mit Cafeteria, großem Foyer, Clubraum und Vorführsaal.

(Nachlaß Düttmann Inv. Nr.: 91)

Ku'damm-Eck
Berlin-Charlottenburg
1969–72

Mitarbeiter: Peter Stürzebecher, Peter Werner, Dierk Winter, Wolfgang Wörner, Rolf Niedballa (Bauleitung)
Bauherr: Ku'damm-Eck Grundstücks GmbH

Text und Abbildungen Seite 142

Literatur:
– Bauwelt 48/1968, S.1526, 34/1972, S.1302–1395
– Stahlbauten in Berlin, hrsg. v. Deutschen Stahlbauverband, Köln o.J. (um 1971), S. 38
– Architektur und Wohnwelt 2/1973, S.78–83
– Berlin und seine Bauten, Teil VIII, Bd. A, Berlin 1978, S. 269 f. und 298 f.
– Rave/Knöfel, Bauen der 70er Jahre in Berlin, Berlin 1981, Nr. 273

(Nachlaß Düttmann Inv. Nr.: 42)

**Kirche und Gemeindezentrum St. Martin
Berlin-Wittenau
1969–75**

Mitarbeiter: Peter Münzing, Heinz Nicklisch (Statik), Hans Joachim Zemke (Akustik)
Bauherr: Bischöfliches Ordinariat Berlin

Text und Abbildungen Seite 156

Literatur:
– St. Martin 1969–1979, Hrsg. Katholische Kirchengemeinde St. Martin, Berlin 1979
– Gebhard Streicher/Erika Drave, Berlin Stadt und Kirche, Berlin 1980, S. 86 f., 88 f., 163 f., 236 f.
– Rave/Knöfel, Bauen der 70er Jahre in Berlin, Berlin 1981, Nr. 419

(Nachlaß Düttmann Inv. Nr.: 44)

**Büro- und Geschäftshaus Wilmersdorfer Straße
Berlin-Charlottenburg
1970–73**

Mitarbeiter: Gudrun Falke, Alexander Kleinloh, Nagel, W. Wörner
Bauherr: Charlotten-Markt KG

Von der Planung ist außer einem Lageplan nichts im Nachlaß erhalten. Die Arbeit an diesem Projekt ist durch Mitarbeiter bestätigt. Das Haus, wie es heute steht, weicht wesentlich vom ursprünglichen Entwurf ab, sichtbar vor allem in der Fassade an der Wilmersdorfer Straße.

(Nachlaß Düttmann Inv. Nr.: 47)

Wohnpark Rodenkirchen
Köln-Rodenkirchen
1970–74

Mitarbeiter: Hartmut Groschupf, Ephtemia Gratsia-Grassmann, Büro Schneider + Kratzel, Köln
Bauherr: Arthur Pfaff, Köln

Großwohnanlage im Süden Kölns. Freifinanzierter Wohnungsbau mit Eigentumswohnungen.
Stahlbetonbauten mit Fertigteilen. Vier- bis fünfgeschossige Hauszeilen von Grünanlagen umgeben. Verschiedene Wohnungstypen zwischen 48 und 105 m².

Literatur:
– Wohnpark Rodenkirchen-Sürth, Broschüre der Allgemeinen Bauberatungs GmbH, Köln o.J. (um 1970)

(Nachlaß Düttmann Inv. Nr.: 48)

Kaufhaus Wertheim
Berlin-Charlottenburg
1971

Mitarbeiter: Peter Werner
Bauherr: Hertie-Konzern

Städtebauliche Beratung und Fassadengestaltung für das von Hans Soll gebaute Warenhaus. Fassade mit hellen Natursteinplatten und schmalen Fensterbändern weitgehend geschlossen. Im unteren Teil fünf über der zurückgesetzten Schaufensterpassage vorkragende, mit blauen Leichtmetallplatten verkleidete Vorbauten, die das Restaurant beherbergen. Leuchtend rote Sonnensegel vor der Terrasse des Staffelgeschosses. (1983 Umbau der Fassade durch Haus-Rucker & Co.)

Literatur:
– Berlin und seine Bauten, Teil VIII, Bd. A, Berlin 1978, S. 26, 69 und 87.

(Nachlaß Düttmann Inv. Nr.: 49)

**German Institute
London
Vorentwurf 1971**

Bauherr: Deutsche Botschaft London

Vorentwurf für ein geplantes Goethe-Institut an der Rutland Gate in London. Düttmanns Pläne sind datiert vom 15.2. 1971. Vorgesehen war ein siebengeschossiger Bau mit über 2000 m² Nutzfläche. Er sollte enthalten: Räume für Ausstellungen, ein Auditorium für ca. 300 Personen, eine Bibliothek, Arbeits- und Klassenräume, Büros für die Verwaltung und drei Wohnetagen für Gäste und Angestellte.

(Nachlaß Düttmann Inv. Nr.: 92)

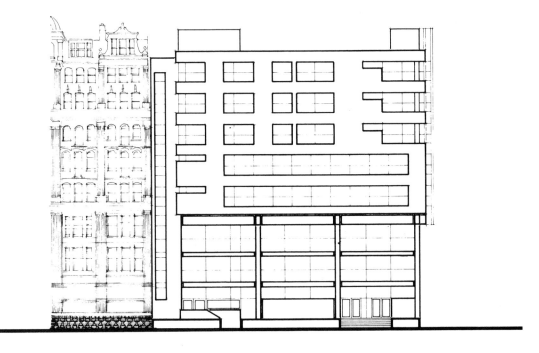

**Büro- und Geschäftshaus
am Ernst-Reuter-Platz
Berlin-Charlottenburg
1971–73**

Mitarbeiter: Siegfried Böhmer, Dieter Berger, Hans-Joachim Lorenz
Bauherr: Karl Heinz Pepper

Zehngeschossiges Büro- und Geschäftshaus an der Marchstraße Ecke Ernst-Reuter-Platz. Kubischer Stahlbetonbau. Nur horizontale Gliederung mit durchgehenden Fensterbändern und Sichtbetonstreifen. Über dem Erdgeschoß Luftgeschoß mit Parkflächen. An der Langseite Treppenhaus- und Fahrstuhlturm dunkel verputzt.

(Nachlaß Düttmann Inv. Nr.: 50)

Wohn- und Geschäftshaus am Stuttgarter Platz
Berlin-Charlottenburg
1971–73

Mitarbeiter: Ephtemia Gratsia, Elmar Kuhn, Güldenen Schlüter, Norbert Höflich
Bauherr: Dr. Jovy

Vier- bis siebengeschossiges Wohnhaus mit Geschäftsräumen im Erdgeschoß, an Kantstraße, Stuttgarter Platz und Krumme Straße gelegen. Folgt der alten Blockstruktur. Fassade weitgehend aufgelöst durch Balkone mit Stahlrohrbrüstungen. Stahlbetonbau mit Sichtbetonplatten verblendet.

(Nachlaß Düttmann Inv. Nr.: 51)

Wohnungsbau in der Prinzenstraße
Berlin-Kreuzberg
1971/72

Sechs- und siebengeschossiger Wohnungsbau. Regelmäßige Gliederung der ebenen Fassaden durch tiefe, dunkle Balkonzonen und flache, weiße Wände mit Fensterbändern. Kubische Lösung der Ecke: Die Hausteile stehen mit geschlossenen Seitenwänden auf Abstand, das höhere Treppenhaus, tief zurückgesetzt, schließt die Lücke, der breite Balkon über dem Erdgeschoß verhakt die beiden Hausteile miteinander und betont den Hauseingang.

(Nachlaß Düttmann Inv. Nr.: 49a)

**Erweiterung des Antikenmuseums in Vathy/Samos, Griechenland
1971–87**

Mitarbeiter: Jürgen Prill,
Ephtemia Gratsia,
Dimitros Marjellis (Bauleitung)
Bauherr: Deutsches Archäologisches Institut Athen

Text und Abbildungen Seite 212

(Nachlaß Düttmann Inv. Nr.: 52)

**Wohnanlage
Pulheim
1972–74**

Bauherr: Arthur Pfaff

Fünf- bis siebengeschossige Wohnhäuser in der Von-Humboldt-Straße Ecke Pletschmühlenweg in Pulheim bei Köln. Die Reihe zieht sich in der Höhe gestaffelt und mit Vor- und Rücksprüngen der Balkone gegliedert die Straße entlang, unterbrochen an einer Stelle durch eine kleine Grünanlage mit Kinderspielplatz. An der ruhiger gestalteten Rückseite erstrecken sich ein schmaler Wiesenstreifen und die zum Teil in der Erde versenkte Garage über die gesamte Länge der Hausreihe. Die mit schweren Betondächern gedeckten Auf- und Eingänge zu den Garagendecks haben eine beinahe skulpturale Wirkung.
Pläne der Anlage sind im Nachlaß nicht vorhanden.

(Nachlaß Düttmann Inv. Nr.: 53)

Wohnanlage Herrenmühle Heidelberg
Entwurf 1973

Mitarbeiter: Ephtemia Gratsia
Bauherr: Unternehmensgruppe Heinz Mosch

Gutachterverfahren (fünf Teilnehmer) für eine Wohnanlage auf einem städtischen Grundstück in der Altstadt von Heidelberg. Düttmanns Vorschlag sah eine geschlossene Bebauung entlang der Grundstücksgrenzen mit einem innenliegenden, begrünten Hof vor. Vier- bis sechsgeschossige, aneinandergereihte Hauseinheiten mit jeweils verschiedenen Wohnungstypen auf versetzten Ebenen. Balkone, Satteldächer, leichte Hanglage, Ausblick auf den Neckar.

Literatur:
– Vorentscheidung für Projekt »Herrenmühle«, in: Rhein-Neckar-Zeitung, 29. Juni 1973

(Nachlaß Düttmann Inv. Nr.: 96)

Wohnpark Kleiner Wannsee Berlin-Wannsee
1973/74

Mitarbeiter: Jürgen Prill, Gudrun Falke, Fritzsche/Heneis (Bauleitung)
Bauherr: Berliner Grunderwerbs- und Grundverwertungs GmbH (Helga Severin)

Appartementhaus an der Bismarckstraße mit zwanzig Maisonnettewohnungen in leichter Hanglage nach Süden orientiert. Im Erdgeschoß vorgelagerte Gärten. Erschließung der Wohnungen in den oberen Geschossen durch Laubengänge, die vom Treppenhaus an der Ostseite erreicht werden. Jeder Wohnung ist ein Balkon oder eine Terrasse zugeordnet.

Literatur:
– Rave/Knöfel, Bauen der 70er Jahre in Berlin, Berlin 1981, Nr. 359

(Nachlaß Düttmann Inv. Nr.: 54)

Wohnbebauung in der Hedemannstraße Berlin-Kreuzberg 1973–75

Mitarbeiter: Elmar Kuhn, Güldenen Schlüter (1. Bauabschnitt), Hähndel & Kammann (Bauleitung und Ausführungsplanung des 2. Bauabschnitts)
Bauherr: INTERGRUND

Text und Abbildungen Seite 202

(Nachlaß Düttmann Inv. Nr.: 55)

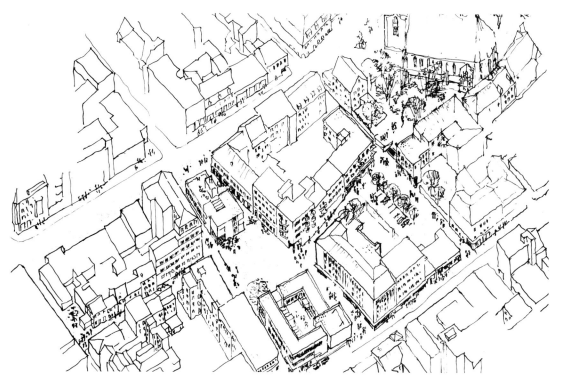

Fußgängerzone Spandau
Berlin-Spandau
Bauplanung 1974

Mitarbeiter: Jürgen Prill
Bauherr: Senator für Bau- und Wohnungswesen

Für die Neugestaltung des Fußgängerbereichs am Marktplatz Spandau, zwischen Marktstraße, Carl-Schurz-Straße, Mönchstraße und Reformationsplatz, wurde Werner Düttmann mit der Planung beauftragt.
Zur Belebung des innerstädtischen Gebietes durch Handel und Wohnen sieht der Entwurf eine neue Bebauung im östlichen und westlichen Platzbereich vor. Art und Maß sowie Raumformen der Bebauung, Straßenbelag und -möblierung, Anlage der Grünflächen werden im Plan berücksichtigt.

(Nachlaß Düttmann Inv. Nr.: 101)

Borsig-Siedlung
Berlin-Heiligensee
1974–77

Mitarbeiter: Peter Münzing, Hartmut Groschupf
Bauherr: Borsig-Wohnungen GmbH, Gesobau

Wohnanlage an Ziegenorter Pfad und Ruppiner Chaussee mit insgesamt 93 Wohneinheiten in 19 Häusern im sozialen Wohnungsbau. Häuser Zweispänner mit Satteldach und halbgeschossig gegeneinander versetzten Ebenen. Wohnungen zur Hälfte mit drei, der Rest mit zwei, vier und fünf Zimmern ausgestattet. Der Charakter der Häuser paßt sich der Umgebung an. Konstruktion: farbig verputztes Mauerwerk auf Betonfundamenten mit ziegelgedecktem Dach, Balkonbrüstungen: Betonfertigteile.

Literatur:
– Der Abend, 15.9.1976

(Nachlaß Düttmann Inv. Nr.: 56)

**Wohnanlage Lentzeallee
Berlin-Dahlem
1974–77**

Mitarbeiter: Ephtemia Gratsia
Bauherr: Neue Heimat Berlin

Wohnanlage zwischen Lentzeallee und Schweinfurthstraße mit zwei- bis dreigeschossigen, flach gedeckten Häusern. Die kubischen Baukörper der insgesamt sieben aneinandergereihten Häuser ziehen sich gegeneinander versetzt und in der Höhe gestaffelt in einer geschwungenen Linie über das Grundstück. Alle Häuser haben Vorgärten, ein großer Innenhof ist als gemeinsame Grünfläche gestaltet. Dunkelbraun verputzte Mauerwerksbauten mit weißen Fensterrahmen. 34 großräumige Wohnungen. Im Erdgeschoß Anbindung der Keller als Hobbyräume durch Wendeltreppe möglich.

(Nachlaß Düttmann Inv. Nr.: 57)

**Betriebswohnheim
Hotel Schweizerhof
Berlin-Tiergarten
1974–77**

Mitarbeiter: Ephtemia Gratsia,
Heinz Nicklisch (Statik)
Bauherr: Wohnungs-Treuhand und Immobilien GmbH

Anbau an den Hotelbau von Schwebes und Schoßberger aus den 60er und 70er Jahren. Achtgeschossiger Stahlbetonbau in Schotten-Bauweise, Fassade aus vorgefertigten Sichtbetonplatten. Bis zum 6. Obergeschoß Personalzimmer, 7. Obergeschoß Präsidentensuite.

Literatur:
– Berlin und seine Bauten, Teil VIII, Bd. B, Berlin 1980, S. 48

(Nachlaß Düttmann Inv. Nr.: 58)

Senioren-Wohnanlage Hubertussee Berlin-Grunewald 1974–83

Mitarbeiter: Jürgen Prill, Peter Voormann, Hartmut Groschupf
Bauherr: Neue Heimat Berlin

Wohnanlage an der Herthastraße für Senioren und für die Angestellten. Eingebettet in Grünanlagen folgen die Häuser der Neigung des zum See hin abfallenden Grundstücks. Die Seniorenhäuser sind flach gedeckte, 3–4-geschossige Bauten mit altrosa Putz und hellblauen Fensterrahmen. In die geschlossen wirkenden Fassadenflächen sind kleine Balkone eingeschnitten. Die Häuser für die Angestellten sind 2–3-geschossige weiß verputzte Satteldachbauten mit versetzten Giebeln. An den Giebelseiten über zwei Geschosse reichende Fenster der Maisonnettewohnungen.

(Nachlaß Düttmann Inv. Nr.: 59)

Wohnbauten Schulstraße Berlin-Wedding Wettbewerb 1975

Wettbewerb für Wohnbauten auf dem Grundstück Schulstraße Ecke Exerzierstraße, ausgeschrieben vom Senator für Bau- und Wohnungswesen. Düttmanns Entwurf sah eine vom Straßenradius zurückspringende platz- und stadtraumbildende Bebauung vor, die sich in sechs Hausteilen (fünf- bis zwölfgeschossig) gegeneinander versetzt aneinanderreiht.
Trotz Anerkennung des stadträumlichen Konzeptes Kritik der Jury an einzelnen Punkten, wie z. B. dem ungünstigen Raumflächenfaktor. Deshalb schied der Entwurf im zweiten Durchgang aus.

(Nachlaß Düttmann Inv. Nr.: 104)

**Haus Schiepe
Berlin-Grunewald
1975–77**

Mitarbeiter: Peter Münzing
Bauherr: Heinz u. Gila Schiepe

Einfamilien-Wohnhaus in der Griegstraße. Flachgedeckter, zweigeschossiger Stahlbetonbau mit Ziegelausfachung. Balkonbrüstung und Dachkanten in schalungsrauhem Sichtbeton. Die Straßenfassade wird dominiert durch die horizontalen Betonbalken von Balkon und Dach. Die zurückliegende Hauswand wird von der dichten Bepflanzung des Vorgartens und des sich über die ganze Breite hinziehenden Balkons verdeckt. Die übrigen Seiten des Hauses sind sehr geschlossen und spielen mit geometrischen Flächen aus Ziegelwand, Fenstern und Beton.

(Nachlaß Düttmann Inv. Nr.: 60)

**Erweiterung der Kunsthalle
Bremen
1975–82
(BDA-Preis 1982)**

Mitarbeiter: Peter Münzing, Jürgen Prill, Gudrun Falke, Heinz Nicklisch (Statik); Gielen + Partner, Bremen
Bauherr: Kunstverein Bremen

Text und Abbildungen Seite 224

Literatur:
– Werner Düttmann, Kurzer Text zu langen Aufenthalten, in: Katalog Ausstellung Bremen 1982, S. 9–13
– Baumeister 10/1982, S. 981 ff.
– Die Zeit, 4. Juni 1982 (Gottfried Sello)
– Frankfurter Allgemeine Zeitung, 5. Juni 1982 (Eduard Beaucamp)
– Süddeutsche Zeitung, 18. Juni 1982 (Lore Ditzen)
– Deutsche Bauzeitschrift 12/1984, S. 1677 f.
– Bauwelt 20–21/1985, S. 778 ff.

(Nachlaß Düttmann Inv. Nr.: 61)

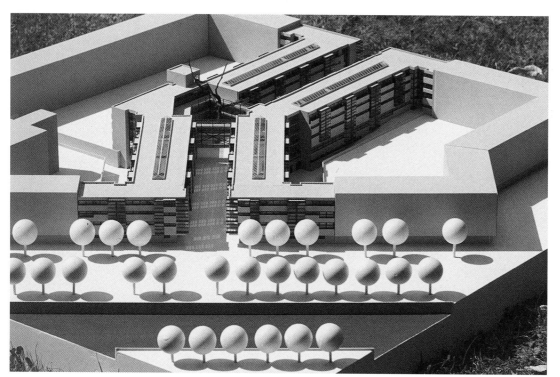

Jugendgästehaus am Lützowplatz
Berlin-Tiergarten
Entwurf 1976–77

Mitarbeiter: Jürgen Prill, Gudrun Falke
Bauherr: Vierstädte-Immobilien

Entwurf für ein Jugendhotel auf dem landeseigenen Grundstück zwischen Lützowufer, Lützowstraße und Genthiner Straße. Der Komplex sollte auf beiden Seiten einer Schneise in der Verlängerung der Derfflinger Straße das Grundstück durchschneiden. Beide Bauteile sollten in jeder Etage durch Gänge miteinander verbunden sein. In den viergeschossigen Baukörpern waren 276 Zimmer mit 802 Betten vorgesehen, außerdem Aufenthalts- und Seminarräume, Speiseraum und Küche, Busstellplätze, Hausmeisterwohnungen und Büroräume.

(Nachlaß Düttmann Inv. Nr.: 105)

Wohnungsbau am Klausener Platz
Berlin-Charlottenburg
1976–81

Mitarbeiter: Jürgen Prill, Beate Ahrens
Bauherr: Neue Heimat Berlin

Neubau eines siebengeschossigen Wohnhauses am Klausener Platz Ecke Danckelmannstraße in der alten Blockrandstruktur und Modernisierung des Nachbarhauses am Klausener Platz. Der Neubau nimmt die Traufhöhe der Berliner Mietshausfassade auf und überspielt dann die Höhen und Geschoßgliederungen durch Kuben und Bänder, die jedoch Motive des Altbaus, Erker und mehrgeschossige Vor- und Rücksprünge variieren.

(Nachlaß Düttmann Inv. Nr.: 62)

**Wohnungsbau Markgrafenstraße
Berlin-Kreuzberg
1976-81**

Mitarbeiter: Peter Münzing, Hans Düttmann
Bauherr: Beta Beteiligungsgesellschaft für Wohnungsbau

Siebengeschossiges Wohnhaus in der Markgrafenstraße 9–10. Zwei Aufgänge erschließen je zwei Wohnungen pro Geschoß. Der Bau entstand im Rahmen der städtebaulichen Planung für die Südliche Friedrichstadt, die Werner Düttmann zusammen mit der AGP (Arbeitgemeinschaft Planung), Gottfried Böhm und Rave + Rave 1976 ausgeführt hatte. Der Entwurf sah die Ergänzung der alten Blockrandstruktur vor.

Literatur:
– Rave/Knöfel, Bauen der 70er Jahre in Berlin, Berlin 1981, Nr. 293

(Nachlaß Düttmann Inv. Nr.: 63)

**Wohnungsbau Auguste-Viktoria-Allee
Berlin-Reinickendorf
1976–84**

Mitarbeiter: Hartmut Groschupf
Bauherr: Gesellschaft für Sozialen Wohnungsbau Gemeinn. AG

Zwei fünfgeschossige Wohnhäuser mit jeweils einem sechsten Rumpfgeschoß in der Auguste-Viktoria-Allee 21. Die Häuser A (an der Straße) und B (parallel dazu auf der anderen Seite des Hofes) sind Zweispänner mit sehr großen Wohnungen. Im Dachgeschoß, das sich durch den Anschluß an Traufhöhe und Schrägdach des benachbarten Altbaus ergibt, liegen in Haus A eine und in Haus B zwei zusätzliche Wohnungen. Anschluß zwischen Flachdach und Schrägdach durch überhöhte, dazwischen geschobene, ocker geputzte Fassadenflächen. Fenster weiß.

(Nachlaß Düttmann Inv. Nr.: 64)

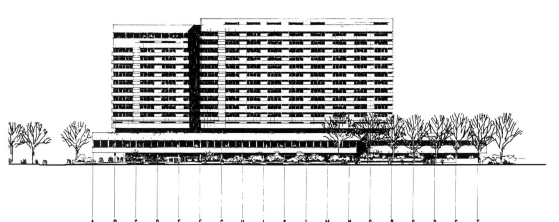

Hotel
Leipzig
Entwurf 1977

Mitarbeiter: Jürgen Prill, Elmar Kuhn, Güldenen Schlüter
Bauherr: Firmengruppe Noetzel/Hafina, Schweiz

Projekt für die schlüsselfertige Ausführung eines Luxus-Hotels in Leipzig. Der Entwurf sah einen vierzehngeschossigen Bau vor, dessen Fassaden durch die horizontalen Bänder der Balkonbrüstungen gegliedert sind. Auf einem zweigeschossigen Sockelbau, in dem sich die Gesellschaftsräume des Hotels befinden, erheben sich zwei gegeneinander verschobene Hochhausscheiben mit den Zimmern.

(Nachlaß Düttmann Inv. Nr.: 107)

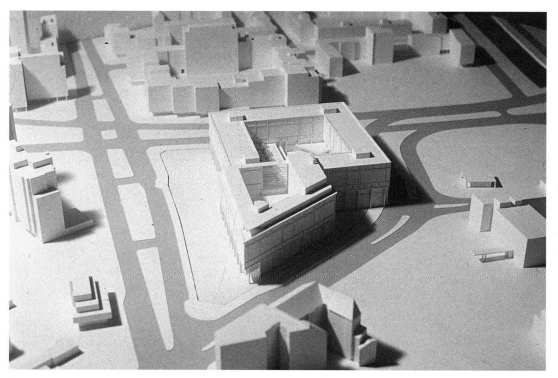

Neubau Hotel Berlin
Berlin-Tiergarten
Wettbewerb 1977

Mitarbeiter: Jürgen Prill, Hans Düttmann

Engerer Ideenwettbewerb für die bauliche Gestaltung, Erschließung und städtebauliche Einbindung eines Neubaus für das Hotel Berlin auf dem Grundstück des alten Gebäudes (1957/58 von Schwebes & Schoßberger) am Lützowplatz. Düttmanns Entwurf sah einen quadratischen Baukörper mit innenliegendem Hof und einem leicht versetzten dreieckigen Anbau, ebenfalls mit Innenhof, vor. Auf einer dreigeschossigen Basis erheben sich fünf Geschosse für die Hotelzimmer mit einem flächigen Fassadenmuster aus französischen Fenstern, Fensterbändern und eloxierten oder farbig beschichteten Aluminium-Paneelen.

(Nachlaß Düttmann Inv. Nr.: 108)

**Haus Düttmann
Morsum/Sylt
Umbau 1977–79**

Mitarbeiter: Hans Düttmann
Bauherr: Werner Düttmann

Innenausbau der alten Räucherei, als dritter Flügel seines Reetdach-Hauses in Morsum auf Sylt. Großer zweigeschossiger Raum mit Galerie. In der Mitte eine schwere Kamin-Säule aus roten Klinkern.

(Nachlaß Düttmann Inv. Nr.: 65)

**Wohnungsbau Putbusser
Straße
Berlin-Wedding
1978–80**

Mitarbeiter: Elmar Kuhn,
Güldenen Schlüter
Bauherr: Degewo (Deutsche Gesellschaft zur Förderung des Wohnungsbaues Gemeinn. AG)

Teil eines Wohnblockes zwischen Putbusser, Rügener und Swinemünder Straße im Sanierungsgebiet Wedding. Gliederung der Baumassen durch Vor- und Rücksprünge. Starke Betonung der Vertikalen durch die überhöhten Aufzugtürme, die mit Betonreliefs von Ursula Sax gestaltet sind. Im Innenhof haben die Erdgeschoßwohnungen die gleichen ausladenden betongefaßten Terrassen wie in der Hedemannstraße.

(Nachlaß Düttmann Inv. Nr.: 66)

**Wohnungsbau Gottschedstraße
Berlin-Wedding
1978–80**

Mitarbeiter: Hartmut Groschupf
Bauherr: Gesellschaft für Sozialen Wohnungsbau Gemeinn. AG

Sechsgeschossiges Wohnhaus in der Gottschedstraße 7. Grau verputzter Stahlbetonbau. Einspänner mit 3 Wohnungen pro Etage. Jede Wohnung mit Loggia.

(Nachlaß Düttmann Inv. Nr.: 67)

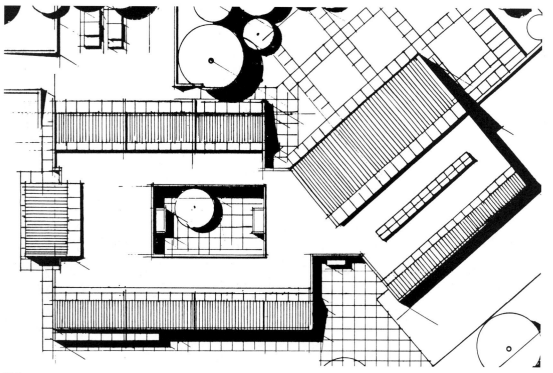

**Philosophisches Institut der
Freien Universität
Berlin-Dahlem
Wettbewerb 1979**

Mitarbeiter: Jürgen Prill
Bauherr: Freie Universität Berlin

Wettbewerb für einen Neubau des Philosophischen Instituts der FU an der Habelschwerter Allee. Der Entwurf gliedert den Bau in zwei einzelne Häuser im Stil der Dahlemer Villen, die durch ein gläsernes Gelenkstück miteinander verbunden sind. Hier befindet sich der Eingangsbereich, von dem aus rechts das quadratische Bibliotheksgebäude liegt, während links der Weg in die Institutsräume führt, die um ein Atrium angeordnet sind.

(Nachlaß Düttmann Inv. Nr.: 112)

**Wohnungsbau Schulstraße
Berlin-Wedding
1979–84**

Mitarbeiter: Peter Voormann, Jürgen Prill, Güldenen Schlüter (1. Bau 1979–82) und Peter Münzing, Jürgen Prill (2. Bau 1982–84)
Bauherr: Gesellschaft für sozialen Wohnungsbau

Schließung zweier Baulücken in der Schulstraße 105–108 (1979–82) und Schulstraße 110–111 (1982–84).
In den hier abgebildeten Häusern 105–108 im obersten Geschoß Maisonnette-Wohnungen mit beide Geschosse übergreifenden Fenstern. Gliederung der Fassade durch vorspringende Balkone und den Wechsel von verputzten und verklinkerten Flächen.

(Nachlaß Düttmann Inv. Nr.: 68/71)

**Wohn- und Bürohaus
Helmstedter Straße
Berlin-Wilmersdorf
1979–82**

Mitarbeiter: Frohmut Müller (Bürohaus), Dieter Wolff (Wohnhaus), Ulrich Wülfing (Bauleitung)
Bauherr: Tiefbau-Berufsgenossenschaft, München

Siebengeschossiges Wohnhaus mit insgesamt 19 Wohnungen und siebengeschossiges Bürohaus mit einer Nutzfläche von 1300 m². Beide Fassaden verklinkert. Das Bürohaus, um einen Mittelflur organisiert, verkürzt sich, geschoßweise, an der Hofseite. Dadurch entsteht eine zweilagige Fassade. Das Wohnhaus, mit Vor- und Rücksprüngen, Erkern und Balkons, paßt sich an die Helmstedter Straße an, das Bürohaus zeigt sich als solches durch gleichmäßige, gerasterte Fensterflächen.

(Nachlaß Düttmann Inv. Nr.:69)

**Wohnanlage Graefestraße
Block 202
Berlin-Neukölln
1979–84**

Mitarbeiter: Elmar Kuhn, Dieter Wolff, Güldenen Schlüter, Rita Ernst-Skalizky, Büro Haehndel (Bauleitung)
Bauherr: Kura Baubetreuungs Gesellschaft

Wohnhäuser an der Graefestraße 50–64 innerhalb einer größeren Wohnanlage. Abgebildet ist der 1. Bauabschnitt, Haus 3–6, mit insgesamt 57 Wohnungen, verteilt auf 24 Wohnungstypen. Weiß verputzte Stahlbetonbauten.
Der 2. Bauabschnitt im Block wurde von Hans Düttmann nach 1983 gebaut. Der Innenraum zwischen den Häusern im Block 202 trägt den Namen Werner-Düttmann-Platz.

(Nachlaß Düttmann Inv. Nr.: 70)

**Umspannwerk
Berlin-Spandau
Entwurf 1980**

Mitarbeiter: Jürgen Prill, Hans Düttmann
Bauherr: BEWAG Berlin

Aufgefordertes Gutachten für die Fassadengestaltung eines Umspannwerks.

(Nachlaß Düttmann Inv. Nr.: 113)

Deutsche Botschaft Washington
Wettbewerb 1982

Mitarbeiter: Jürgen Prill, Güldenen Schlüter
Bauherr: Bundesbaudirektion

Eingeschränkter Realisierungswettbewerb für den Neubau der Residenz des Deutschen Botschafters. In Düttmanns Entwurf passen sich drei langgestreckte schmale Blöcke dem Verlauf des Geländes an. Die flach geneigten Dächer und Materialien wie Ziegel und Holz erinnern an Landhaus-Architektur. Im Inneren erfüllen die Räume alle Funktionen einer Residenz. Ziel des Entwurfes ist, »dem schlichten, soliden Äußeren ein raffiniert funktionierendes, den Bewohnern dienendes Inneres« hinzuzufügen. Düttmann möchte »das scheinbar Beiläufige, dessen Überraschungen sich erst im Gebrauch entfalten«.

(Nachlaß Düttmann Inv. Nr.: 115)

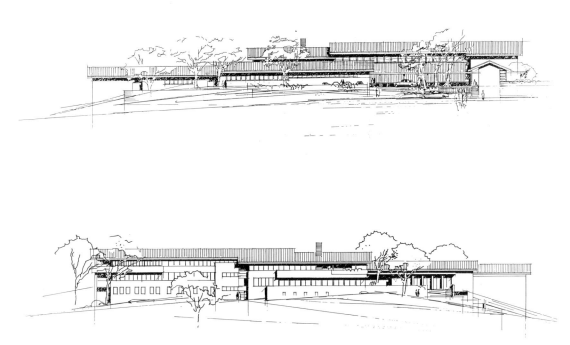

Wohnungsbau Prinzenstraße Berlin-Kreuzberg
1982–85

Mitarbeiter: Elmar Kuhn, Güldenen Schlüter
Ausführungsplanung: »Bauplanung 4« (Hans Düttmann, Peter Münzing, Güldenen Schlüter, Thomas Göbel)
Bauherr: Gemeinnützige Wohnungsbau AG

Düttmanns letzter Bau, der von der Gruppe „Bauplanung 4" zu Ende geführt wurde. Wohnhaus mit drei Aufgängen und 44 Wohnungen in der Prinzenstraße. Klinkersockel, weiß geputzte Wände, quadratische Fenster, tiefe Loggien.

(Nachlaß Düttmann Inv. Nr.: 72)

Biographische Daten

1921	am 6. März in Berlin geboren
1939	Abitur, Arbeitsdienst
1939	Beginn des Studiums an der Technischen Hochschule Berlin-Charlottenburg
1942–1946	Wehrdienst und Gefangenschaft
1946/47	Arbeit als freischaffender Maler und Bildhauer
1947/48	Ausstellungen in Berlin
1947	Fortsetzung des Studiums
1948	Diplom-Prüfung TU Berlin
1949	Architekt im Planungsamt des Bezirksamtes Berlin-Kreuzberg
1950/51	Studium am Institute for Town & Country Planning Kings College Durham University, England
1951–1956	Architekt im Entwurfsamt der Bauverwaltung Berlin (Senator für Bau- und Wohnungswesen, Abteilung Hochbau)
1953	Regierungsbaurat
1956–1960	Arbeit als freier Architekt
1960–1966	Senats-Baudirektor der Stadt Berlin
1964	Honorar-Professor an der Technischen Universität, Berlin
1966–1970	Ordentlicher Professor an der Technischen Universität, Berlin
ab 1970	Arbeit als freier Architekt in Berlin
1983	am 26. Januar in Berlin gestorben

Mitgliedschaften

seit 1961	Akademie der Künste, Berlin, Ordentliches Mitglied
1967–1971	Direktor der Abteilung Baukunst, Akademie der Künste
seit 1971	Präsident der Akademie der Künste, Berlin
seit 1956	Deutscher Werkbund
seit 1961	Deutsche Akademie für Wohnungsbau, Städtebau und Landesplanung
seit 1961	Deutscher Verband für Wohnungsbau, Städtebau und Landesplanung
seit 1969	Ehrenmitglied des American Institute of Architects Internationaler Verband der Regionalplaner, Delft Jerusalem Committee Architekten- und Ingenieurverein

Preise

1961	Preis für Bildende Kunst des deutschen Kritikerverbandes
1964	Großer Kunstpreis des Landes Berlin
1982	BDA-Preis für den Anbau der Kunsthalle Bremen

Werkverzeichnis

Alle nicht anders bezeichneten Bauten und Projekte befinden sich in Berlin bzw. wurden für Berlin geplant.

Bauten

1950	Marshall-Haus
1952–53	Altersheim Wedding
1953–54	Jugendheim Zehlendorf
1955–55	Verkehrskanzel
1956	Ladeneingang Wasmuth
1956–57	Kongreßhalle
1956–57	Hansabücherei/U-Bahnhof
1957	Palais am Funkturm
1957–58	Wohnhaus Bellermannstraße
1958	Brücke Schmargendorf
1958–60	Ostpreußenbrücke
1958–60	Akademie der Künste
1959	Gleichrichterwerk Zoologischer Garten
1959–60	Wartehalle Autobahn Spandauer Damm
1960	Gestaltung Ernst-Reuter-Platz
1960–61	Edinburgh House
1960–61	Erweiterung Kriminalgericht Moabit
1960–63	Bühnenhaus Deutsche Oper
1960–63	Polizeiinspektion Moritzstraße
1961	Pressezentrum Hardenbergstraße
1962	Planung Märkisches Viertel
1962	Feuerwache Buckow
1962–63	Neubau Haus Salzenbrodt
1963–64	U-Bahnhöfe der Linie 7
1963–65	Europa-Center (Städtebaul. Beratung)
1964	Haus Hase, St. Andreasberg/Harz
1964–65	Haus Dr. Dienst
1964–66	Haus Dr. Menne
1964–67	Brücke-Museum
1964–67	Kirche und Gemeindezentrum St. Agnes
1964–67	Haus an der Urania
1965–67	Mensa Technische Universität

Wettbewerbe/Unausgeführte Entwürfe

1956	Pädagogische Akademie Paderborn
1956	Studenten-Zentrum Heidelberger Platz
1956–57	Einfamilienhäuser Interbau
1957	Jugendheim Hamburg-Rissen
1958	Jugendgästehaus Berlin
1959	Mehrzweckbau Ingolstadt
1960	Haus Dr. Gabka
1960	Herkules-Bridge
1961	Breitscheidplatz
1961–65	Überseehaus
1962	Blumenhalle
1962	Staatsbibliothek

Bauten

1965–80 Fabrikbauten der Firma Collonil

1966–67 Haus Vogel
1966–75 Wohnbebauung Mehringplatz

1967–68 Haus Meyer-Belitz
1967–70 Wohnbauten Märkisches Viertel
1967–71 Heerstraße Staaken
1967–71 Heerstraße Charlottenburg

1968–70 Wohnungsbau am Wassertorplatz
1968–69 Umbau Haus Salzenbrodt
1968–71 Wohnungsbau Friedrichstraße

1969–72 Ku'damm-Eck
1969–73 Altenwohnheim Heerstraße Süd
1969–75 Kirche und Gemeindezentrum St. Martin
1970   Wohnungsbau Moritzstraße, Mainz
1970–73 Gemeindezentrum der Mormonen, Klingelhöferstraße*
1970–73 Büro- und Geschäftshaus Wilmersdorfer Straße
1970–74 Wohnpark Rodenkirchen
1971   Fassade Kaufhaus Wertheim

1971–72 Wohnungsbau Prinzenstraße
1971–73 Bürohaus am Ernst-Reuter-Platz
1971–73 Wohn- und Geschäftshaus am Stuttgarter Platz
1971–87 Erweiterung Museum Samos

1972–74 Wohnungsbau Köln-Pulheim

1973–74 Wohnpark Kleiner Wannsee
1973–75 Wohnungsbau in der Hedemannstraße

1974–77 Borsig-Siedlung
1974–77 Wohnanlage Lentzeallee
1974–77 Betriebswohnheim Hotel Schweizerhof
1974–83 Seniorenwohnanlage Hubertussee

Wettbewerbe/Unausgeführte Entwürfe

1965–66 Universität Zürich

1966   Kongreßzentrum München

1967   Universität Bremen

1968   Ku'damm-Passage
1968   Kongreß-Zentrum am Kurfürstendamm

1969   Mensa Mannheim

1971   German Institute London
1971   Wohnungsbau Bergisch-Gladbach

1972   Erweiterung Hotel Berlin
1972   Erweiterung Hotel Schweizerhof
1973   Wohnanlage Herrenmühle, Heidelberg
1973   Wohnungsbau Egelpfuhlstraße
1973   Wohnungsbau Seeburger Straße
1973   Wohnungsbau Bayreuther Straße
1973   Wohnungsbau Am Volkspark

1974   Fußgängerzone Spandau
1974–75 Bürohaus Grolmanstraße

1975   Seniorenwohnungen Tegelort

Bauten		Wettbewerbe/Unausgeführte Entwürfe	
1975–77	Haus Schiepe	1975	Wettbewerb Wohnbauten Schulstraße
1975–82	Erweiterung Kunsthalle Bremen		
1976–81	Wohnungsbau am Klausener Platz	1976–77	Jugendhotel Lützowstraße
1976–81	Wohnungsbau Markgrafenstraße		
1976–84	Wohnungsbau Auguste-Viktoria-Allee	1977	Erweiterung Möbel Hübner
		1977	Luxushotel Leipzig
		1977	Wettbewerb Hotel Berlin
1977–79	Umbau Haus Düttmann auf Sylt	1978	Umspannwerk Neukölln
		1978	Wohnungsbau Oranienburger Straße
1978	Wohnpark Dahlem*		
1978–80	Wohnungsbau Putbusser Straße		
1978–80	Wohnungsbau Gottschedstraße		
1978–81	Wohnungsbau Osloer Straße	1979	Bibliothek des Philosophischen Instituts der FU
1979–82	Wohnungsbau Schulstraße 105–108		
1979–82	Wohnungsbau Helmstedter Straße		
1979–84	Wohnungsbau Graefestraße	1980	Umspannwerk Spandau
		1982	Deutsche Botschaft Washington
1982–84	Wohnungsbau Schulstraße 110–111		
1982–85	Wohnungsbau Prinzenstraße		

Undatierte Entwürfe:
Wettbewerb für ein Gefängnis
Stadtbücherei Soest
Stadtbücherei Heidelberg
Wohnheim der Ernst-Reuter-Stiftung
Wettbewerb Siemens-Perlach
Umbau Europa-Center
Wohnungsbau Burggrafenstraße
Wohnungsbau Lietzenburger Straße
Behindertenheim Neuenburger Straße

* Diese Bauten wurden zwar ausgeführt, aber gegen den Willen des Architekten so stark verändert, daß er seinen Namen vom Bauschild entfernte.

Abbildungsnachweis

Anker, München-Solln: **292 (oben)**
Bauen in Berlin 1900–1964, Berlin 1964:
85 (Nr.10), 285 (oben)
Die Bau- und Kunstdenkmäler von Berlin, Stadt und Bezirk Charlottenburg, hrsg. v. Irmgard Wirth, Berlin 1961: **279 (unten)**
Berlin und seine Bauten, Teil VIII: **276 (unten)**
Berlin und seine Bauten, Teil IX: **270**
Ilse Buhs, Berlin: **76, 171 (Nr. 2, 6, 7)**
M. A. Gräfin zu Dohna, Berlin:
11 (Nr. 7), 171 (Nr. 1, 3)
dpa: **35 (Nr. 6)**
Martina Düttmann, Berlin:
220 (oben), 221, 303 (oben)
Hans Joachim Fischer, Berlin: **35 (Nr.15), 272**
Reinhard Friedrich, Berlin: **11 (15), 63, 103 (Nr. 4, 9), 115, 119, 250, 286 (unten), 289 (oben)**
Karin M. Gaa, Berlin:
171 (Nr. 4, 9, 10, 13, 14, 15), 173
Danka und Tollek Gotfryd, Berlin: **2**
Manfred Hamm, Berlin:
120 (oben), 121, 123, 124, 125
Günter Horn, Berlin: **189 (Nr. 4)**
Willi Huschke, Berlin: **206, 297 (unten)**
Peter Blundell Jones, Hans Scharoun.
Eine Monographie, Stuttgart 1979: **92**
Heinz O. Jurisch, Berlin: **85 (Nr. 7)**
Dieter Kahl, Bremen: **233 (oben)**
J. M. Kempe, Berlin: **85 (Nr.11)**
Kessler, Berlin: **35 (Nr. 3, 7, 12, 14, 16), 37, 39, 41, 42, 43, 51, 54 (unten), 55, 56, 57, 61, 65, 69, 71, 73, 77, 78, 79, 171 (Nr. 5), 275 (oben), 280 (oben), 284, 285 (unten), 287**
Hermann Kienast, Athen:
216, 217, 219, 220 (unten)
Kindermann & Co, Berlin: **35 (Nr.11)**
Rolf Koehler, Berlin: **291 (unten)**
Günther Krüger, Berlin: **145, 193, 251**
Herrmann Kirstein Kuhlen: **134**
Helmut Kyrieleis, Berlin: **213**
Landesbildstelle Berlin:
11 (Nr. 6 u.10), 85 (Nr. 8, 13, 15, 16), 107, 192
Klaus Lehnartz, Berlin: **85 (Nr.1, 14)**
Lars Lohrisch, Bremen: **233 (unten)**
Ingeborg Lommatzsch, Berlin: **11 (Nr.1–4), 19, 103 (Nr. 2, 6, 7, 8, 14), 113, 133 (unten), 136, 137, 147 (oben), 163, 171 (Nr.16), 189 (Nr. 5, 7), 197, 267, 278 (unten), 286 (oben), 288 (oben), 295 (unten), 297 (oben), 299 (oben), 301 (unten), 302, 304 (oben)**

Wolf Lücking, Berlin: **25, 75, 103 (Nr. 3), 131, 135, 189 (Nr.13), 195, 281 (unten), 283 (oben), 289 (unten), 290 (oben)**
F. Maurer, Zürich: **103 (Nr.10), 105, 111**
Middendorf, Berlin: **44**
Ludwig Mies van der Rohe, Katalog der Ausstellung AdK, Berlin 1968: **85 (Nr. 3)**
Andreas Müller/Haila Ochs, Berlin: **277 (oben), 299 (unten), 300 (oben), 303 (unten), 305 (unten), 307 (oben), 308 (oben), 310 (unten), 311 (unten), 314 (oben), 315 (oben), 316 (oben), 317 (unten)**
Uwe Rau, Berlin: **103 (Nr.12), 109, 143, 146 (unten), 162, 191, 196 (oben), 246, 282 (unten), 291 (oben), 293 (oben), 294 (oben), 296 (oben), 298 (unten)**
Nancy Reddin, Berlin: **26**
Achim Roscher, Berlin: **17, 263**
Senator für Bau- und Wohnungswesen, Berlin:
85 (Nr. 5)
Söhn, Düsseldorf: **300 (unten)**
A. James Speyer, Mies van der Rohe, Chicago 1968: **85 (Nr. 4)**
Karl und Helma Tölle, Berlin: **35 (Nr. 9, 13), 45 (oben)**
Johannes Uhl, Berlin: **11 (Nr. 9), 29, 103 (Nr.16), 225, 227, 230, 231, 259**
Ullrich, Berlin: **103 (Nr.1), 148, 150**
Waldthausen, Berlin: **103 (Nr.11)**
Elke Walford, Hamburg: **23**
Christiane Weber, Berlin: **249 (oben), 304 (unten)**
Wimmer, Berlin: **35 (Nr.1), 49, 274 (unten)**

Alle nicht aufgeführten Abbildungen sind im Nachlaß Werner Düttmann ohne Angaben von Fotografen vorhanden.